电网物资抽样检测技能人员职业能力培训教材

高压开关分册

国家电网有限公司物资部　组编

中国电力出版社
CHINA ELECTRIC POWER PRESS

内 容 提 要

本书是《电网物资抽样检测技能人员职业能力培训教材》中的《高压开关分册》，全书分为通用和专业两大部分。通用部分介绍实验室体系要求、人员要求、安全防护要求、环境保护要求、数据管理及信息化、数值处理基础6大块共有知识体系；专业部分详细介绍了高压开关柜、环网柜，10kV电缆分支箱、断路器、柱上开关、设备、隔离开关、箱式变电站等高压开关设备的基础、试验基础、试验方法和要求等内容。

本书可作为国家电网有限公司系统各单位检测人员的抽检辅助教案，也可供制造厂了解熟悉电网企业对物资质量的要求，从而推动电工装备产业链供应链的发展，持续改进和提高质量水平。

图书在版编目（CIP）数据

电网物资抽样检测技能人员职业能力培训教材. 高压开关分册 / 国家电网有限公司物资部组编. —北京：中国电力出版社，2023.12（2024.5重印）

ISBN 978-7-5198-8399-7

Ⅰ. ①电… Ⅱ. ①国… Ⅲ. ①断路器–抽样检验–技术培训–教材 Ⅳ. ①TM727

中国国家版本馆CIP数据核字（2023）第237427号

出版发行：中国电力出版社
地　　址：北京市东城区北京站西街19号（邮政编码100005）
网　　址：http://www.cepp.sgcc.com.cn
责任编辑：穆智勇（zhiyong-mu@sgcc.com.cn）
责任校对：黄　蓓　常燕昆
装帧设计：赵姗姗
责任印制：石　雷

印　　刷：北京天宇星印刷厂
版　　次：2023年12月第一版
印　　次：2024年5月北京第二次印刷
开　　本：787毫米×1092毫米　16开本
印　　张：21.25
字　　数：475千字
定　　价：120.00元

编审委员会

《高压开关分册》
编 写 工 作 组

组　　长　牛艳召

副 组 长　储海东　张敬伟　林繁涛

编写人员　曾思成　吴春九　代　静　黄志斌　骆星智　章义贤
车东昀　刘志平　孙宏志　张杭祺　贾璐璐　孙　巍
崔仁杰　高丽萍　谷　禹　黄　裙　王延海　李佳宣
侯　平　王　冬　金涌川

序

国家电网有限公司负责运营世界上输电能力最强、新能源并网规模最大的电网，是全球最大的公用事业企业。电网安全稳定运行密切关系人民生活保障和经济社会发展，保证电网安全是国家电网有限公司的重要使命。高质量的电网设备是保证电网安全的重要前提，在构建新型电力系统的时代背景下，运用抽检等手段把好电网设备入网质量关，具有十分重要的意义。

近年来，国家电网有限公司认真践行“质量强国、质量强网”发展战略，深入推进具有中国特色国际领先的能源互联网企业建设，积极构建绿色现代数智供应链体系，持续加强各级质检中心软硬件投入，不断加大物资抽检力度，电网物资检测能力显著提升，切实将各类设备质量隐患消除在入网前，为设备的安全稳定运行奠定了坚实基础。同时，通过抽检这一手段，将一些以次充好、不重视产品质量的供应商及其产品拒之门外，积极传递“质量第一、价格合理、绿色低碳、诚信共赢”的采购理念，引导供应商以质取胜，引领电工电气装备行业高质量发展。

为规范电网物资抽检工作，提升质量检测软实力，国网物资部组织系统内外专家编写了《电网物资抽样检测技能人员职业能力培训教材》系列丛书。丛书以实用、好用为出发点，作为电网物资质量监督、试验检测人员的业务学习和技能培训教材，必将在提高从业人员专业技能水平、落实电网企业质量把关责任、推动电工电气装备行业高质量发展、提升产业链供应链韧性和安全水平等方面发挥重要作用。随着国际国内电工装备制造业和试验检测新技术的发展，后续将持续做好教材的滚动修编工作。

在此，向所有参与《电网物资抽样检测技能人员职业能力培训教材》系列丛书编制和审核的专家，向关心支持国家电网有限公司物资质量监督工作的同仁表示衷心的感谢！

卓洪树

2023年12月于北京

前　言

在新时代的发展背景下，供应链的创新发展已上升到国家战略高度，国家竞争力的重要体现正加速从企业间的竞争转向供应链间的竞争。国家电网有限公司提出构建绿色现代数智供应链，实现供应链由企业级向行业级转变，不断提升供应链的发展支撑力、行业带动力和风险防控力，以优质高效的物资采购和供应服务，更好服务公司战略和“一体四翼”发展布局落地，推动能源电力产业链供应链高质量发展。根据公司提出的《绿色现代数智供应链发展行动方案》，坚持全生命周期好中选优，全力打造入网物资好质量，为安全稳定的电网提供坚实的物资保障。电网物资质量抽检工作是提升电网本质安全的重要措施，也是推动电工装备供应链产业链发展的有效举措。为进一步完善抽检业务标准规范体系，提升电网物资质量检测软实力，公司组织系统内外专家编写了《电网物资抽样检测技能人员职业能力培训教材》系列丛书，全书以实用、管用、好用为出发点，充分征集了各专业部门、各级检测单位、各用户单位的意见及建议，确保教材的科学性、严谨性和时代性。

本套《电网物资抽样检测技能人员职业能力培训教材》是对各大类物资质量抽检工作涉及的体系、专业基础和方法的综合性教辅书籍。全套教材共计 11 册，每册均包含通用部分和专业部分两大部分。在通用部分，涵盖了实验室体系要求、人员要求、安全防护要求、环境保护要求、数据管理及信息化、数值处理基础 6 大块共有知识体系；在专业部分，涵盖电网设备和材料的 31 大类物资，覆盖了电网招标采购的主要一次设备和材料，包括：变压器及电抗器（变压器、配电变压器、电抗器、消弧线圈接地变及成套装置、组合式变压器），高压开关（高压开关柜、环网柜、10kV 电缆分支箱、断路器、柱上开关设备、隔离开关、箱式变电站），低压开关（低压开关柜、JP 柜、0.4kV 电缆分支箱、电能计量箱），互感器（电流互感器、电磁式电压互感器、电容式电压互感器），避雷器，电容器（高压并联电容器），电力电缆及附件（电力电缆、架空绝缘导线、电缆附件、电缆保护管），铁塔及水泥杆［铁塔（管塔）、水泥杆］，导、地线，金具，绝缘子（线路绝缘子、支柱绝缘子）。

本套《电网物资抽样检测技能人员职业能力培训教材》在各物资相关标准的基础上，增加了原理性基础内容，并对相同试验方法涉及的若干物资进行了统一性的合并处理。同时，对试验项目的试验目的、试验方法、试验判定、试验实例等内容进行了详细的阐述，以便读者能更好地掌握本教材的核心内容。本套教材既是公司系统各单位检测人员的抽检辅助教案，也可供制造厂了解熟悉电网企业对物资质量的要求，从而推动电工装备产业链供应链的发展，持续改进和提高质量水平。

本次编写工作历时半年，多次在国家电网有限公司系统内进行意见征集。在初稿编写的基础上，进行了多次集中讨论评审，参加编写的单位有国家电网有限公司物资部、中国电力科学研究院有限公司、国网物资有限公司及国网湖北、浙江、湖南电力等 27 家省公司，参与编写及评审的专家近 200 人，在此对参加本次编写的专家及审稿期间提供支持的相关单位和人员表示感谢！

由于编写时间及水平所限，本套教材不足之处在所难免，欢迎系统内外各单位在使用过程中多提宝贵意见。

编　者

2023 年 12 月

目　录

第一部分　通　用　部　分

第二部分　专　业　部　分

第一部分

通 用 部 分

1 实验室体系要求

1.1 概 述

实验室资质认定是国家认证认可监督管理委员会和省级质量技术监督部门依据有关法律法规和标准、技术规范的规定，对检验检测机构的基本条件和技术能力是否符合法定要求实施的评价许可。我国资质认定制度最早始于1985年，经过多年的发展，这项针对我国检验检测市场的准入制度由最初的产品质量检验机构实验室资质认定制度演变为检验检测机构资质认定制度，并成为我国检验检测机构进入检验检测市场的基本准入制度。

实验室标准化管理是依据一系列的标准、规范和文件及相关的人力、物力来实现的，所谓“标准”实际就是约束，而此种约束必须要有目的、有意义和有效益，而其根本目的就是为了检测结果的科学、准确。要结合所在实验室的具体情况，为达到分析检测结果国际通行的目标，需制定科学适用的质量管理办法。

检验检测机构应建立、实施和保持与其活动范围相适应的管理体系，应将其政策、制度、计划、程序和指导书制定成文件，管理体系文件应传达至有关人员，并被其获取、理解、执行。检验检测机构管理体系至少应包括管理体系文件、管理体系文件的控制、记录控制、应对风险和机遇的措施、改进及纠正措施、内部审核和管理评审。

建立管理体系的要点：

（1）实验室建立管理体系是为了实施质量管理并使其实现和达到质量方针和质量目标，因此，实验室建立管理体系首先要确定自身质量方针和目标。

（2）实验室建立、实施和保持其管理体系，使其达到确保检测结果质量所需程序的目的。这是所有实验室管理体系共同的目的。

（3）各实验室在遵循《检测和校准实验室能力认可准则》的要求建立管理体系时，应充分应用自身各项资源，建立起与其工作范围、工作类型、工作量相适应的管理体系。

（4）实验室应将管理体系所涉及的政策、制度、计划、程序以及各类指导书等形成管理体系文件。

（5）为了使管理体系有效实施，应将管理体系文件传达到有关人员，并使其易于获得、理解和执行。

1.1.1 产品质量检验机构计量认证（CMA）的起源和发展

为了规范产品质量监督检验机构和其他依照法律法规设立的专业检验机构的行为，提高检验工作质量，1985年9月全国人大批准的《中华人民共和国计量法》中，规定了为社会提供公正数据的产品质量检验机构的考核要求。1987年2月，国务院发布的《中华人民共和国计量法实施细则》中，将对产品质量检验机构的考核称为计量认证。为规范产品质量检验机构的计量认证工作，1985～1987年，国家计量局先后印发了《质量检验机构的计量认证评审内容及考核办法（暂行）》《产品质量检验机构计量认证工作手册》《计量认证标志和标志的使用说明》《产品质量检验机构计量认证管理办法》等计量认证的配套文件，明确了计量认证的内容、计量认证管理、计量认证程序、计量认证监督等方面的内容。

1990年7月，国家技术监督局（由原国家计量局、国家标准局、国家经济委员会质量局合并而成）批准了JJG 1021—1990《产品质量检验机构计量认证技术考核规范》。该规范规定了计量认证考核对于产品质量检验机构在人、机、料、法、环、测6方面的50条考核内容，同时结合中国国情并融汇了国际标准ISO/IEC Guide 25：1982《检测实验室基本技术要求》的要求。

2000年10月，国家质量技术监督局（由原国家技术监督局更名）发布了《产品质量检验机构计量认证/审查认可（验收）评审准则（试行）》，并废止了JJG 1021—1990《产品质量检验机构计量认证技术考核规范》和《审查认可（验收）细则》。采用《产品质量检验机构计量认证/审查认可（验收）评审准则（试行）》，不仅涵盖了国际标准ISO/IEC Guide 25：1990《校准和检测实验室能力的通用要求》的内容，同时参照了GB/T 15481—2000《检测和校准实验室能力的通用要求》（等同采用国际标准ISO/IEC 17025：1999）的内容，也满足了《中华人民共和国计量法》和《中华人民共和国标准化法》的特殊要求。

1.1.2 检测和校准实验室能力认可（CNAS）的起源和发展

中国合格评定国家认可委员会（China National Accreditation Service for Conformity Assessment，CNAS）是根据《中华人民共和国认证认可条例》《认可机构监督管理办法》的规定，依法经国家市场监督管理总局确定，从事认证机构、实验室、检验机构、审定与核查机构等合格评定机构认可评价活动的权威机构，负责合格评定机构国家认可体系运行。

中国合格评定国家认可委员是由原中国认证机构国家认可委员会（China National Accreditation Board，CNAB）和原中国实验室国家认可委员会（China National Accreditation Board for Laboratories，CNAL）合并而成。CNAS通过评价、监督合格评定机构（如认证机构、实验室、检查机构）的管理和活动，确认其是否有能力开展相应的合格评定活动（如认证、检测和校准、检查等）、确认其合格评定活动的权威性，发挥认可约束作用。

1.1.3 实验室资质认定与实验室认可的区别

获得检验检测行业资格评定主要有实验室认可和检验检测机构资质认定两种方式。两者都源自ISO/IEC 17025：2017《检测和校准实验室能力的通用要求》，实施模式（程序）也大体相同，都是基于评审员去现场评审之后发证，本质上都是对实验室的检测能力和管理体系是否满足标准要求的一项资质评价制度。但两者在性质、审核依据、实施对象及作用上有所不同。

（1）基本性质不同。实验室认可为自愿申请，检验检测机构资质认定属于我国行政许可制度，具有强制性。

（2）审核依据不同。检验检测机构资质认定的审核依据是 RB/T 214—2017《检验检测机构资质认定能力评价　检验检测机构通用要求》，实验室认可的审核依据包括 CNAS-CL01：2018《检测和校准实验室能力认可准则》（等同采用 ISO/IEC17025：2017）及相关领域的应用说明。

（3）实施对象范围不同。检验检测机构资质认定的对象是第三方检测实验室，且不包括校准实验室，而实验室认可包括第一、二、三方实验室，即所有实验室。

（4）地位和作用不同。获得实验室资质认定，可使用 CMA 标志，在国内确保了检测和校准数据的法律效力。通过实验室认可，列入《国家认可实验室名录》，提高实验室的市场竞争力、信誉度和知名度，获得 CNAS 签署互认协议的国家与地区的承认，在认可业务范围内使用“中国实验室国家认可”标志。

1.1.4　实验室认可流程

CNAS-RL01：2019《实验室认可规则》规定了 CNAS 实验室认可体系运作的程序和要求，包括认可条件、认可流程、申请受理要求、评审要求、对多检测/校准/鉴定场所实验室认可的特殊要求、变更要求、暂停、恢复、撤销、注销认可以及 CNAS 和实验室的权利和义务。CNAS-GL001《实验室认可指南》介绍和解释 CNAS 有关实验室认可工作的基本程序和要求，以便于 CNAS 工作人员、申请和获准认可实验室在从事或参与相关认可活动时参考。

1.1.4.1　认可条件

申请人应在遵守国家的法律法规，诚实守信的前提下，自愿申请认可。CNAS 将对申请人申请的认可范围，依据有关认可准则等要求，实施评审并做出认可决定。申请人必须满足下列条件方可获得认可：①具有明确的法律地位，具备承担法律责任的能力；②符合 CNAS 颁布的认可准则和相关要求；③遵守 CNAS 认可规范文件的有关规定，履行相关义务。

1.1.4.2　初次认可流程

（1）意向申请。申请人可以用任何方式向 CNAS 秘书处表示认可意向，如来访、电话、传真以及其他电子通信方式等。申请人需要时，CNAS 秘书处应确保其能够得到最新版本的认可规范和其他有关文件。

（2）正式申请和受理。申请人在自我评估满足认可条件后，按 CNAS 秘书处的要求提供申请资料，并交纳申请费用。CNAS 秘书处审查申请人提交的申请资料，做出是否受理的决定并通知申请人。一般情况下，CNAS 秘书处在受理申请后的 3 个月内安排评审。

（3）文件评审。秘书处受理申请后，将安排评审组长审查申请资料，只有当文件评审结果基本符合要求时才可安排现场评审。

（4）组建评审组。CNAS 秘书处以公正性为原则，根据申请人的申请范围（如检测/

校准/鉴定专业领域、实验室检测/校准/鉴定场所与检测/校准/鉴定规模等）组建具备相应技术能力的评审组，并征得申请人同意。除非有证据表明某评审员有影响公正性的可能，否则申请人不得拒绝指定的评审员。

（5）现场评审。评审组依据 CNAS 的认可准则、规则和要求及有关技术标准对申请人申请范围内的技术能力和质量管理活动进行现场评审。现场评审应覆盖申请范围所涉及的所有活动及相关场所。现场评审时间和人员数量根据申请范围内检测/校准/鉴定场所、项目/参数、方法、标准/规范等的数量确定。一般情况下，现场评审的过程包括首次会议、现场参观（需要时）、现场取证、评审组与申请人沟通评审情况、末次会议。评审组长在现场评审末次会议上，将现场评审结果提交给被评审实验室。对于评审中发现的不符合，被评审实验室应及时实施纠正，需要时采取纠正措施，纠正/纠正措施通常应在 2 个月内完成。评审组应对纠正/纠正措施的有效性进行验证，纠正/纠正措施验证完毕后，评审组长将最终评审报告和推荐意见报 CNAS 秘书处。

（6）认可评定。CNAS 秘书处将对评审报告、相关信息及评审组的推荐意见进行符合性审查，必要时要求实验室提供补充证据，向评定专门委员会提出是否推荐认可的建议。CNAS 秘书处负责将评审报告、相关信息及推荐意见提交给评定专门委员会，评定专门委员会对申请人与认可要求的符合性进行评价并做出评定结论。评定结论可以是以下四种情况之一：予以认可、部分认可、不予认可、补充证据或信息，再行评定。CNAS 秘书长或授权人根据评定结论做出认可决定。

（7）发证与公布。认可周期通常为 2 年，即每 2 年实施一次复评审，做出认可决定。CNAS 秘书处向获准认可实验室颁发认可证书，认可证书有效期一般为 6 年。

此外，获准认可实验室在认可有效期内可以向 CNAS 秘书处提出扩大或缩小认可范围的申请。获准认可实验室均须接受 CNAS 的监督评审和复评审。

1.1.4.3 认可受理的要求

CNAS 对检测实验申请认可的要求提出具体的要求（参见 CNAS-RL01：2019《实验室认可规则》的条款 6），主要包括：申请资料的真实性；是否符合认可要求的管理体系，且正式、有效运行 6 个月以上；是否进行过完整的内审和管理评审，并能达到预期目的；申请认可的技术能力有相应的检测经历；使用的仪器设备的量值溯源应能满足 CNAS 相关要求；申请人具有开展申请范围内的检测/校准/鉴定活动所需的足够的资源，例如主要人员，包括授权签字人应能满足相关资格要求等。

1.2 通用性要求

1.2.1 公正性

实验室应公正地实施实验室活动，并从组织结构和管理上保证公正性。

实验室管理层应作出公正性承诺。实验室应对实验室活动的公正性负责，不允许商业、财务或其他方面的压力损害公正性。实验室应持续识别影响公正性的风险。这些风险应包括其活动、实验室的各种关系或者实验室人员的关系而引发的风险。然而，这些关系并非一定会对实验室的公正性产生风险。危及实验室公正性的关系可能基于所有权、控制权、管理、人员、共享资源、财务、合同、市场营销（包括品牌）、支付销售佣金或其他引荐新用户的奖酬等。如果识别出公正性风险，实验室应能够证明如何消除或最大程度降低这种风险。

1.2.2 保密性

实验室应作出具有法律效力的承诺，对在实验室活动中获得或产生的所有信息承担管理责任。实验室应将其准备公开的信息事先通知客户。除客户公开的信息，或实验室与客户有约定(例如：为回应投诉的目的)，其他所有信息都被视为专有信息，应予保密。

实验室依据法律要求或合同授权透露保密信息时，应将所提供的信息通知到相关客户或个人，除非法律禁止。

实验室从客户以外渠道（如投诉人、监管机构）获取有关客户的信息时，应在客户和实验室间保密。除非信息的提供方同意，实验室应为信息提供方（来源）保密，且不应告知客户。

委员会委员、合同方、外部机构人员或代表实验室的个人，应对在实施实验室活动过程中获得或产生的所有信息保密，法律要求除外。

1.3 结 构 要 求

1.3.1 实验室法律实体

实验室应为法律实体或法律实体中被明确界定的一部分，该实体对实验室活动承担法律责任。实验室或其母体组织应依法成立，具备独立法人资格；不具备独立法人资格的实验室，作为母体组织内部的一部分应经所在母体组织法人授权。实验室或其母体组织作为法律实体对其进行的实验室活动承担相应法律责任。法人实验室是依法成立并能独立承担法律责任的实体，包括机关法人、事业单位法人、企业法人和社会团体法人。法人实验室应具有有效的登记、注册文件，有统一社会信用代码，其登记、注册文件中的经营范围应包含实验室活动或者相关表述。

非独立法人实验室是某个母体组织（其所在的组织）的一部分，其所在的母体组织为独立法人单位，该实验室在其母体组织内被明确界定其职责、活动范围和权限，具有相对独立的运行机制。非独立法人实验室申请实验室认可时，其实验室名称中应包含注册的母体组织的法人单位名称，申请的实验室活动能力应与母体组织核准注册的业务范围密切相关。非独立法人实验室应提供所在法人单位的法律地位证明文件和法人授权文件，该授权文件包括非独立法人独立开展实验室活动、独立建立健全和持续有效运行管理体系、管理层及其权利和责任等内容，其母体组织应有承担相应法律责任和不干预其运作的公正性声明。母体组织应当确立或授权组成管理层负责该非独立法人实验室的全权运作。

实验室或其母体组织作为其实验室活动的第一责任人，应对其出具的数据、结果负责，并承担相应法律责任。因自身原因导致数据、结果出现错误、不准确或者其他后果的，应当承担相应解释、召回报告或证书的后果，并承担赔偿责任。涉及违反相关法律法规规定的，需承担相应的法律责任。

1.3.2 实验室管理层

实验室应确定对实验室全权负责的管理层。实验室或其母体组织应建立健全组织机构，确定管理层并由其全权负责管理和控制实验室的所有活动（包括质量管理、技术管理和行政管理）。管理层的人员数量、资格和能力、职责和权力、资源配置等应与实验室活动的工作类型、工作量和工作范围相适应，以确保符合实验室体系的要求，满足实验室客户、法定管理机构和对其提供承认的组织的需要。

1.3.3 实验室活动范围

实验室应规定符合实验室体系的实验室活动范围，并制定成文件。实验室应仅声明符合实验室体系的实验室活动范围，不应包括持续从外部获得的实验室活动。实验室应根据自身实际，配备实验室活动所需的人员、设施、设备、计量溯源系统及支持服务等资源，并用管理体系文件的形式界定其依靠自身能力能够完成的实验室活动的范围，包括检测或校准、与后续检测或校准活动相关的抽样等，但不包括自身没有技术能力的分包，以确保实验室的各项工作在规定的范围内实施。

1.3.4 实验室活动场所

实验室应以满足实验室体系、实验室客户、法定管理机构和提供承认的组织要求的方式开展实验室活动，包括实验室在固定设施、固定设施以外的地点、临时或移动设施、客户的设施中实施的实验室活动。实验室应完善机制，建立渠道与实验室客户、法定管理机构和对其提供承认的组织加强沟通和联系，识别这些需求特别是识别适用的法律法规要求，将其纳入管理体系的文件化控制、转化为自身要求并在整个组织内进行沟通。实验室应配置资源，完成满足这些需求的实验室活动，同时定期评审，不断补充和完善。实验室活动可以在其独立调配使用和控制的固定设施、固定设施以外的场所在临时或移动设施、客户的设施中实施，不管在什么场所实施均应被实验室的管理体系所覆盖。所有实验室活动均应处于受控状态，严格执行管理体系文件规定的要求，满足检测体系、实验室客户、法定管理机构和提供承认的组织的要求。

1.3.5 实验室组织关系

实验室应确定实验室的组织和管理结构、其在母体组织中的位置，以及管理、技术运作和支持服务间的关系；规定对实验室活动结果有影响的所有管理、操作或验证人员的职责、权力和相互关系；将程序形成文件的形式，以确保实验室活动实施的一致性和结果有效性为原则。

实验室应明确其内部组织和管理结构。实验室可通过内部组织机构图来表述必要时，结合决策领导职能、执行职能、协同配合职能等和/或岗位职责进一步明确人员的职责、权限和相互关系。同时，实验室还应明确外部隶属关系。非独立法人实验室应明确其与所属母体组织以及所属母体组织的其他组成部门之间的相互关系。实验室应明确其管理、技术运作和支持服务间的关系，具体体现在质量管理、技术管理和行政管理之间的关系。

实验室内部制定的文件应首先满足法律法规、体系准则要求或标准、规范的要求，这是基本原则。实验室来自外部的文件（如法律、法规、规章、技术标准、外购的通用软件参考数据手册、客户提供的方法或资料等），可以全文采用或部分采用，但不能断章取义，应保持外来文件使用的完整性和一致性。采用的来自外部的文件需要依据实验室活动所在领域、专业的法律法规、标准或规范的要求来完成。如果这些来自外部的文件不能被操作人员直接使用，或其内容不便于理解、规定不够简明或缺少足够的信息，或方法中有可选择的步骤，会在方法运用时造成因人而异，可能影响实验室活动的数据和结果的正确性、可靠性时，则应制定为内部文件并予以明确。实验室内部制定的文件或采用的外来文件可以表现在手册、程序文件或作业指导书等文件类型中。实验室可以选择承载文件的各种载体，可以是数字的、模拟的、摄影的或书面的各种形式。实验室可以根据自身实际情况将程序形成不同的文件形式，也可以由计算机系统予以控制，但应确保实验室活动实施的一致性和结果的有效性。

1.3.6 实验室人员职责

实验室应具有人员（不论其他职责）履行职责所需的权力和资源，这些职责包括：

（1）实施、保持和改进管理体系。

（2）识别与管理体系或实验室活动程序的偏离。

（3）采取措施以预防或最大程度减少这类偏离。

（4）向实验室管理层报告管理体系运行状况和改进需求。

（5）确保实验室活动的有效性。

实验室管理层应确保：

（1）针对管理体系有效性、满足客户和其他要求的重要性进行沟通。

（2）当策划和实施管理体系变更时，应保持管理体系的完整性。

1.4 资 源 要 求

1.4.1 总则

实验室应获得管理和实施实验室活动所需的人员、设施、设备、系统及支持服务。为确保实验室检测或校准结果的正确性和可靠性，实验室应获得开展管理和实施实验室活动所必需的全部人员、设施环境、仪器设备、计量溯源系统及外部提供的产品和服务。

实验室需利用的资源包括人力资源、物质资源、技术资源、信息资源和自然资源。利用这些资源均要付出成本代价，因此，实验室应在其活动的各个阶段评估这些资源，以确保满足其实验室活动的初始能力和持续能力的需要。实验室应详细记录满足和不满足需求的内容，以保障其溯源性。

资源是实验室建立管理体系的必要条件，实验室应首先根据自身检测业务的特点和规模确定所需配备的资源，并由技术管理层确保实验室运作质量所需的资源。

（1）人力资源。人是最宝贵的资源，一个实验室的水平高低优劣在很大程度上取决于人员的素质与水平。人力资源是资源提供中首先要考虑的，因为所有工作都是靠人来完成的。体系标准规定“实验室应有与其从事检测和/或校准活动相适应的专业人员和管理人员”“实验室人员应经过与其承担的任务相适应的教育、培训，并有相应的技术知识和经验”“实验室应规定对检测和/或校准质量有影响的所有管理、操作和核查人员的职责、权力和相互关系”。管理层应根据质量管理体系中对各工作岗位、质量活动及规定的职责要求，选择能够胜任的人员从事该项工作。

（2）物质资源。物质资源是指实验室实现检测的基本保证，为确保提供的检测报告能满足标准、规范的要求，应确定为实现检测所需要的基础设施、仪器设备等，并保证其能正常运作。它们包括：

1）办公场所、检测场所和相关设施，包括固定、可移动、临时的设施。

2）检测设备（软、硬件），包括抽样、样品制备、数据处理和分析所要求的所有设备。

3）支持性服务设施，如采暖、通风、运输、通信服务等。

（3）工作环境。必要的工作环境是实验室实现检测的支持条件。一般来说，工作环境包括人和物两种因素。其中，人的环境是指管理层应创造一个稳定、和谐和积极向上的工作环境；而物的环境则包括温度、湿度、洁净度、无菌、电磁干扰、辐射、噪声、振动等。实验室必须对所需工作环境加以确定，并对报告质量有影响的环境实施监控管理。

1.4.2 人力资源要求

所有可能影响实验室活动的人员，无论是内部人员还是外部人员，应行为公正、有能力并按照实验室管理体系的要求开展工作。

实验室应根据所承担的检测工作量、工作类型及实验室的特点合理配置一定数量的技术和管理人员。在人员配备时，应从各岗位的任职条件，从业人员的专业技能、理论水平、工作经验、学历、技术职称等方面考评，对管理人员还要求具有较强的组织协调、规划决策及解决问题的综合管理能力，并具有相应的技术水平。人员配备应根据岗位需要，配备数量合理的管理、监督和检测等人员。为适应当前工作和今后检测业务发展的需要，实验室应有一支稳定的人员队伍，尽量使用长期签约人员。

实验室应将影响实验室活动结果的各职能的能力要求形成文件，包括对教育、资格、培训、技术知识、技能和经验的要求。实验室应确保人员具备其负责的实验室活动的能力，以及评估偏离影响程度的能力。

对所有从事抽样、检测和/或校准、签发检测/校准报告以及操作设备等工作的人员，应按要求根据相应的教育、培训、经验和/或可证明的技能进行资格确认并持证上岗。从事特殊产品的检测和/或校准活动的实验室，其专业技术人员和管理人员还应符合相关法律、行政法规的规定要求。检测机构应做好以下工作：

（1）确定能力要求。实验室对操作专门设备、从事检测及校核的人员、评价检测结果的人员、批准签发报告人员的能力应予以确认，确认内容包括学历、职称、专业技能、工作经验及培训经历等方面，对照实验室任职资格和条件的要求确认有能力胜任所从事的岗位。

（2）人员选择。某些技术领域（如无损探伤检测、内审员）可能要求工作人员持有资格证书才能上岗，对于人员的资格证书的要求是法定的、特殊领域标准要求的，实验室应满足这些专门人员持证上岗的要求。

（3）人员培训。实验室应识别各岗位的培训需求，并制定培训计划。培训计划既要考虑实验室当前和预期的任务需要，也要考虑实验室活动人员的资格、能力、经验、监督评价和人员能力监控的结果，并评价培训活动的有效性，保留培训记录。

（4）人员监督。使用在培训期内的人员应对其安排充分、有效的监督。

（5）人员授权。对检测报告中的结果负责发表和解释的人员，以及报告的授权签字人，除了具有相应的资格、培训、经验、专业技能外，还需要熟悉体系标准及相关的法律法规、技术文件的要求，熟悉实验室管理体系及管理程序，熟悉检测报告审核签发程序，了解所承担检测项目或工程的设计要求以及合同、标书的要求，掌握数据修约、测量不确定度评定等计量基础知识。

（6）人员能力监控。实验室应高度重视对人员能力的保持，为此，实验室应根据实验室的现状和发展确定长远（3～5 年）的培训需求。同时，制定与实验室当前和预期任务相适应的培训计划，特别是关键岗位人员能力的保持要通过有计划、持续不断的培训来得到，确保机构人员持续胜任相应岗位的工作。

（7）培训内容。根据各岗位应知应会的要求确定培训内容，通常包括以下方面：

1）职业操守、有关的法律法规及评审准则等。

2）专业基础知识、专业技能以及质量管理和质量控制知识。

3）实验室质量手册、程序文件等管理体系文件。

4）检测技术、规程、规范、方法等相关标准。

5）数理统计、数据处理以及测量不确定度评定知识。

6）计算机应用软件、绘图软件以及自动化设备软件。

7）检测仪器设备自校准、操作使用、维护保养等方面的规程、方法等。

8）行业或法规要求的从业资格证书的培训等。

（8）培训时机。出现下列情况时，实验室应组织有关人员进行培训：

1）新进人员或长期离岗人员上岗前。

2）新开展检测项目的检测人员。

3）新仪器设备投入使用前。

4）执行新标准或新方法前。

5）由于检测人员技术缺陷出现质量隐患或造成检测事故后。

6）新的质量体系运行前。

7）法律、法规和上级主管部门有明确规定和要求时。

8）有其他需求时。

（9）培训计划。实验室应根据其当前和今后的发展目标，确定各类人员的培训目标，制定中长期培训规划和年度培训计划，其主要内容应包括培训的科目和内容、培训对象、培训时间和地点、培训要求、组织管理、授课教师及考试方式等。中长期培训规划可相对宏观，但年度培训计划要具体、明确、可操作性强。

（10）培训管理。培训应由技术负责人制订计划，经最高管理者批准后由实验室相关部门组织实施。技术负责人应对培训计划的组织实施及实施效果进行监督，当发现问题时应及时向最高管理者报告，以保证培训计划的有效实施。对参加培训的人员要按照培训内容及从事工作的应知应会科目进行考试，考试成绩计入个人档案，参加资格培训者应取得相应资格证书。培训和考试结果应由办公室及时记录和收集整理，培训及考核记录应纳入人员技术档案。

实验室应保存技术人员有关资格、培训、技能、经历和业绩等技术档案。人员技术档案应内容正确完整，对其实施动态管理，及时补充更新，并做到一人一档、专人妥善保管。

人员技术档案主要内容包括：

（1）个人简历：个人基本情况、主要学习经历和工作经历等。

（2）学历证明：毕业证书和学位证书复印件。

（3）技术职称证明：技术职称证和聘任证书复印件。

（4）上岗证书：各种检测人员的上岗证书、内审员证书、特殊资格证书等复印件。

（5）工作成果证明：如论文、著作、专利证书、获奖证书等复印件。

（6）培训和考核记录。

（7）考评资料：如年度考评资料、技术或业务能力考评资料。

（8）其他技术业绩证明材料等。

1.4.3 设施和环境条件

设施和环境条件应适合实验室活动，不应对结果有效性产生不利影响。对结果有效性有不利影响的因素可能包括但不限于微生物污染、灰尘、电磁干扰、辐射、湿度、供电、温度、声音和振动。

实验室设施和环境条件是保证检测或校准（包括抽样活动）正常开展，以及检测或校准结果数据正确、可靠的重要影响因素之一。实验室应提供满足检测或校准（包括抽样活动）所需的相应设施和环境条件。实验室的设施应为自有设施，并拥有设施的全部使用权和支配权；应有充足的设施和场地实施检测或校准活动，包括样品储存空间。对诸如微生物污染、灰尘、电磁干扰、辐射、湿度、供电、温度、声音和振动等可能对检测或校准结果有效性有不利影响的因素，实验室应当予以足够重视，采取相应控制措施，确保设施和环境条件适合于相关的检测或校准（包括抽样活动），不会使检测结果无效或对检测有效性产生不利影响。当环境条件危及检测结果时，应停止检测。

实验室应将从事实验室活动所必需的设施及环境条件的要求形成文件。当相关规范、方法或程序对环境条件有要求时，或环境条件影响结果有效性时，实验室应监测、控制和记录环境条件。

实验室应实施、监控并定期评审控制设施的措施，这些措施应包括但不限于：

（1）进入和使用影响实验室活动的区域。

（2）预防对实验室活动的污染、干扰或不利影响。

（3）有效隔离不相容的实验室活动区域。

当实验室在永久控制之外的场所或设施中实施实验室活动时，应确保满足实验室体系中有关设施和环境条件的要求。在实验室永久控制之外的场所或设施中进行检测或校准时，对设施和环境条件应予以特别关注。为保证环境条件符合检测或校准标准或技术规范的要求，不对检测或校准结果有效性产生不利影响，必要时实验室应提出相应的控制要求并记录。

1.4.4 设备

1.4.4.1 基本要求

实验室应获得正确开展实验室活动所需的并影响结果的设备，包括但不限于测量仪器、软件、测量标准、标准物质、参考数据、试剂、消耗品或辅助装置。仪器设备是实验室开展检测工作所必需的重要资源，也是保证检测工作质量、获取可靠测量数据的基础。因此，仪器设备的管理在实验室管理中是一个重要环节。仪器设备的管理内容包括仪器设备的配备、采购、验收、量值溯源、使用、维护、报废等全过程管理，其主要目的是使仪器设备在整个使用寿命周期内处于受控状态，以保证仪器设备配备合理、量值准确可靠，为取得科学、准确、可靠的检测数据提供保障。

实验室应有处理、运输、储存、使用和按计划维护设备的程序，以确保其功能正常并防止污染或性能退化。实验室应建立相关的程序文件，规定设备处理、运输、储存、使用和按计划维护等过程的内容和记录要求，以确保设备功能正常运行并防止污染和性能退化。实验室建立的程序文件应包括标准物质的储存、使用等确保其保持规定特性并防止污染和退化的控制过程和记录要求。实验室应指定专人负责设备的管理，包括校准、维护和期间核查等。实验室应建立机制以提示对到期设备进行校准、维护和期间核查。设备使用者最了解设备的使用状态，应使其参与设备管理。

1.4.4.2 实验室使用控制以外的设备要求

实验室使用永久控制以外的设备时，应确保满足体系对设备的要求。若现场使用客户的设备或其他非实验室设备，是否已将该设备纳入实验室的管理体系；是否由本实验室的人员操作、维护，并对使用环境和储存条件进行了控制；是否确保满足了体系中对设备的要求。永久控制外的设备主要包括外借设备、客户设备、分包方的设备。外借设备主要有以下三种情况：

（1）借到实验室来用。与自己的设备一样进行管理和使用。

（2）在被借用方使用，由被借用方人员进行操作测试。这样的测试CNAS是不会受理认可申请的。对于这类测试，借用方实验室要保留其设备校准/检定证书复印件，并确认被借用方操作人员的相关测试能力，或对其进行简短的培训。借用方还要确保测试不会影响公正性、独立性以及保护客户机密和客户所有权。

（3）在被借用方使用，由借用实验室人员操作测试。设备要纳入借用实验室的设备台账上，并要有标识。借用实验室要有设备校准/检定证书复印件，操作人员应进行设备操作方面的培训并有培训记录，要有设备操作、维护和期间核查作业指导书以及相关记录。

1.4.4.3 预防设备的污染和性能退化

实验室应有处理、运输、储存、使用和按计划维护设备的程序，以确保其功能正常并防止污染或性能退化。实验室在固定场所外使用测量设备进行检测、校准或抽样的相关规定，可编写在设备管理程序文件中，也可单独制定程序。设备维护的频次及方式，可根据实验室具体情况进行规定和执行。在设计维护频次时，可根据设备测试量定，通常有日维护、周维护、月维护和年度维护，维护的项目根据频次有层级的安排。维护的方式分为操作者的维护、专家维护（内部专家和外部专家），具体采用哪种方式或几种方式组合，要综合考虑实验室人员能力、财力等再做规定。

1.4.4.4 设备使用要求

当设备投入使用或重新投入使用前，实验室应验证其是否符合规定要求，验证的方式包括校准、核查、比对、检测等。其中，投入使用前应采用校准或核查的方式，重新投入使用前应采用核查或校准的方式。如验证设备达到了要求的准确度、测量范围和不确定度等，符合相应标准、技术规范或设备说明书的要求，即满足使用要求。

1.4.4.5 测量设备的校准与期间核查

实验室应指定专人负责设备的管理，包括校准、维护和期间核查等。实验室应建立机制以提示对到期设备进行校准、核查和维护。用于测量的设备应能达到所需的测量准确度和（或）测量不确定度，以提供有效结果。实验室应按其活动所依据的标准或技术规范的要求，配置所需设备的测量准确度和（或）测量不确定度（包括测量范围），以提供有效的结果。

在下列情况下，测量设备应进行校准：

（1）当测量准确度或测量不确定度影响报告结果有效性。

（2）为建立报告结果的计量溯源性，要求对设备进行校准。

影响报告结果有效性的设备类型可包括：

（1）用于直接测量被测量的设备，如使用天平测量质量。

（2）用于修正测量值的设备，如温度测量。

（3）用于从多个量计算获得测量结果的设备。

对需要校准的设备，实验室应建立校准方案，方案中应包括该设备校准的参数、范围、不确定度和校准周期等，以便送校时提出明确的、针对性的要求。所有需要校准或具有规定有效期的设备应使用标签、编码或以其他方式标识，使设备使用人方便地识别校准状态或有效期。当实验室需要利用期间核查以保持设备校准状态的可信度时，应按照规定的程序进行。期间核查通常是在设备两次校准期间，对设备各功能及技术要求进行核查，对有明显功能变差、技术参数要求超出要求范围的设备及时采取预防措施，以确保设备功能及相关技术参数要求的可信度。期间核查与校准或检定的主要区别如下：

（1）校准或检定是在标准条件下，通过计量标准确定测量仪器的校准状态。而期间核查是在两次校准或检定之间，在实际工作的环境条件下，对同一核查标准进行定期或不定期的测量，考察测量数据的变化情况，以确认其校准状态是否继续可信。

（2）校准或检定必须由有资格的计量技术机构用经考核合格的计量标准按照规程或规范的方法进行。期间核查是由本实验室人员使用自己选定的核查标准按照自己制定的核查方案进行。

（3）校准或检定是用高一级计量标准对测量仪器的计量性能进行评估，以获得该仪器量值的溯源性。而期间核查只是在使用条件下考核测量仪器的计量特性有无明显变化，由于核查标准一般不具备高一级计量标准的性能和资格，所以这种核查不具有溯源性。

（4）期间核查不是缩短校准或检定周期后的一种校准或检定，而是用一种简便的方法对测量仪器是否依然保持校准或检定状态进行的确认。而校准或检定是要评价测量仪器的计量特性，需要控制各种因素的影响，所用的计量标准的准确度高于被检仪器的准确度。

（5）期间核查可以为制定合理的校准间隔提供依据或参考。对于因校准或维修等原因又返回实验室的设备，也应进行验证。应注意到并非实验室的每台设备都需要校准，实验室应评估该设备对结果有效性和计量溯源性的影响，合理地确定是否需要校准。对不需要校准的设备，实验室应核查其状态是否满足使用要求。实验室应根据校准证书的信息，判断设备是否满足方法要求。

判断设备是否需要期间核查至少需考虑以下因素：

1）设备校准周期；

2）历次校准结果；

3）质量控制结果；

4）设备使用频率和性能稳定性；

5）设备维护情况；

6）设备操作人员及环境的变化；

7）设备使用范围的变化等。

1.4.4.6 设备状态标识

如果设备有过载或处置不当，给出可疑结果，已显示有缺陷或超出规定要求时，应停止使用。这些设备应予以隔离以防误用，或加贴标签/标记以清晰表明该设备已停用，直至经过验证表明能正常工作。实验室应检查设备缺陷或偏离规定要求的影响，并启动不符合工作管理程序。

1.4.4.7 设备管理档案

实验室应保存对实验室活动有影响的设备记录，记录应包括以下内容：

（1）设备的识别，包括软件和固件版本；

（2）制造商名称、型号、序列号或其他唯一性标识；

（3）设备符合规定要求的验证证据；

（4）当前的位置；

（5）校准日期、校准结果、设备调整、验收准则、下次校准的预定日期或校准周期；

（6）准物质的文件、结果、验收准则、相关日期和有效期；

（7）与设备性能相关的维护计划和已进行的维护；

（8）设备的损坏、故障、改装或维修的详细信息。

1.4.5 外部提供的产品和服务

实验室应确保影响实验室活动的外部提供的产品和服务的适宜性，这些产品和服务包括用于实验室自身的活动、部分或全部直接提供给客户、用于支持实验室的运作。

产品可包括测量标准和设备、辅助设备、消耗材料和标准物质。服务可包括校准服务、抽样服务、检测服务、设施和设备维护服务、能力验证服务以及评审和审核服务。实验室应按照体系要求界定自身的实验室活动范围，确定完成这些活动所需的资源和条件。当这些资源和条件需要外部提供产品和服务时，应分析外部提供的产品和服务的性质、类型和适用范围，尤其是影响实验室活动的外部产品和服务的适宜性和可能带来的风险，并采取有效措施来消除这些风险或将风险降到最低，确保影响实验室活动的外部产品和服务既要以低成本采购又能保证质量，满足实验室活动所涉及的方法标准或规范的需要。

实验室应有以下活动的程序，并保存相关记录：

（1）确定、审查和批准实验室对外部提供的产品和服务的要求。按照实验室各个部门或岗位的职责规定，遵循“谁使用谁申请、谁管理谁审批、谁采购谁负责、谁使用谁验收”的原则，确定外部提供的产品和服务的流程管理要求。鉴于不同外部提供的产品和服务的特点，应有针对性地提出要求，如：试剂和消耗材料具有不断消耗、补充、更新的特点，应就其购买尤其是接收和储存的要求做出明确的规定；应对实验室不能完成、需要部分提供（分包）给符合要求的其他实验室提出要求；应对校准服务的实验室资质和校准证书的不确定度报告提出要求。

（2）确定评价、选择、监控表现和再次评价外部供应商的准则。根据实验室的实际情况，确定外部产品和服务的范围、性质、特点、技术指标等要求，从外部供应商的资质、提供产品和服务的质量要求、规模、价格、服务满意度、使用者和同行反馈等方面确定综合评价准则，并动态监控、调整和运用这些准则对外部供应商进行评价、选择、表现监控和再次评价，以做出继续使用还是拒绝的决定。

（3）在使用外部提供的产品和服务前，或将外部提供的产品和服务结果直接提供给客户前，实验室应确保影响实验室活动质量的、外部提供的产品和服务只有在经检查或以其他方式进行符合性评价和验收，符合有关方法标准或规范、或满足实验室的管理体系文件规定、或实验室体系的相关要求之后才可以使用。必要时，可针对不同的外部提供的产品和服务，制定验收工作的标准操作程序。

（4）根据对外部供应商的评价、监控表现和再次评价的结果采取措施。实验室通过对外部供应商的评价、监控表现和再次评价方式进行管理，根据评价结果，选择或重新选择和使用合格的供应商及其提供的产品和服务。根据供应商评价结果，建立合格供应商名录。若出现不合格（不满意）的情况，应依据实验室制定的管理程序，对照选择和评价准则完成对供应商的选择和使用并采取措施，持续使用合格的、淘汰不合格的供应商，并保留对供应商进行评价和采取措施的证据和结论。

实验室应与外部供应商沟通，明确以下要求：①需提供的产品和服务；②验收准则；③能力，包括人员需具备的资格；④实验室或其客户拟在外部供应商的场所进行的活动。

1.5 过 程 要 求

1.5.1 要求、标书和合同评审

实验室应有要求、标书和合同评审程序，该程序应确保：

（1）实验室应能与客户充分沟通，对要求应予充分规定并形成文件，且被双方理解。规定要求包括客户要求、实验室体系要求、实验室和客户沟通的其他相关事宜。客户要求应合理、明确，文件齐全，易于理解。双方通过对检测或校准项目、依据、结论、供样方式等的确定，防止由于规定不明确、不一致而影响检测或校准的最终质量。评审客户要求的目的是确保实验室能很好地理解客户的要求，实验室一般不要自行判断，应与客户充分讨论，明确他们的最终要求。

（2）实验室自身的技术能力和资质状况应满足规定要求。按照规定的要求，评审实验室在软、硬件方面是否满足要求，如场地、设备、环境是否具备、人员是否授权上岗、对方法理解如何、有无作业指导书、是否评定过不确定度、是否参加过实验室间比对或能力验证，或是用已知值样品进行过盲样测试、有无行之有效的管理体系等。

（3）当使用外部供应商时，应满足 1.4.5 的要求，实验室应告知客户由外部供应商实施的实验室活动，并获得客户同意。在下列情况下可能使用外部提供的实验室活动：实验室有开展活动的资源和能力，然而由于不可预见的原因不能承担部分或全部活动，这种情况被称为有能力的分包。实验室没有开展活动的资源和能力，这种情况被称为没有能力的分包。使用外部提供者的服务，是指实验室将检测项目部分分包给有能力的其他实验室。该分包有两类原因：不可预见的原因和持续性的原因。不可预见的原因是指有能力的分包，一个实验室拟分包的项目是其已获得实验室认可的技术能力，但因工作量

急增、关键人员暂缺、设备设施故障、环境状况变化等原因，暂时不满足检测或校准条件而进行的分包；而持续性原因是指一个实验室拟分包的项目是其未获得实验室认可的技术能力。分包方应获得实验室认可并有相应的技术能力，对分包方的管理应满足体系的相关要求。实验室应事先告知客户由外部提供者实施的实验室活动，并征得客户同意。通知客户的目的也含有保密的要求，不能将客户的任务交给其竞争对手。此外，这也是实验室诚实守信的体现。

（4）选择适当的方法或程序以满足客户的要求。当客户未指定所用的方法时，实验室应优先选择国际标准、区域标准或国家标准发布的方法，或由知名技术组织或由有关科技书籍或期刊中公布的方法，或设备制造商规定的方法，也可使用实验室开发或修改的方法。方法的选择应能满足客户需求。对内部或例行客户，要求、标书和合同的评审可简化进行。例如，对例行和其他简单任务的评审，由实验室中负责合同工作的人员注明日期并加以标识（如签名缩写）即可；对于重复性的例行工作，如果客户要求不变，仅需在初期调查阶段或在与客户的总协议下对持续进行的例行工作合同批准时进行评审；对于新的、复杂的或先进的检测或校准任务，则应当保存更为全面的记录。

当客户指定所用的方法不合适或过期时，实验室应通知客户。实验室应确保使用最新有效版本的方法，除非不合适或不可能做到。

当客户要求针对检测或校准做出与规范或标准符合性的声明时（如通过/未通过，在允许限内/超出允许限），应明确规定规范或标准及判定规则。选择的判定规则应通知客户并得到同意，除非规范或标准本身已包含判定规则。

要求或标书与合同之间的任何差异，应在实施实验室活动前解决。每项合同应被实验室和客户双方接受。客户要求的偏离不应影响实验室的诚信或结果的有效性。实验室对客户要求、标书或合同有不同意见时，应在签约之前协调解决。若有关要求发生修改或变更时，需进行重新评审，并将变更内容通知到相关的人员。实验室对于出现的偏离，应与客户沟通并取得客户同意。实验室应评审客户要求的偏离带来的风险，如果影响实验室的诚信或结果的有效性，则不能接受。实验室在执行合同时发生的与合同任何的偏离都应通知客户，如：设备发生故障需要延长合同交付时间或将这部分工作分包，都应通知客户并得到客户同意。如果工作开始后修改合同，应重新进行合同评审，并将修改内容通知所有受到影响的人员。

使客户了解、理解实验室过程，是实验室与客户交流的重要途径。实验室应与客户沟通，全面了解客户的需求，为客户解答有关的技术和方法。与客户或其代表合作的前提是确保其他客户的机密不受损害，保证人员的人身安全，并且不会对实验室结果产生不利影响。实验室在整个工作过程中，应当通过与客户沟通，深入、全面、正确地理解客户的要求，主动为客户服务。与客户的合作可包括：①允许客户或其代表合理进入实验室的相关区域直接观察为其进行的试验；②客户有验证要求的，提供所需物品的准备、包装和发送。

实验室应保存所有的合同评审记录，包括：工作开始前的评审记录；合同执行期间，实验室就客户的要求、工作结果与客户所进行的讨论记录等。

1.5.2 方法的选择、验证和确认

1.5.2.1 检测方法选择与偏离要求

（1）检测方法应能满足检测的要求。检测实验室应使用适当的方法和程序开展所有的实验室活动，适当时，包括测量不确定度的评定以及使用统计技术进行数据分析。实验室应对使用的检测或校准方法实施有效的控制与管理，明确每种新方法投入使用的时间，并及时跟进检测或校准技术的发展，定期评审方法能否满足检测或校准需求。

（2）检测方法应保持现行有效并易于人员取阅。

（3）实验室应确保使用最新有效版本的方法。对于标准方法，应定期跟踪标准的制、修订情况，及时采用最新版本标准。

（4）当客户未指定所用的方法时，实验室应选择适当的方法并通知客户。推荐使用以国际标准、区域标准或国家标准发布的方法，或由知名技术组织或有关科技文献或期刊中公布的方法，或设备制造商规定的方法。实验室制定或修改的方法也可使用。

（5）对实验室活动方法的偏离，应事先将该偏离形成文件并做技术判断，获得授权并被客户接受。

1.5.2.2 检测方法验证

实验室在引入方法前，应验证能够正确地运用该方法，以确保实现所需的方法性能。应保存验证记录。如果发布机构修订了方法，应依据方法变化的内容重新进行验证。在引入检测方法之前，实验室应对其能否正确运用这些标准方法的能力进行验证。验证不仅需要识别相应的人员、设施和环境、设备等，还应通过试验证明结果的准确性和可靠性，如精密度、线性范围、检出限和定量限等方法特性指标，必要时应进行实验室间比对。

1.5.2.3 检测方法开发

当需要开发方法时，应予以策划，指定具备能力的人员，并为其配备足够的资源。在方法开发的过程中，应进行定期评审以确定持续满足客户需求。开发计划的任何变更应得到批准和授权。

1.5.2.4 检测方法确认

（1）方法确认的范围。确认是对规定要求满足预期用途的验证。CNAS-CL01：2018规定对以下情况需要进行方法的确认：非标准方法、实验室制定的方法、超出预定范围使用的标准方法、或其他修改的标准方法。此外，确认可包括检测或校准物品的抽样、处置和运输程序。当修改已确认过的方法时，应确定这些修改的影响。当发现影响原有的确认时，应重新进行方法确认。

（2）方法确认技术。可用以下一种或多种技术进行方法确认：

1）使用参考标准或标准物质进行校准或评估偏倚和精密度。

2）对影响结果的因素进行系统性评审。

3）改变控制检验方法的稳健度，如培养箱温度、加样体积等。

4）与其他已确认的方法进行结果比对，如实验室间比对，根据对方法原理的理解以及抽样或检测方法的实践经验，评定结果的测量不确定度。

（3）确认方法的性能特性。方法性能特性可包括但不限于：测量范围、准确度结果的测量不确定度、检出限、定量限、方法的选择性、线性、重复性或复现性、抵御外部影响的稳健度或抵御来自样品或测试物基体干扰的交互灵敏度以及偏倚。

（4）方法确认的记录内容。主要包括使用的确认程序、规定的要求、确定的方法性能特性、获得的结果、方法有效性声明，并详述与预期用途的适宜性。

1.5.3 抽样

检验检测机构需要对物质、材料或产品进行抽样时，应建立和保持抽样控制程序。抽样计划应根据适当的统计方法制定，抽样应确保检验检测结果的有效性。当客户对抽样程序有偏离的要求时，应予以详细记录，同时告知相关人员。如果客户要求的偏离影响到检验检测结果，应在报告、证书中做出声明。

当抽样作为实验室工作的一部分时，实验室应记录与抽样有关的信息。实验室应将抽样数据作为检测或校准工作记录的一部分予以保存，这些记录应包括以下信息：

（1）所用的抽样方法；

（2）抽样日期和时间；

（3）识别和描述样品的数据（如编号、数量和名称）；

（4）抽样人的识别；

（5）所用设备的识别；

（6）环境或运输条件；

（7）适当时，标识抽样位置的图示或其他等效方式；

（8）对抽样方法和抽样计划的偏离或增减。

1.5.4 检测或校准物品的处置

实验室应有运输、接收、处置、保护、存储、保留、处理或归还检测或校准物品的程序，包括为保护检测或校准物品的完整性以及实验室与客户利益所需要的所有规定。在物品的处置、运输、保存/等候和制备过程中，应注意避免物品变质、污染、丢失或损坏。应遵守随物品提供的操作说明。

实验室应有清晰标识检测或校准物品的系统，物品在实验室负责的期间内应保留该标识。标识系统应确保物品在实物上、记录或其他文件中不被混淆。适当时，标识系统应包含一个物品或一组物品的细分和物品的传递。

接收检测或校准物品时，应记录与规定条件的偏离。当对物品是否适于检测或校准有疑问，或当物品不符合所提供的描述时，实验室应在开始工作之前询问客户以得到进一步的说明，并记录询问的结果。当客户知道偏离了规定条件仍要求进行检测或校准时，实验室应在报告中做出免责声明，并指出偏离可能影响的结果。

若物品需要在规定环境条件下储存或状态调节时，应保持、监控和记录这些环境条件。实验室应有程序和适当的设施以避免样品在储存、处置和准备过程中发生退化、污染、丢失或损坏，如：采取通风、防潮、控温、清洁等措施，并做好相关记录。样品的处理应严格遵守随样品提供的说明或相关标准要求。当样品需要存放在规定的环境条件下储存或状态调节时，应保持、监控和记录这些条件。

1.5.5 技术记录

实验室应确保每一项实验室活动的技术记录包含结果、报告和足够的信息，以便在可能时识别影响测量结果及其测量不确定度的因素，并确保能在尽可能接近原条件的情况下重复该实验室活动。技术记录应包括每项实验室活动以及审查数据结果的日期和责任人。原始的观察结果、数据和计算应在观察或获得时予以记录，并应按特定任务予以识别。

记录是管理体系有效运行和实验室活动符合规定要求的有效证据，是实验室各项管理和技术活动的第一手资料，也是保证检测或校准数据准确、可靠的基础。实验室应有程序规定各项记录的标识、收集、检索、使用、归档、储存、维护和处置，保证其安全性、保密性和可追溯性。

实验室对所开展的每一项检测或校准或抽样活动都应做出记录，所有的这些记录均归为技术记录。技术记录应包括每项实验室活动以及审查数据结果的日期和责任人（负责抽样的人员、每项检测和或校准的操作人员和结果校核人员）。原始的观察结果、数据和计算应在观察或获得时予以记录，并应按特定任务予以识别。

实验室应确保能方便获得所有的原始记录和数据，记录的详细程度应确保在尽可能接近原条件的情况下能够重复实验室活动及识别测量不确定度的因素。只要适用，记录内容应包括：样品描述；样品唯一性标识；所用的检测、校准和抽样方法；环境条件，特别是在实验室以外的地点实施的实验室活动；所用设备和标准物质的信息，包括使用客户的设备；检测或校准过程中的原始观察记录以及根据观察结果所进行的计算；实施实验室活动的人员；实施实验室活动的地点（如果未在实验室固定地点实施）；其他重要信息。

实验室应在记录表格中或成册的记录本上保存检测或校准的原始数据和信息，也可直接录入信息管理系统中，也可以是设备或信息系统自动采集的数据。对自动采集或直接录入信息管理系统中的数据的任何更改，应满足检测体系要求。原始记录为试验人员在试验过程中记录的原始观察数据和信息，而不是试验后所誊抄的数据。当需要另行整理或誊抄时，应保留对应的原始记录。

电子记录的修改应在系统中留下痕迹，存放条件应有安全保护措施并加以保护及备份，防止未经授权的侵入和修改，以避免原始数据的丢失或改动。

实验室应确保技术记录的修改可以追溯到前一个版本或原始观察结果。应保存原始的以及修改后的数据和文档，包括修改的日期、标识修改的内容和负责修改的人员。

1.5.6 测量不确定度的评定

1.5.6.1 测量不确定度的重要性

检验检测机构应建立和保持应用评定测量不确定度的程序，应识别测量不确定度的贡献，建立相应数学模型，给出相应检验检测能力的评定测量不确定度案例。评定测量不确定度时，应采用适当的分析方法考虑所有显著贡献，包括来自抽样的贡献。检验检测机构在检验检测出现临界值、内部质量控制或客户有要求时，需要报告测量不确定度。

CNAS-CL01-G003《测量不确定度的要求》中做出如下说明：中国合格评定国家认可委员会（CNAS）充分考虑目前国际上与合格评定相关的各方对测量不确定度的关注，以及测量不确定度对测量、试验结果的可信性、可比性和可接受性的影响，特别是这种影响和关注可能会造成消费者、工业界、政府和市场对合格评定活动提出更高的要求。因此，CNAS 在认可体系的运行中给予测量不确定度评估以足够的重视，以满足客户、消费者和其他各有关方的期望和需求。CNAS 在测量不确定度评估和应用要求方面将始终遵循国际规范的相关要求，与国际相关组织的要求保持一致，并在国际规范和有关行业制定的相关导则框架内制定具体的测量不确定度要求。

1.5.6.2 测量不确定度的通用要求

（1）实验室应制定实施测量不确定度要求的文件并将其应用于相应的工作，实验室还应建立维护测量不确定度有效性的机制。

（2）实验室应有具备能力的相关人员，能正确评定、报告和应用检测或校准结果的测量不确定度。

（3）测量不确定度评定的程序、方法以及测量不确定度的表示和使用应符合 GUM（《测量不确定度表示指南》）及其补充文件的规定。

（4）实验室应识别测量不确定度的贡献。评定测量不确定度时，应采用适当的分析方法考虑所有显著贡献，包括来自抽样的贡献。

（5）当做出与规范或标准的符合性声明时，实验室应考虑测量不确定度的影响，明确判定规则，所用判定规则应考虑到相关的风险水平（如错误接受、错误拒绝以及统计假设）。应将所使用的判定规则制定成文件，并加以应用。

1.5.6.3 对检测实验室的要求

（1）检测实验室应制定与检测工作特点相适应的测量不确定度评估文件。

（2）检测实验室应有能力对每一项有数值要求的测量结果进行测量不确定度评估，需要时，应评估这些测量结果的不确定度。

（3）检测实验室对于不同的检测项目和检测对象，可以采用不同的评估方法。

（4）检测实验室在采用新的检测方法时，应按照新方法重新评估测量不确定度。

（5）检测实验室应对所采用的非标准方法、实验室自己设计和研制的方法、超出预定使用范围的标准方法以及其他修改的标准方法进行确认，其中应包括对测量不确定度的评估。

（6）对于某些广泛公认的检测方法，如果该方法规定了测量不确定度主要来源的极限值和计算结果的表示形式时，实验室只要按照该检测方法的要求操作并出具测量结果报告，即被认为符合要求。

（7）由于某些检测方法的性质，决定了无法从计量学和统计学角度对测量不确定度进行有效而严格的评估，这时至少应通过分析方法列出各主要的不确定度分量，并做出合理的评估。同时应确保测量结果的报告形式不会使客户造成对所给测量不确定度的误解。

（8）如果检测结果不是用数值表示或者不是建立在数值基础上（如合格/不合格、阴性/阳性、或基于视觉和触觉等的定性检测），则不要求对不确定度进行评估，但鼓励实验室在可能的情况下了解结果的可变性。

1.5.6.4 检测实验室测量不确定度评估所需的严密程度

检测实验室测量不确定度评估所需的严密程度取决于：检测方法的要求、用户的要求、用来确定是否符合某规范所依据的误差限的宽窄。

检测报告中报告必须给出测量结果的不确定度的情况包括：①当不确定度与检测结果的有效性或应用有关时；②当用户要求时；③当测量不确定度影响到与规范限量的符合性时。

1.5.7 确保结果有效性

检验检测机构应建立和保持监控结果有效性的程序。检验检测机构可采用：①定期使用标准物质；②定期使用经过检定或校准的具有溯源性的替代仪器；③对设备的功能进行检查；④运用工作标准与控制图；⑤使用相同或不同方法重复检验检测；⑥保存样品的再次检验检测；⑦分析样品不同结果的相关性；⑧对报告数据进行审核；⑨参加能力验证或机构之间比对；⑩机构内部比对；⑪盲样检验检测等手段进行监控。检验检测机构所有数据的记录方式应便于发现其发展趋势，若发现偏离预先判据，应采取有效的措施纠正出现的问题，防止出现错误的结果。质量控制应有适当的方法和计划并加以评价。

实验室应监控检测或校准/抽样结果的有效性。通常结果有效性的监控也表述为结果质量控制。实验室对监控结果有效性的活动应进行策划，制定质量控制计划并审查、批准相关质量控制计划。质量控制程序的要素包括：质量控制工作的责任部门和责任人、相关工作涉及的部门和岗位、质量控制计划、选取适合且足够的检测或校准项目作为质量控制对象、质量控制的类型和方式、质量控制结果的统计分析技术、质量控制结果的应用等。实验室要采用合适的方式记录监控结果的数据，该方式应便于发现监控结果的发展趋势。如可行，应采用适用的统计技术对监控结果进行分析、判断和审查。

实验室可通过参加能力验证、参加除能力验证之外的实验室间比对来监控能力水平。实验室开展检测或校准结果的质量监控，还应该通过与其他实验室的结果比对的方式来监控自身的检测或校准能力水平。与外部实验室的结果比对提供了一种发现自身系统性偏差的手段，也有助于实验室知道其在同行实验室之间的定位。与外部实验室的结果比对的监控活动也应该予以策划和审查，监控的措施包括但不限于参加能力验证、实验室间比对。实验室参加能力验证应覆盖其认可的子领域并满足 RL02 中对参加能力验证活动频次的要求。

实验室应对开展的检测或校准结果监控活动所获得的数据进行分析，分析的结果可用于控制实验室的检测或校准工作。适用时，可用于改进实验室的检测或校准工作。实验室应制定结果监控活动的预案，并设立监控活动数据分析结果的限值（也称为可以接受的准则）。如果发现监控活动数据分析结果超出了这一预定的限值时，应采取适当措施以防止报告不正确的结果。

1.5.8 结果报告

检验检测机构应准确、清晰、明确、客观地出具检验检测结果，符合检验检测方法的规定，并确保检验检测结果的有效性。结果通常应以检验检测报告或证书的形式发出。检验检测报告或证书应至少包括下列信息：

（1）标题。

（2）标注资质认定标志，加盖检验检测专用章（适用时）。

（3）检验检测机构的名称和地址、检验检测的地点（如果与检验检测机构的地址不同）。

（4）检验检测报告或证书的唯一性标识（如系列号）和每一页上的标识，以确保能够识别该页是属于检验检测报告或证书的一部分，以及表明检验检测报告或证书结束的清晰标识。

（5）客户的名称和联系信息。

（6）所用检验检测方法的识别。

（7）检验检测样品的描述、状态和标识。

（8）检验检测的日期；对检验检测结果的有效性和应用有重大影响时，注明样品的接收日期或抽样日期。

（9）对检验检测结果的有效性或应用有影响时，提供检验检测机构或其他机构所用的抽样计划和程序的说明。

（10）检验检测报告或证书签发人的姓名、签字或等效的标识和签发日期。

（11）检验检测结果的测量单位（适用时）。

（12）检验检测机构不负责抽样（如样品是由客户提供）时，应在报告或证书中声明结果仅适用于客户提供的样品。

（13）检验检测结果来自外部提供者时的清晰标注。

（14）检验检测机构应做出未经本机构批准，不得复制（全文复制除外）报告或证书的声明。

当需对检验检测结果进行说明时，检验检测报告或证书中还应包括下列内容：

（1）对检验检测方法的偏离、增加或删减，以及特定检验检测条件的信息，如环境条件。

（2）适用时，给出符合（或不符合）要求或规范的声明。

（3）当测量不确定度与检验检测结果的有效性或应用有关、或客户有要求、或当测量不确定度影响到对规范限度的符合性时，检验检测报告或证书中还需要包括测量不确定度的信息。

（4）适用且需要时，提出意见和解释。

（5）特定检验检测方法或客户所要求的附加信息。报告或证书涉及使用客户提供的数据时，应有明确的标识。当客户提供的信息可能影响结果的有效性时，报告或证书中应有免责声明。

当需要对报告或证书做出意见和解释时，检验检测机构应将意见和解释的依据形成文件。意见和解释应在检验检测报告或证书中清晰标注。

当用电话、传真或其他电子方式传送检验检测结果时，应满足对数据控制的要求。检验检测报告或证书的格式应设计为适用于所进行的各种检验检测类型，并尽量减小产生误解或误用的可能性。

检验检测报告或证书签发后，若有更正或增补应予以记录。修订的检验检测报告或证书应标明所代替的报告或证书，并注以唯一性标识。

检验检测机构应对检验检测原始记录、报告、证书归档留存，保证其具有可追溯性。检验检测原始记录、报告、证书的保存期限通常不少于 6 年。

1.5.9 投诉

实验室应制定文件，并依据此文件来实施处理投诉的接收、评价及决定等全过程。通常，该文件称为投诉处理程序。实验室应指定部门和人员接收和处理客户的投诉，明确其职责和权利。明确对投诉的接收、确认、调查和处理职责，跟踪和记录投诉，确保采取适宜的措施，并注重人员的回避。

利益相关方有要求时，应可获得对投诉处理过程的说明。在接到投诉后，实验室应证实投诉是否与其负责的实验室活动相关，如相关则应处理。实验室应对投诉处理过程中的所有决定负责。利益相关方是指与投诉人及被投诉人的权益直接相关的组织。例如，投诉人向上级行政主管部门、实验室认可发证机构、投资人、客户、员工、供应商对实验室进行投诉；接到投诉的组织很可能将投诉转到被投诉的实验室，责成实验室处理这起投诉，此时这些组织就构成了利益相关方。利益相关方有权了解投诉的处理情况。当利益相关方有要求时，实验室应为该利益相关方提供投诉处理过程的说明文件。实验室活动是指实验室从事的检测活动、校准活动以及与后续检测、校准相关的抽样活动。实验室应承担的责任包括行政责任、民事责任及刑事责任。

接到投诉的实验室应负责收集和验证所有必要的信息，确认投诉是否有效。投诉分为有效投诉和无效投诉。有效投诉是实验室的责任，应采取适当的纠正措施。无效投诉不是实验室的责任（如客户的责任），对此应采取预防措施。

被客户投诉的人员、与投诉有相关连带责任和利益的人员应采取适当的回避措施。与投诉人的沟通、对投诉的审查和批准，应由与投诉无责任关系的人员做出。必要时，可邀请外部人员实施投诉的调查、处理或审查和批准。只要可能，实验室应正式通知投诉人投诉处理完毕。

1.5.10 不符合工作

当实验室活动或结果不符合自身的程序或与客户协商一致的要求时（例如，设备或环境条件超出规定限值，监控结果不能满足规定的准则），实验室应有程序予以实施。该程序应确保：

（1）确定不符合工作管理的职责和权力。

（2）基于实验室建立的风险水平采取措施（包括必要时暂停或重复工作以及扣发报告）。

（3）评价不符合工作的严重性，包括分析对先前结果的影响。

（4）对不符合工作的可接受性做出决定。

（5）必要时，通知客户并召回。

（6）规定批准恢复工作的职责。

实验室应保存不符合工作规定措施的记录。当评价表明不符合工作可能再次发生时，或对实验室的运行与其管理体系的符合性产生怀疑时，实验室应采取纠正措施。

1.5.11 数据控制和数据信息管理

1.5.11.1 实验室信息管理系统

实验室中用于收集、处理、记录、报告、存储或检索数据的系统，包括计算机化和非计算机化系统中的数据和信息管理。该系统在投入使用前应进行功能确认，包括实验室信息管理系统中界面的适当运行。此外，实验室使用信息管理系统（laboratory information management system，LIMS）时，应确保该系统满足所有相关要求，包括审核路径、数据安全和完整性等。实验室应对 LIMS 与相关认可要求的符合性和适宜性进行完整的确认，并保留确认记录；对 LIMS 的改进和维护应确保可以获得先前产生的记录。

1.5.11.2 实验室信息管理系统的运行要求

（1）防止未经授权的访问。

（2）安全保护以防止篡改和丢失。

（3）在符合系统供应商或实验室规定的环境中运行，或对于非计算机化的系统提供保护人工记录和转录准确性的条件。

（4）以确保数据和信息完整性的方式进行维护。

（5）包括记录系统失效和适当的紧急措施及纠正措施。

1.6 管理体系要求

1.6.1 管理体系内容

实验室应建立、编制、实施和保持管理体系，该管理体系应能支持和证明实验室持续满足实验室体系要求，并且保证实验室结果的质量。实验室管理体系至少应包括管理体系文件、管理体系文件的控制、记录控制、应对风险和机遇的措施、改进、纠正措施、内部审核、管理评审。

1.6.2 管理体系文件

实验室应确定实验室的组织和管理结构、其在母体组织中的位置，以及管理、技术运作和支持服务间的关系。规定对实验室活动结果有影响的所有管理、操作或验证人员的职责、权力和相互关系；将程序形成文件的程度，以确保实验室活动实施的一致性和结果有效性为原则。

检验检测机构应建立和保持控制其管理体系的内部和外部文件的程序，明确文件的标识、批准、发布、变更和废止，防止使用无效、作废的文件。管理体系文件通常包括质量手册、程序文件、作业指导书、质量计划、记录和报告等。

（1）质量手册是阐明组织质量方针、目标、描述其管理体系的文件，是实验室保证检测工作质量的纲领性文件。

（2）程序文件是规定实验室检测工作和质量管理活动或过程的方法和途径的文件，是质量手册的支持性文件。

（3）作业指导书、质量计划是指导某项具体活动或过程的文件，作业指导书如技术标准、检测方法、操作规程等，质量计划如内部审核计划、仪器设备检定/校准计划、人员培训/考核计划、能力验证计划等，它们多是程序文件的补充。

（4）记录是阐明所取得的结果或提供所完成活动证据的文件，包括管理记录和技术记录。管理记录是质量管理体系运行过程中形成的记录，是实验室质量管理体系有效运行的证明，也是采取纠正、预防措施的依据；技术记录则是检测工作形成的检测数据、数据处理的记录，是编制检测报告以及进行数据追溯的客观证据。

（5）报告是检测的最终产品，应准确可靠、清晰、明确、客观地作出检测结论。报告还应包括为说明检测结果所必需的各种检测方法和全部信息。

（6）合同。检验检测机构应建立和保持评审客户要求、标书、合同的程序。对要求、标书、合同的偏离、变更应征得客户同意并通知相关人员。当客户要求出具的检验检测报告或证书中包含对标准或规范的符合性声明（如合格或不合格）时，检验检测机构应有相应的判定规则。若标准或规范不包含判定规则内容，检验检测机构选择的判定规则应与客户沟通并得到同意。

不同层次文件的作用各不相同，上下层次文件间应相互衔接，不能矛盾。上层次文件应附有下层次支持文件的目录，下层次文件应比上层次文件更具体、更可操作。

1.6.3 管理体系文件的控制

实验室应控制与满足体系相关的内部和外部文件。内部文件包括实验室编制和引用的质量手册、程序文件、作业指导书、制度、规范和记录表格等。外部文件包括客户提供的资料、法律法规、认可规则、检测或校准和抽样标准、方法、教科书和图表等。实验室应确定文件控制范围，对内部文件和外部文件进行控制。实验室应确保：

（1）文件发布前由授权人员审查其充分性并批准；

（2）定期审查文件，必要时更新；

（3）识别文件更改和当前修订状态；

（4）在使用地点应可获得适用文件的相关版本，必要时应控制其发放；

（5）对文件进行唯一性标识；

（6）防止误用作废文件，无论出于任何目的而保留的作废文件，应有适当标识。

1.6.4 记录控制

实验室应对记录的标识、存储、保护、备份、归档、检索、保存期和处置实施所需的控制。实验室记录保存期限应符合合同义务。记录的调阅应符合保密承诺，记录应易于获得。实验室应建立和保持记录（档案）管理文件，包括记录的标识、存储、保护、备份、归档、检索、保存期和处置等控制。记录（档案）保存期限应履行合同义务，符合法律法规、法定管理部门、认可管理部门及客户协议等各种合同要求。记录的储存应保证清晰，防止记录损坏、变质和丢失。电子记录（档案）应备份，并防止未经授权的侵入或修改。记录（档案）应易于调阅并符合保密承诺，防止被修改。

1.6.5 应对风险和机遇的措施

检验检测机构应建立和保持在识别出不符合时，采取纠正措施的程序。检验检测机构应通过实施质量方针、质量目标，应用审核结果、数据分析、纠正措施、管理评审、人员建议、风险评估、能力验证和客户反馈等信息来持续改进管理体系的适宜性、充分性和有效性。

检验检测机构应考虑与检验检测活动有关的风险和机遇，以利于：确保管理体系能够实现其预期结果；把握实现目标的机遇；预防或减少检验检测活动中的不利影响和潜在的失败；实现管理体系改进。检验检测机构应策划应对这些风险和机遇的措施以及如何在管理体系中整合并实施这些措施、如何评价这些措施的有效性。

1.6.6 改进

建立和保持管理体系是实验室保持能力、公正性和一致运作的根基，通过实践和时间的推移，技术不断进步、政策不断变化、认知不断提高，实验室的管理体系循环也在不断被激活，其管理体系也在不断向上搭建自己的管理台阶，即实现改进的结果。一方面实验室应建立和保持改进程序或管理制度，策划识别、分析、评估、应对机会、形成制度；另一方面实验室还应组织实施并评价改进活动的有效性。

实验室应针对识别和选择的改进机遇，采取必要的管控措施。这里的改进机遇可以理解为风险和机遇，抓住机遇是实验室快速发展的重要能力。实验室对风险的识别、根本原因分析、风险程度评估以及管控措施进行跟踪评价，再将其整合并在管理体系中实施，就是改进活动；达到提高实验室运作效率和有效性的目的，就是实现改进结果。改进和风险管理密不可分，风险管理就是科学、客观、全面地评估风险的严重程度，提出合适的管控措施，追求不断改进和卓越，避免盲目做出决策的过程。实验室可通过评审操作程序、实施方针、总体目标、审核结果、纠正措施、管理评审、人员建议、风险评估、数据分析和能力验证结果来识别改进机遇。

1.6.7 纠正措施

当发生不符合时，实验室应对不符合项做出应对，采取措施以控制和纠正不符合项。处置后果。通过评审和分析不符合原因等活动确定是否需要采取措施，以消除产生不符合的原因，避免其再次发生或者在其他场合发生。实施所需的措施，评审所采取的纠正措施的有效性。必要时，更新在策划期间确定的风险和机遇，变更管理体系。

实验室应保存记录，作为不符合项采取的措施以及纠正措施的结果的证据。

1.6.8 内部审核

内部管理体系审核（简称内审）是实验室对自身管理体系各个环节组织开展的有计划的、系统的、独立的检查活动，是实验室一种自我约束、自我发现、自我改进和自我完善的重要机制。通过内审检查管理体系要素是否符合准则的要求，检查管理体系运行是否符合体系文件的规定，并通过对实施情况的检查验证质量活动和有关结果是否符合技术标准要求。同时，发现管理体系的不足，以便于改进和完善管理体系。

实验室定期按照管理体系文件的规定，周期性地（通常为一年）开展年度例行内审活动。实验室应制定内审计划并实施，内审计划要求涉及管理体系中全部要素和全部活动以及所有场所和部门，实验室的内审由质量负责人策划和组织实施。内审员须经过培训，具备相应资格。若资源允许，内审员应独立于被审核的活动。检验检测机构应：

（1）依据有关过程的重要性、对检验检测机构产生影响的变化和以往的审核结果，策划、制定、实施和保持审核方案，审核方案包括频次、方法、职责、策划要求和报告。

（2）规定每次审核的审核要求和范围。

（3）选择审核员并实施审核。

（4）确保将审核结果报告给相关管理者。

（5）及时采取适当的纠正和纠正措施。

（6）保留形成文件的信息，作为实施审核方案以及审核结果的证据。

实验室除了进行周期性、全面的内审外，有时还要临时、局部地追加审核或附加审核。当周期内审发现某一要素或某部门（检测场所）存在系统性不符合或重大缺陷问题时，内审组应针对这部分开展追加审核。实验室因下列原因可随时开展附加审核：

（1）实验室与潜在的用户有建立合同意向时应进行内审，内审可以使实验室处于良好的管理状态，有利于合同关系的建立。

（2）实验室的组织机构及职能发生变化时，为证实变化的部分能够达到预期的目的时必须进行内审，内审也可以验证变化的结果。

（3）当不符合项影响到测量结果的有效性和测量能力的可信性时，应进行内审。针对有问题的部分进行检查，以调查问题的原因和可能的结果，并采取相应措施。

（4）需验证纠正/预防措施实施情况及效果时，对纠正/预防措施实施情况进行跟踪审核，以验证纠正/预防措施的实施是否达到预期的效果。

（5）外部审核（复评审、扩项评审等）结束时，针对外审提出的不符合项进行举一反三，必要时开展附加审核，针对管理体系中存在的问题进行内审，有利于管理体系的改进。

1.6.9 管理评审

检验检测机构应建立和保持管理评审的程序。管理评审通常每 12 个月一次，由实验室最高管理层负责。管理层应确保管理评审后得出的相应变更或改进措施予以实施，确保管理体系的适宜性、充分性和有效性。应保留管理评审的记录。管理评审输入应包括以下信息：

（1）检验检测机构相关的内外部因素的变化。

1）目标的可行性；

2）政策和程序的适用性；

3）以往管理评审所采取措施的情况；

4）近期内部审核的结果；

5）纠正措施；

6）由外部机构进行的评审；

7）工作量和工作类型的变化或检验检测机构活动范围的变化；

8）客户和员工的反馈；

9）投诉；

10）实施改进的有效性；

11）资源配备的合理性；

12）风险识别的可控性；

13）结果质量的保障性；

14）其他相关因素，如监督活动和培训。

（2）管理评审输出应包括以下内容：

1）管理体系及其过程的有效性；

2）符合体系标准要求的改进；

3）提供所需的资源；

4）变更的需求。

管理评审后作出的决定和评价是管理评审的输出，包括对现有质量体系（包含质量方针和质量目标）的适宜性、充分性、有效性、效率的评价和对检测工作符合要求的评价，以及对质量体系及其过程的改进、与客户要求有关的检测工作质量和服务质量的改进、质量体系所需资源的改善等。

评审的结果应输入到实验室的下一年计划系统，并包括目标、任务和活动计划。质量负责人应根据管理评审记录编写管理评审报告，经最高管理者审批签发，下发至有关部门。

2 人 员 要 求

GB 26861—2011《电力安全工作规程 高压试验室部分》规定：进行高压试验时，试验人员不应少于 2 人。高压试验室技术负责人应由从事高压试验工作 5 年以上，并具有工程师及以上职称的人员担任。试验负责人应由从事高压试验工作 2 年以上，并具有助理工程师及以上职称人员或技术熟练的高压试验人员担任。

试验检测人员应具备与电网物资检测相关的资格证书、培训、经验和专业知识。试验检测人员应具备电网物资制造技术的相关知识，以及所检测产品实际的运行条件和运行方式的知识，了解产品在实际使用或运行过程中可能出现的缺陷及危害程度。

试验检测人员在独立开展检测工作前应经过相关的培训、考核以及在专业人员指导下的实习检测，通过考核后方可进行试验。培训应包括但不限于以下内容：

（1）电力基础知识；

（2）安全生产法律法规；

（3）企业安全生产制度；

（4）需开展试验项目的方法及步骤；

（5）试验设备工作原理；

（6）现场安全防护与急救方法。

3 安全防护要求

3.1 基本安全要求

新参加高压试验的实习人员应在有经验的高压试验人员监护下参加指定的高压试验工作，不应担任工作负责人和监护人；对外来的参加试验人员，应进行现场安全工作培训和技术交底。试验室应设立专职或兼职安全员，负责监督检查有关安全规程、安全制度的贯彻执行。

高压试验室内应采用安全遮栏围成符合 GB/T 16927.1《高电压试验技术　第 1 部分：一般定义及试验要求》临近效应影响要求的试区，试区内不应堆放杂物。在不影响安全的前提下，试区也可采用专用隔离带围成。高压试验室应保持光线充足、门窗严密、通风设施完备；室内宜留有符合要求、标志清晰的通道。试验室周围应有消防通道，并保证畅通。高压试验室宜配备相应的安全工器具，防毒、防射线、防烫伤的防护用品以及防爆和消防安全设施，还配备应急照明电源。

重要的仪器和弱电设备应装设防止放电反击和感应电压的保护装置或采取其他安全措施。

3.2 安全试验区域

安全试验区域的划分是为了保证试验能安全正常进行，因此必须符合试验技术标准、试验操作规程所要求的安全距离（高压带电部件至遮栏等接地体之间的距离），试验安全距离应大于表 1-3-1 和表 1-3-2 中的数值。

表 1-3-1　交流（有效值）和直流（最大值）试验安全距离

试验电压（kV）	50	100	200	500	750	1000	1500
安全距离（m）	1.5	1.5	1.5	3.0	4.5	7.2	13.2

表 1-3-1 中，最小安全距离不小于 1.5m。适用于海拔不高于 1000m 的地区，对用于海拔高于 1000m 的地区，按 GB/T 311.1《绝缘配合　第 1 部分：定义、原则和规则》有关海拔修正的规定进行修正。

表 1-3-2　冲击试验（峰值）安全距离

试验电压（kV）		250	500	1000	1500	2000	3000	4000
安全距离（m）	操作冲击	3.0	3.0	7.2	13.2	16.0	30.0	—
	雷电冲击	3.0	3.0	7.2	12.5	14.0	18.0	22.0

表 1-3-2 中，最小安全距离不小于 3.0m。适用于海拔不高于 1000m 的地区，对用于

海拔高于 1000m 的地区，按 GB/T 311.1《绝缘配合 第 1 部分：定义、原则和规则》有关海拔修正规定进行修正。

安全试验区域必须用遮栏、安全绳等围住，并以明显文字标志警示。对高压试验区域还应在可见的地方安装红色警示灯。当试验场内有多个试验同时进行时，必须划定各自的安全区域，且各试验区域间应留有安全通道。

3.3 接地与接地放电

3.3.1 接地

高压试验设备的接地端和试品接地端或外壳应良好接地，接地线应采用多股编织裸铜线或外覆透明绝缘层的铜质软绞线或铜带，接地线截面积应能满足试验要求，但不应小于 $4mm^2$。动力配电装置上所用的接地线的截面积不应小于 $25mm^2$。

接地线与接地系统的连接应采用螺栓连接在固定的接地桩（带）上，接地线长度应尽可能短且明显可见。不应将接地线接在水管、暖气片和低压电气回路的中性点上。

进行高压试验时，试验设备附近的其他仪器设备应短接并可靠接地。试验室闲置的电容设备应短路接地。

3.3.2 接地放电

对高压试验设备和试品放电应使用接地棒，绝缘长度按安全作业的要求选择，但最小总长度不应小于 1m，其中绝缘部分的长度为 0.7m。

对高压试验设备及试品在高压试验前、试验后的放电，应先将接地棒的接地线可靠地连接在接地桩（带）上，再用接地棒接触高压试验设备及试品的高压端进行接地放电。

变更冲击电压发生器波头和波尾电阻前，应对电容器及充电电路逐级短路接地放电或启动短路接地装置。

3.4 高压试验工作的开始、间断与结束

3.4.1 高压试验开始前的准备

试验开始前，试验负责人向全体试验人员详细布置试验任务和安全措施，并进行如下检查：

（1）安全措施是否已完备；

（2）试验设备、试品及试验接线是否正确；

（3）表计倍率、调压器零位及测量系统的开始状态；

（4）试验设备高压端和试品加压端接地线是否已拆除；

（5）所有人员是否已全部退离试区，转移到安全地带；

（6）试区遮栏门是否已关上。

一切检查无误后方可开始试验升压。

3.4.2 高压试验升压

由试验负责人下令加压，操作人员应复诵“准备升压”并鸣铃示警，然后操作电源开关合上电源，按试验要求规定的升压速率升高电压到规定的试验电压值。升压过程中应有人监护并呼唱，并有专人监视试验设备及试品。

在升压过程中，若发现异常情况，应立即停止试验，迅速将电压降至零，断开电源。

试验遇到恶劣气象条件，应评估对人身和设备的影响，必要时应中止试验。

3.4.3 高压试验间断和结束

试验人员将电压降至零，断开电源后，试验人员进入试区按要求对高压试验设备和试品进行接地放电。放电后将接地棒挂在高压端，保持接地状态，再次试验前取下。此时，才能视为一次高压试验结束或试验间断。试验人员应在试验间断或结束状态更换试品、更改接线或检查试验异常原因。

再一次试验或恢复试验时，应重新检查试验接线和安全措施。

3.4.4 绝缘工器具使用规范

绝缘手套、绝缘靴和接地棒等必须贴有试验合格标签。使用绝缘工器具前，必须检查绝缘工器具的完好性。如：绝缘手套、绝缘靴和接地棒表面是否受潮；绝缘手套、绝缘靴是否有破损；接地棒的接地线是否与地网牢固连接等。在使用接地棒接地时，必须首先切断高压试验设备电源。放电后将接地棒挂在高压端，保持接地状态，待再次试验时取下。即便试验设备自动接地后，也要将接地棒挂在高压端，以确保接地安全。

3.5 人员防护

进行温升试验时，在切断电源后需要打开短路接线测量绕组电阻时，应佩戴防烫伤的防护手套。

进行绝缘液试验时，应佩戴耐油的防护手套。

在进行危化品作业时，应严格遵守操作规程，配备专用的劳动防护用品或器具。严禁直接接触物品，不准在使用场所饮食。工作结束后必须更换工作服、清洗后方可离开作业场所。在有毒物品场所，应备有一定数量的应急解毒药品。

实验室外来人员必须遵守实验室的安全管理规定，未经允许不准进入试验区域，不准在实验室拍照。试验时，外来人员不准进入操作控制室，应在安全区域休息等候。若因研究项目需要进入操作控制室时，绝不允许操作控制台。外来协作人员（起重、装配、维修）必须经安全通道进出各自工作点，不准进入其他区域。

进行电磁兼容试验项目时，电波暗室周围应设置围栏以禁止人员进入。试验区域导线与地线回路应布置整洁清晰，避免传导骚扰。

按抗扰度试验和骚扰试验分类，干扰施加的途径有两种：一种为电源线的耦合干扰，干扰信号沿电源线路传播；另一种为空间干扰，空间干扰的项目在电波暗室中进行，试验过程中人员不能进入现场。

3.6 其他安全措施

3.6.1 试品起吊和搬运

试品起吊除应严格执行起重操作规程和要求外，试品起吊和搬运时还应做到：

1）起吊、搬运大型试品或精密试验设备应由专人负责指挥，参加工作的人员应熟悉起吊搬运方案和安全措施。起吊现场作业人员应戴安全帽。

2）起吊工作开始前，应检查工具、机具及绳索质量是否良好，不符合要求者严禁使用。

3）起重试品应绑牢，起吊点应在被吊物品的垂直上方。起吊重物稍一离地或支持物，应再次检查悬吊及捆绑情况，确认可靠及吊绳不会损坏试品后方可继续起吊。

4）工作人员不应随起吊物升降；起重机正在吊物时，任何人员不应在吊物下停留或行走。

3.6.2 高空作业

高空作业具有一定的危险性，参加高空作业持证培训必须本人自愿，否则不允许参加；有恐高症、心脏病、高血压以及其他身体条件不适合登高作业的，不允许持证。

高空作业（2m 及以上的作业）时必须系安全带、戴安全帽，地面协作人员必须戴安全帽。在架梯上作业时，地面必须有人保持架梯稳定。高空作业人员必须管理好工具和零部件，防止坠落，必要时可将工具用绳索系于腰间。高空作业严禁上下抛接工具和零部件，必须用绳索传递。

3.6.3 消防与防护

高压试验室的消防设施应符合消防规定及要求，应设置灭火设施和灭火器。遇有电气设备着火时，试验人员应迅速切断电源，之后立即进行救火，必要时应及时拨打 119 报警。

4 环境保护要求

4.1 废弃物管理

试验室应建立程序以确保试验室废弃物的安全收集、识别、存储和处置。所有试验废弃物的收集、标识、储存和处置应按国家及地方法规进行。应对所有处理试验废弃物的人员进行充分的培训，培训内容包括熟悉废弃物类别、废弃物处理程序、处置废弃物的特定设施及安全防护措施。

收集试验废弃物时宜使其对试验室工作人员、废弃物收集人员以及对环境可能存在的危害降至最小。收集废弃物后，应将化学废弃物清楚标识、分类并储存在贴标签的容器内。

宜设置专门的收集区来储存处理前的试验废弃物。应指定一名责任人负责管理废弃物，确保废弃物的安全储存，并监督分包的废弃物处理商的收集程序是否正确。

试验废弃物的处理应遵守国家有关法律法规和适用的国家标准的要求，还可咨询产品供应商、环卫公司或废弃物处理公司提供的信息和意见。

4.2 危化品管理与防护

危化品采购必须严格执行审批制度，购买前需填写采购申请表，任何单位和个人不得擅自购买。

实验室必须建立严格的出入库管理制度。出入库前均应按合同进行检查验收，验收内容包括品名、数量、包装及标签、危险标志等，经核对后方可出入库。入库时做好登记，登记内容包括品名、数量、供货单位、采购人、入库人、入库时间、失效时间等。

存放危化品的库房须配备双把锁，钥匙由两人分别保管。库管员应熟知危化品的安全技术说明书内容，如实记录储存的危化品的数量、流向，并采取必要的安全防范措施，防止其丢失或者被盗。

危化品入库后应采取适当的养护措施，在储存期内定期检查。若发现其品质变化、包装破损、渗漏、稳定剂短缺等，应及时处理。

领取危化品时须由实验室负责人审批通过，要求两人同行，同时对等交回使用过的危化品包装物、器皿等（即交旧领新）。

库管员做好危化品出入库记录，记录应包括品种、规格、发放日期、退回日期、领取单位、领用人、数量以及结存数量；发放国家管控危化品时还应记载用途。记录保存期限不少于 3 年。

实验室应建立并如实填写领用记录，内容包括品名、规格、领用日期、领用单位、领用人、数量、退回日期等。

使用部门须指定专人负责部门实验室危险废物的收集、处置工作。根据危险废物的产生情况，委托专业单位进行危险废物的转运和处置。

危化品、危险废物储存时间不得超过一年。对实验室危险废物及销毁的危化品要做好记录，应每年统计一次并由部门负责人签字确认。

5 数据管理及信息化

5.1 概 述

试验室可根据自身需求建立试验室信息管理系统（laboratory information management system，LIMS）。它是由计算机硬件和应用软件组成，能够完成实验室数据和信息的收集、分析、报告和管理。LIMS 基于计算机局域网，专门针对一个实验室的整体环境而设计，是一个包括了信号采集设备、数据通信软件、数据库管理软件在内的高效集成系统。它以实验室为中心，将实验室的业务流程、环境、人员仪器设备、标物标液、化学试剂、标准方法、图书资料、文件记录、科研管理项目管理、客户管理等因素进行有机结合。

5.2 基 本 要 求

推荐按照 GB/T 40343—2021《智能实验室 信息管理系统 功能要求》中要求建立 LIMS。通过管理试验室活动产生的数据，规范试验室工作流的执行。LIMS 针对试验室的整体工作和环境而设计，将试验室的工作流与人员、设备（包括标准物质、试剂、消耗品、软件等）、样品、方法、环境、管理体系等因素进行配置与系统管理。

LIMS 的软件结构通常分为三层：展示层通过客户端程序（C/S）、网页（B/S）和移动应用程序实现用户与系统的交互功能；业务层实现系统业务逻辑和业务规则的处理功能，一般通过封装接口方式为展示层提供服务；数据层实现对系统数据及文档的操作管理功能，通过接口方式与业务层实现数据交互。

5.3 LIMS 的功能设置

5.3.1 核心功能

LIMS 的核心功能包括试验过程管理和资源管理，试验过程管理应包括任务登记、任务分配、数据获取、数据处理、数据审核、报告生成，资源管理应包括人员管理、设备管理、样品管理、方法管理、设施和环境管理。

5.3.2 扩展功能

LIMS 的扩展功能应包括体系文件管理、质量控制管理、质量记录管理、风险管理。

LIMS 宜具有智能体系文件管理的功能，包括但不限于：

（1）具有查询、阅读和发放体系文件等功能。

（2）将体系受控文件信息化的要求，如程序文件、作业指导书等文件信息化，提供输入输出等操作功能，实现体系文件编制、审核、发放、修改和废止等流程智能化。

（3）将体系受控文件与实验室岗位授权相关联，能根据岗位授权自动或手动获取所需要的受控体系文件。受控文件的使用者能根据实际需要发起文件的修改，通过修改文件审批流程后自动产生更新后的受控文件。

（4）对体系受控文件之间的逻辑关系进行设置，自动识别文件的相关性和有效性，当对某个文件进行修改或废止时，能提示对其相关的文件进行修改或废止，并能通知到受影响的相关方。

LIMS 宜具有对质量控制计划实施智能化管理功能，包括但不限于：

（1）按预设条件（频率及覆盖率等）自动生成质量控制计划，并可进行人工干预。

（2）按预设的质量控制方式和结果判定规则，对质量控制计划的执行结果自动评价。发现结果不满意时应发出提醒，必要时提供人工干预功能，同时将相关信息写入系统日志。

（3）自动获取或人工上传与质量控制相关的原始记录。

（4）当质量控制计划未被执行时，向相关部门或人员发出提醒。

（5）输出质量控制工作报表。

LIMS 的智能质量记录管理功能包括但不限于：

（1）具有对质量体系运行记录进行管理的功能。

（2）按照权限，将质量计划向不同层级传送，计划的执行记录能按照权限通过向上传送并完成审批和归档。

对检定/校准、期间核查的周期和再次校准的预定日期，LIMS 应根据设定的提前量、频次进行提醒，自动发起工作流程并通知相关负责人，实现提前预警、防止遗漏的作用。适用时，仪器设备的说明书、使用指导、验收报告、维保合同等应作为附件上传保存。

LIMS 应记录版本号、对硬件及运行环境的要求、版本更新记录，适用时应对数据进行备份。

LIMS 宜具备对实验室仪器设备和设施开展预测性维护（预测性维护也称为预见性维护、基于状态的维护等）的功能，包括但不限于：

（1）该功能通过对仪器设备和设施的状态监测，获得其运行状态的监测数据，通过阈值分析、参数对比等智能算法和模型，对其未来的健康状态进行预测。

（2）根据预测结果提供推荐性的维护和保养方案，供设备运维人员参考。

（3）根据需求与成本综合考虑，对设备运行状态进行监测，提供设备状态判别、故障预警等功能。

5.3.3 通信功能

当试验室仪器设备具备接口时，应具备与仪器设备进行数据通信的功能、与试验室内部或外部系统进行数据通信的功能；提供完善的信息安全机制，保障数据安全性；提供有效监控机制，接口运行情况可监控；应具备与国家电网公司新一代电子商务平台（ECP 2.0）应用集成的通信功能。

5.3.4 系统管理功能

LIMS 的管理功能应包括用户管理、权限控制、系统安全、系统设置。

6 数值处理基础

6.1 有效数字和数值修约

6.1.1 有效数字

有效数字是指在实验室测试中实际能够测试到的数字。所谓能够测试到的是包括最后一位估计的不确定的数字。把通过直读获得的准确数字叫作可靠数字，把通过估读得到的那部分数字叫作存疑数字，把测试结果中能够反映被测试量大小的带有一位存疑数字的全部数字叫作有效数字。有效数字就是指在实验室测试中能得到的有实际意义的数字，即在一个近似数中，除最后一位是不甚确定的外，其他各数都是确定的。有效数字用于表示连续物理量的测定结果，指测试中实际能得到的数字，即表示数字的有效意义。它不仅表明了数量的大小，也反映了检测方法和检测仪器的准确程度。在记录数据和计算结果时，所保留的有效数字中只有最后一位是可疑数字。

有效位数是指几位有效数字。对没有小数位且以若干零结尾的数值，从非零数字最左一位向右数得到的位数减去无效零（即仅为定位用的零）的个数。例如：350×10^2 为 3 位有效位数，有 2 个无效零；35×10^3 为 2 位有效位数，有 3 个无效零。对其他十进位数，从非零数字最左一位向右数而得到的位数，就是有效位数。例如：3.2、0.32、0.032、0.0032 均为 2 位有效位数；0.0320 为 3 位有效位数。

测量结果及其不确定度的数值表示中不可给出过多的位数。通常不确定度最多保留两位有效数字，测量结果的位数与不确定度位数相同。

6.1.2 数值修约

数值修约是指通过省略原数值的最后若干位数字，调整所保留的末尾数字，使最后所得到的数值最接近原数值的过程。国家标准 GB/T 8170 规定了修约方法、等效数字长度以及修约的基本位数等。修约方法遵循近似、少、多的原则，采取舍入法或截尾法进行修约。

6.1.2.1 修约间隔

修约间隔是修约值的最小数值单位。修约间隔的数值一经确定，修约值即应为该数值的整数倍。

如指定修约间隔为 0.1，修约值即应在 0.1 的整数倍中选取，相当于将数值修约到一位小数。如指定修约间隔为 100，修约值即应在 100 的整数倍中选取，相当于将数值修约到百数位。

以 0.2 级互感器准确度试验为例，修约间隔为 0.02%，修约值即应在 0.02%的整数倍中选取。

0.5 单位修约（半个单位修约）是指修约间隔为指定数位的 0.5 单位，即修约到指定数位的 0.5 单位。例如，将 60.28 修约到个数位的 0.5 单位，得 60.5。

0.2 单位修约是指修约间隔为指定数位的 0.2 单位，即修约到指定数位的 0.2 单位。例如，将 832 修约到百数位的 0.2 单位，得 840。

6.1.2.2 进舍规则

拟舍弃数字的最左一位数字小于 5 时，则舍去，即保留的各位数字不变。例如将 12.1498 修约到一位小数，得 12.1。例如将 12.1498 修约成两位有效位数，得 12。

拟舍弃数字的最左一位数字大于 5 或者是 5 时，则进 1，即保留的末位数字加 1。例如将 1268 修约到百数位，得 13×10^2（可写为 1300）。例如将 1268 修约成 3 位有效位数，得 127×10（可写为 1270）。

拟舍弃数字的最左一位数字是 5，且其后跟有并非全部为 0 的数字时，则进 1，即保留的末位数字加 1。例如将 10.5002 修约到个数位，得 11。

拟舍弃数字的最左一位数字为 5，而右面无数字或皆为 0 时，若所保留的末位数字为奇数（1，3，5，7，9）则进 1，为偶数（2，4，6，8，0）则舍去。例如修约间隔为 0.1，拟修约数值 1.050，修约值 1.05。拟修约数值 0.350，修约值 0.4。

负数修约时，先将它的绝对值按上述规定进行修约，然后在所得值前面加上负号。例如修约到三位小数，即修约间隔为 10^{-3}，拟修约数值−0.0365，修约值 -36×10^{-3}。

拟修约数字应在确定修约位数后一次修约获得结果，而不得多次连续修约。例如修约 15.4546，修约间隔为 1，正确的做法 15.4546→15。不正确的做法：15.4546→15.455→15.46→15.5→16。

6.1.2.3 0.5 单位修约与 0.2 单位修约

0.5 单位修约是将拟修约数值乘以 2，按指定数位依规则修约，所得数值再除以 2。例如表 1-6-1 是将数字修约到个数位的 0.5 单位（或修约间隔为 0.5）示例。

表 1-6-1　0.5 单位修约示例

拟修约数值（A）	乘 2（2A）	2A 修约值（修约间隔为 1）	A 修约值（修约间隔为 0.5）
60.25	120.50	120	60.0
60.38	120.76	121	60.5
−60.75	−121.50	−122	−61.0

0.2 单位修约是将拟修约数值乘以 5，按指定数位依规则修约，所得数值再除以 5。例如表 1-6-2 是将数字修约到百数位的 0.2 单位（或修约间隔为 20）示例。

表 1-6-2　0.2 单位修约示例

拟修约数值 （A）	乘 5 （5A）	5A 修约值 （修约间隔为 100）	A 修约值 （修约间隔为 20）
830	4150	4200	840
842	4210	4200	840
–930	–4650	–4600	–920

6.2　试验结果不确定度评定

6.2.1　试验误差来源

在描述测量的误差方法中，认为真值是唯一的、未知的。由于真值不能确定，实际上用的是约定真值。测量的目的是要确定尽可能接近该单一真值的量值。通常，测量的不完善使得测量结果存在误差。传统上认为误差有两类分量，即随机误差分量和系统误差分量。

随机误差是由于在测定过程中，一系列的有关因素微小的随机波动而形成的具有相互抵偿性的误差。它决定了测定结果的精密度。在一次测定中，随机误差的大小及其符号是无法预知的，没有任何规律性，但在多次测定中随机误差的出现还是有规律的，它具有统计规律性。

由于随机误差有大有小、时正时负，随着测定次数的增加，正、负误差相互抵偿，误差平均值趋向于零。因此，多次测定平均值的随机误差比单次测定值的随机误差小。由于随机误差的形成取决于测定过程中一系列随机因素，这些随机因素是实验者无法严格控制的，因此随机误差一般是不可避免的。分析工作者可以设法将它大大减小，但不可能完全消除它。

系统误差是指在一定试验条件下，由某个或某些因素按照某一确定的规律起作用而形成的误差。它决定了测定结果的准确度。系统误差的大小及其符号在同一试验中是恒定的，或在试验条件改变时按照某一确定的规律变化。重复测定不能发现和减小系统误差，只有改变试验条件才能发现系统误差。一旦发现了系统误差产生的原因，是可以设法避免和校正的。例如，用零点未调整好的天平称量物体，称量结果会偏高或偏低，多次重复称量无法发现称量结果偏高或偏低这一事实，只有在重新将天平的零点调整好之后再去称量，才能发现原先称量中的系统误差，才知道原先的称量结果究竟是偏高了还是偏低了。一旦知道了系统误差的大小及其符号，就可以对原先称量结果进行校正。系统误差又称为恒定误差或可测误差，是在相同条件下对一已知量的待测物进行多次测定，测定值总是向着一个方向，也就是说测定值总是高于真实值或总是低于真实值。误差的绝对值或正负符号保持恒定，但在改变条件时可按某一确定规律变化。实验条件一经确定，系统误差就获得了一个客观上的恒定值。若改变条件，则系统误差可随之变化。

在分析测试中，引起系统误差的原因是多方面的，对分析方法和步骤的误差要做具体分析。一般来说，系统误差来源于所使用的仪器和材料、操作者个人的因素和方法本身的误差等三个方面。

6.2.2 测量不确定度概论

6.2.2.1 表示测量不确定度的意义

测量结果的不确定度反映了对被测量的值缺乏精确的认识。对已识别的系统影响进行修正后的测量结果仍然只是被测量的估计值，因为还存在由随机影响引起的不确定度和由于对系统影响修正不完全而引入的不确定度。当报告测量结果时，必须对其质量作出定量的说明，以确定测量结果的可信程度。测量不确定度就是对测量结果质量的定量表示，测量结果的可用性在很大程度上取决于其不确定度的大小。

我国国家计量技术规范 JJF 1059.1—2012《测量不确定度评定与表示》规定的是测量中评定与表示不确定度的一种通用规则，它适用于各种准确度等级的测量，而不仅限于计量检定、校准和检测。其主要应用在以下领域：

（1）建立国家计量基准、计量标准及其国际比对；

（2）标准物质、标准参考数据；

（3）测量方法、检定规程、校准规范等；

（4）科学研究及工程领域的测量；

（5）计量认证、计量确认、质量认证及实验室认可；

（6）测量仪器的校准和检定；

（7）生产过程的质量保证及产品的检验和测试；

（8）贸易结算、医疗卫生、安全防护、环境监测及资源测量。

测量过程中引起不确定度的原因可能有以下几个方面：

（1）对被测量的定义不完整或不完善；

（2）实现被测量定义的方法不理想；

（3）取样的代表性不够，即被测量的样本不能完全代表所定义的被测量；

（4）对测量过程受环境影响的认识不周全，或对环境条件的测量和控制不完善；

（5）对模拟式仪器的读数存在人为偏差；

（6）测量仪器的计量性能有局限性；

（7）赋予计量标准的值或标准物质的值不准确；

（8）引用的数据或其他参量的不确定度；

（9）与测量方法和测量程序有关的近似性和假定性；

（10）在表面上看来完全相同的条件下，被测量重复观测值的变化。

测量不确定度一般来源于随机性和模糊性，前者归因于条件不充分，后者归因于事物本身概念不明确。因此，测量不确定度一般由许多分量构成，其中一部分分量具有统计性，另一些分量具有非统计性，它们都对测量结果的不确定度有贡献。正是这些测量不确定度来源的综合影响，使测量结果的可能值服从某种概率分布，可以用概率分布的标准差来表示测量不确定度，称为标准不确定度，它表示测量结果的分散程度，也可以用包含概率的区间半宽度来表示测量不确定度。

6.2.2.2 测量误差与测量不确定度的区别

测量误差与测量不确定度是两个非常重要的概念，它们直接关系到测量结果的准确可靠程度。不确定度的概念是误差理论的应用与拓展，而误差理论则是不确定度的理论基础。

误差多数情况下是指测量误差，它的传统定义是测量结果与被测量真值之差通常，可分为系统误差和偶然误差。误差是客观存在的，它应该是一个确定的值，但由于在绝大多数情况下真值是不知道的，所以也无法准确知道真误差。只是在特定的条件下寻求最佳的真值近似值，并称之为约定真值。测量不确定度表征被测量的真值所处量值范围的评定。它按某一置信概率给出真值可能落入的区间，它可以是标准差或其倍数，或是说明了包含概率的区间半宽度。它不是具体的真误差，它只是以参数形式定量表示了无法修正的那部分误差范围。它来源于偶然效应和系统效应的不完善修正，是用于表征合理赋予的被测量值的分散性参数。不确定度按其获得方法分为A、B两类评定分量；A类评定分量是通过测量数据统计分析做出的不确定度评定；B类评定分量是依据经验或其他信息进行估计，并假定存在近似的标准偏差所表征的不确定度分量。

为了便于理解测量误差与测量不确定度的内涵，表1-6-3给出了测量误差与测量不确定度的比较。

表1-6-3 测量误差与测量不确定度的区别

序号	内容	测量误差	测量不确定度
1	定义	测得的量值减去参考的量值，表明测量结果偏离真值的程度	表征赋予被测量值分散性的非负参数，表明被测量值的分散性
2	分类	根据误差的性质及其产生的原因分为随机误差和系统误差	按其评定的方法分为A类评定和B类评定，以标准测量不确定度表示
3	可操作性	以参考量值为依据，进行准确度试验，需进行无限多次测试，实际上真值是不确定的	可以根据实验、资料、经验等信息进行评定，从而可以定量操作
4	正负符号	非正即负（或零），不能用“±”表示	是一个无符号的参数，恒取正值。当用方差计算时，取其正平方根
5	结果修正	已知系统误差的估计值时，可以对测试结果进行校正，得到已修正的测试结果	由于测量不确定度表示一个区间，因此不能用测量不确定度对测试结果进行校正。对已修正的测试结果进行不确定度评定时，应考虑修正不完善引入的不确定度分量
6	结果说明	误差是客观存在的，不以人的认识程度而转移。误差属于给定的测试结果，而与得到的该测试结果的测试仪器和测试方法无关	测量不确定度与人们对被测量、影响量以及测试过程的认识有关，因此测量不确定度主要与测试仪器和测试方法有关

续表

序号	内容	测量误差	测量不确定度
7	同一测试	对同一（类型）被测量不同的测试，其结果的误差也不相同，但测试误差属于同一分布	对同一（类型）被测量不同的测试，只要测试条件不变，则它们的不确定度相同
8	自由度	不存在	可作为不确定度评定的可靠程度的指标
9	包含概率	不存在	当了解分布时，可按包含概率给出包含区间

6.2.3 测量不确定度评定过程

6.2.3.1 评定测量不确定度的方法

JJF 1059.1—2012《测量不确定度评定与表示》中关于测量不确定度评定的方法是采用国际标准 ISO/IEC Guide 98-3：2008《测量不确定度表指南》所规定的方法，《测量不确定度表示指南》的原文"Guide to the Uncertainty in Measurement"，缩写为 GUM，称其为 GUM 法。GUM 法是采用不确定度传播率得到被测量估计值的测量不确定度的方法。

GUM 法评定测量不确定度的流程如下：

（1）明确被测量的定义。

（2）明确测量方法、测量条件以及所用的测量标准、测量仪器或测量系统。

（3）建立被测量的测量模型，分析对测量结果有明显影响的不确定度来源。

（4）评定各输入量的标准不确定度。

（5）计算合成不确定度。

（6）确定扩展不确定度。

（7）报告测量结果。

测量不确定度一般由若干分量组成，每个分量用其概率分布的标准偏差估计值表征，称标准不确定度。用标准不确定度表示的各分量用 u_i 表示。

测量不确定度按其评定方法分为 A 类评定和 B 类评定。根据对被测量的一系列测得值 x_i 得到实验标准偏差的方法为 A 类评定，根据有关信息估计的先验概率分布得到标准偏差估计值的方法为 B 类评定。

在识别不确定度来源后，对不确定度各个分量做预估是必要的，测量不确定度评定的重点应放在识别并评定那些重要的、占支配地位的分量上。

6.2.3.2 测量不确定度来源

在实际测量中有许多可能导致测量不确定度的来源，主要包括：

（1）被测量的定义不完整。

（2）被测量定义的复现不理想。

（3）取样的代表性不够，即被测样本可能不完全代表所定义的被测量。

（4）对测量受环境条件的影响认识不足或对环境条件的测量不完善。

（5）操作模拟式仪器的人员读数偏移。

（6）测量仪器的计量性能（如最大允许误差、灵敏度、鉴别力、分辨力、死区及稳定性等）的局限性会导致仪器的不确定度。

（7）测量标准或标准物质提供的标准值不准确。

（8）引入的常数或其他参考值不准确。

（9）测量方法和测量程序中的近似和假设。

（10）在相同条件下被测量重复观测值的变化。

测量不确定度的来源必须根据实际测量情况进行具体分析，影响测量结果不确定的因素通常包括测量仪器、测量环境、测量人员、测量方法、试剂或易耗品参考标准或标准物质、抽样的代表性等，特别要注意对测量结果影响较大的不确定度来源，应尽量做到不遗漏、不重复。

修正仅仅是对系统误差的补偿，修正值是具有不确定度的。在评定已修正的被测量的估计值的测量不确定度时，要考虑修正引入的不确定度。只有在修正值的不确定度较小，且对合成标准不确定度的贡献可以忽略不计的情况下，才可不予考虑。

测试中的失误或突发因素不属于测量不确定度的来源，在测量不确定度评定中应删除测得值的离群值（异常值）。离群值的删除应通过对数据的适当检验后进行。离群值的判断和处理方法参照 GB/T 4883—2008《数据的统计处理和解释正态样本离群值的判断和处理》。

6.2.3.3 测量模型的建立

测量中，当被测量（即输出量）Y 由 N 个其他量（即输入量）X_1，X_2，…，X_N，通过测量函数 f 来确定时，则式（1-6-1）称为测量模型：

$$Y = f(X_1, X_2, \cdots, X_N) \tag{1-6-1}$$

输出量 Y 的每个输入量 X_1，X_2，…，X_N 本身也可作为被测量，也可取决于其他量，甚至包括修正值或修正因子，所以可能导出一个十分复杂的函数关系，甚至测量函数 f 不能用显式表示出来。

物理量的测量模型一般根据物理原理确定。非物理量或在不能用物理原理确定的情况下，测量模型也可用实验方法确定，或仅以数值方程给出，在可能情况下，尽可能采用按长期积累的数据建立的经验模型。用核查标准和控制图的方法表明测量过程始终处于统计控制状态时，有助于测量模型的建立。

测量模型中的输入量有：

（1）由当前直接测得的量。这些量值及其不确定度可以由单次观测、重复观测或根据经验估计得到，并可包含对测量仪器读数的修正值和对诸如环境温度、大气压力、湿度等影响量的修正值。

（2）由外部来源引入的量。如已校准的计量标准或有证标准物质的量，以及由手册查得的参考数据等。

6.2.3.4 标准不确定度的 A 类评定

标准不确定度的 A 类评定是对由重复性测量引起的不确定度分量进行评定。

对于被测量 X，在重复性条件下进行 n 次独立重复观测，观测值为 x_i（i=1，2，3，…，n），算术平均值 $\bar{x}$ 按式（1-6-2）计算：

$$\bar{x}=\frac{1}{n}\sum_{i=1}^{n}x_i \tag{1-6-2}$$

$s(x_i)$ 为单次测量的实验标准差，由贝塞尔公式计算得到：

$$s(x_i)=\sqrt{\frac{\sum_{i=1}^{n}(x_i-\bar{x})^2}{n-1}} \tag{1-6-3}$$

$s(\bar{x})$ 为平均值的实验标准差，计算式为：

$$s(\bar{x})=\frac{s(x_i)}{\sqrt{n}} \tag{1-6-4}$$

在某物理量的观测值中，若系统误差已消除或忽略不计，只存在随机误差，则观测值散布在其期望值附近。当取若干组观测值，它们各自的平均值也散布在期望值附近，但比单个观测值更靠近期望值。也就是说，多次测量的平均值比一次测量值更准确，随着测量次数的增多，平均值收敛于期望值。因此，通常以样本的算术平均值作为被测量值的 $s(x)$估计（即测量结果），以平均值的实验标准差 $s(\bar{x})$ 作为测量结果的标准不确定度，即 A 类标准不确定度，按式（1-6-5）计算：

$$u(\bar{x})=\frac{s(x_i)}{\sqrt{n}} \tag{1-6-5}$$

观测次数 n 充分多，才能使 A 类不确定度的评定可靠，一般认为 n 应大于 6。但也要视实际情况而定，当该 A 类不确定度分量对合成标准不确定度的贡献较大时，n 不宜太小；反之，当该 A 类不确定度分量对合成标准不确定度的贡献较小时，n 小一些也可以。

6.2.3.5 标准不确定度的 B 类评定

标准不确定度 B 类评定流程如图 1-6-1 所示。

（1）根据有关信息或经验，判断被测量的可能值区间（$-a$，a）。

（2）假设被测量值的概率分布。

（3）根据概率分布和要取的置信水平 p 估计置信因子 k（见表 1-6-4 和表 1-6-5），则 B 类不确定度按式（1-6-6）计算：

$$u_{\mathrm{B}}(x)=\frac{a}{k} \tag{1-6-6}$$

式中：

a ——置信区间半宽；

k ——对应于置信水准的包含因子。

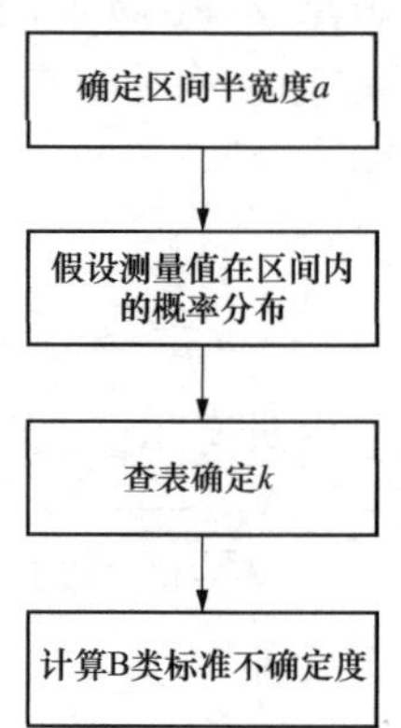

图 1-6-1 标准不确定度 B 类评定流程

表 1-6-4 常见概率分布的置信因子 k

概率分布	置信因子
三角分布	$\sqrt{6}$
均匀分布	$\sqrt{3}$
反正弦分布	$\sqrt{2}$
两点分布	1
梯形分布	$\sqrt{6}/(1+\beta^2)$，$\beta \leqslant 1$ 为梯形上底与下底之比
正态分布	根据置信概率 p 确定（详见表 1-6-5）

表 1-6-5 正态分布情况下置信水准 p 与包含因子 k_p 间的关系

p（%）	50	68.27	90	95	95.45	99	99.73
k_p	0.67	1	1.645	1.960	2	2.576	3

B 类不确定度主要来自各种不同类型的仪器、不同的测量方法、方法的不同应用以及测量理论模型的不同近似等方面。B 类评定时可能的信息来源及如何确定可能值的区间半宽度 a 值是根据有关信息确定的。一般情况下，可利用的信息包括：

（1）以前的观测数据。

（2）对有关材料和仪器特性的经验或了解。

（3）生产部门提供的技术说明文件。

（4）校准证书、检定证书或其他文件提供的数据、准确度的等别或级别，包括目前暂在使用的极限误差等。

（5）手册给出的参考数据的不确定度。

（6）规定测量方法的校准规范、检定规程或测试标准中给出的数据。

测量仪器的特性可以用最大允许误差、示值误差等术语描述。技术规范、规程中规定的测量仪器允许误差的极限值，称为最大允许误差或允许误差限。它是制造厂对某种型号仪器所规定的示值误差的允许范围，而不是某一台仪器实际存在的误差。测量仪器的最大允许误差可在仪器说明书中查到，或根据仪器的等别、级别、分度值估算出来。测量仪器的最大允许误差不是测量不确定度，但可以作为测量不确定度评定的依据。测量结果中由测量仪器引入的不确定度可根据该仪器的最大允许误差按B类评定方法评定。如最大允许误差为$\pm\Delta$，则评定仪器的不确定度时，可能值区间的半宽度为：$a=\Delta$。由手册查出所用的参考数据，其误差限为$\pm\Delta$，则区间的半宽度为：$a=\Delta$。由有关资料查得某参数的最小可能值为 a_-和最大可能值为 a_+，最佳估计值为该区间的中点，则区间半宽度可估计为：

$$a=(a_++a_-)/2 \tag{1-6-7}$$

在不确定度的B类评定方法中，假设概率分布遵循如下的原则：

（1）根据中心极限定理，尽管被测量的值 x_i 的概率分布是任意的，但只要测量次数足够多，其算术平均值的概率分布为近似正态分布。

（2）如果被测量受许多个相互独立的随机影响量的影响，这些影响量变化的概率分布各不相同，但每个变量影响均很小时，被测量的随机变化将服从正态分布。

（3）如果被测量既受随机影响又受系统影响，而又对影响量缺乏任何其他信息的情况下，一般假设为均匀分布。

（4）当利用有关信息或经验估计出被测量可能值区间的上限和下限：其值在区间外的可能几乎为零时，若被测量值落在该区间内的任意值处的可能性相同，则可假设为均匀分布（或称矩形分布、等概率分布）；若被测量值落在该区间中心的可能性最大，则假设为三角分布；若落在该区间中心的可能性最小，而落在该区间上限和下限的可能性最大，则可假设为反正弦分布。

（5）已知被测量的分布是两个不同大小的均匀分布合成时，则可假设为梯形分布。

例如，当测量仪器检定证书上给出准确度级别时，可按检定系统或检定规程所规定的该级别的最大允许误差进行评定。假定最大允许误差为$\pm A$，一般采用均匀分布，得到示值允差引起的标准不确定度分量$u(x_i)$按式（1-6-8）计算：

$$u(x_i)=\frac{A}{\sqrt{3}} \tag{1-6-8}$$

例如，若给出仪表准确度级别为 a，仪器量限（或被测量量值）为 M，则最大允许误差 A 按式（1-6-9）计算：

$$A=M\times a\% \tag{1-6-9}$$

6.2.3.6 合成标准不确定度的计算

无论各标准不确定度分量是由A类评定还是B类评定得到，合成标准不确定度是由各标准不确定度分量合成得到的。测量结果 y 的合成标准不确定度用符号 $u_c(y)$ 表示，按式（1-6-10）计算：

$$u_c(y)=\sqrt{\sum_{i=1}^{N}c_i^2u^2(x_i)+2\sum_{i=1}^{N-1}\sum_{j=i+1}^{N}c_ic_ju(x_i)u(x_j)r(x_i,x_j)} \tag{1-6-10}$$

式中：

y——被测量 Y 的估计值；

x_i——第 i 个输入量 X_i 的估计值；

c_i——灵敏系数；

$u(x_i)$——输入量 x_i 的标准不确定度；

$r(x_i, x_j)$——输入量 x_i 与 x_j 的相关系数。

灵敏系数 c_i 即被测量 Y 与有关的输入量 X_i 之间的函数对于输入量 x_i 的偏导数，按式（1-6-11）计算：

$$c_i=\frac{\partial f}{\partial x_i} \tag{1-6-11}$$

输入量 x_i 与 x_j 的相关系数 $r(x_i, x_j)$由输入量 x_i 与 x_j 的协方差 $u(x_i, x_j)$计算，按式（1-6-12）计算：

$$r(x_i,x_j)=\frac{u(x_i,x_j)}{u(x_i)u(x_j)} \tag{1-6-12}$$

当输入量间不相关时，评定合成标准不确定度 $u_c(y)$ 的通用公式为：

$$u_c(y)=u_c=\sqrt{\sum_{i=1}^{N}u_i^2} \tag{1-6-13}$$

6.2.3.7 扩展不确定度 U 的确定

扩展不确定度 U 由合成标准不确定度 u_c 乘以包含因子 k 得到，按式（1-6-14）计算：

$$U=ku_c \tag{1-6-14}$$

测量结果可表示为 $Y=y\pm U$。包含因子 k 的选取由置信水平决定，工程领域一般取 2。若 $k=2$，则由 $U=2u_c$ 所确定的区间具有的置信概率约为 95.45%；若 $k=3$，则由 $U=3u_c$ 所确定的区间具有的置信概率约为 99.73%。

6.2.3.8 报告测量结果

当用扩展不确定度 U 或相对扩展不确定度 U_{rel} 报告测量结果的不确定度时，应：

（1）明确说明被测量 Y 的定义；

（2）给出被测量 Y 的估计值 y 及其扩展不确定度 U，包括计量单位；

（3）必要时也可给出相对扩展不确定度 U_{rel}。

通常合成标准不确定度 $u_c(y)$和扩展不确定度 U 在报告时最多为两位有效数字，一般修约到需要的有效数字，有时也可将末位后面的数进位而不是舍去。

被测量 Y 的估计值应修约到其末位与不确定度的末位对齐，除非使用相对扩展不确定度。

6.3 符合性判定

符合性判定是根据测量结果判断合格评定对象的特定属性是否满足规定要求的活动，是延伸测量结果的服务，也是实验室及其他合格评定机构经常从事的活动。测量不确定度表征赋予了被测量量值的分散性，是测量结果的一部分，也是判定规则考虑的主要内容。ISO/IEC 17025：2017《检测和校准实验室能力的通用要求》明确要求实验室“当作出与规范或标准符合性声明时，实验室应考虑与所用判定规则相关的风险水平（如错误接受、错误拒绝以及统计假设），将所使用的判定规则制定成文件，并应用判定规则”。

主要依据 ISO/IEC Guide 98-4：2012《测量不确定度　第 4 部分：测量不确定度在合格评定中的应用》制定，提出了在符合性判定中考虑测量不确定度及风险评估的方法，包括常见的判定规则、合格概率的计算、基于合格概率确定接受区间、消费者和生产商风险的计算方法等内容，为合格评定机构选择和制定判定规则提供了指导。

当作出规范符合性的报告时，需明确向客户说明扩展不确定度的包含概率。一般采用包含概率为 95%的扩展不确定度，并在报告中包含诸如“符合性报告基于包含概率为 95%的扩展不确定度”的说明。如果使用其他包含概率的扩展不确定度，需与客户达成一致。鼓励使用高于 95%的包含概率，避免使用低于 95%的包含概率。

具有规范上限时推荐使用以下方法（具有规范下限时与之类似）：

（1）符合。如果测量结果加上包含概率为 95%的扩展不确定度后，未超过规范的限定值，则可以报告符合规范。可以在检测报告中描述为“符合”或同时给出“当考虑测量不确定度时，测量结果在规范限值内（或低于规范限值）”的说明。当客户要求或相关法规规定需作出符合性报告时，校准证书中通常可描述为“通过”或“合格”。

（2）不符合。如果测量结果减去包含概率为 95%的扩展不确定度后，超出了规范限值，则可以报告不符合规范。可以在检测报告中报告为“不符合”或同时给出“当考虑测量不确定度时，测量结果超出规范限值（或高于规范限值）”的说明。当客户要求或相关法规规定需作出符合性报告时，校准证书中通常可描述为“未通过”“不通过”或“不合格”。

（3）如果测量结果加上（或减去）包含概率为 95%的扩展不确定度后，与规范限值的区间重叠，则不能据此判定符合或不符合。这种情况，需当同时报告测量结果和包含概率为 95%的扩展不确定度，以及指出不能判定符合与不符合的说明。如果规范限值是以“小于（或用符号‘＜’）”或“大于（或用符号‘＞’）”的形式给出的，可以报告不符合；如果规范限值是以“小于等于（或用符号‘≤’）”或“大于等于（或用符号‘≥’）”的形式给出的，可以报告符合。但当测量结果为该种情况时，建议进行重复检测或测量，计算重复测量的平均值及其对应的不确定度，然后再进行符合性评价。

符合性报告需避免其与检查和产品认证相混淆。为此可以在报告中添加说明，对于检测可以使用以下表述："本报告中的检测结果和符合性报告仅与被测样品有关，与被测样品取样的来源无关"或"本报告仅对被测样品负责"。对于校准可以使用以下表述："测量结果和符合性报告仅与被校准的仪器有关"或"本报告仅对被校样品负责"。

第二部分

专 业 部 分

1 高压开关柜基础

本章主要介绍3.6～40.5kV高压开关柜检测的产品基础知识。

1.1 高压开关柜术语和定义

1.1.1 开关设备和控制设备 switchgear and controlgear

开关装置及与其相关的控制、测量、保护和调节设备的组合，以及这些装置和设备同相关的电气连接、辅件、外壳和支撑件的总装的总称。

1.1.2 金属封闭开关设备和控制设备 metal-enclosed switchgear and controlgear

除进出线外，其余完全被接地金属外壳封闭的开关设备和控制设备。

1.1.3 功能单元 functional unit

金属封闭开关设备和控制设备的一部分，包括为满足单一功能的主回路和辅助回路的所有元件。

1.1.4 可移开部件 removable part

金属封闭开关设备和控制设备中能够被完全移出并能被替换的连接到主回路中的部件（即使功能单元的主回路带电也不例外）。

1.1.5 可抽出部件 withdrawable part

金属封闭开关设备和控制设备的可移开部件，它可以移到使打开的触头之间形成一个隔离断口或分离（此时仍与外壳保持机械联系）。

1.1.6 破坏性放电 disruptive discharge

在电场作用下伴随绝缘破坏而产生的一种现象，此时放电完全跨接了被试绝缘，使电极之间的电压降到零或接近于零。

（1）破坏性放电适用于在固体、液体和气体介质以及其组合中的放电。

（2）固体介质中的破坏性放电，会导致永久地丧失绝缘强度（非自恢复绝缘），而在液体和气体介质中可能仅是暂时丧失绝缘强度（自恢复绝缘）。

（3）破坏性放电发生在气体或液体介质中时，叫作火花放电；破坏性放电发生在气体或液体介质中的固体介质表面时，叫作闪络；破坏性放电贯穿于固体介质时，叫作击穿。

1.1.7 防护等级 degree of protection

外壳以及隔板或活门（适用时）提供的、防止接近危险部件、防止固体外物进入和/或防止水的浸入以及外壳防止机械撞击，并由标准试验方法验证过的保护程度。

1.1.8 活门 shutter

金属封闭开关设备和控制设备的一种部件，它具有两个可以转换的位置，一个位置允许可移开部件的触头或隔离开关的动触头可以与固定触头相接合：在另一个位置时，成为外壳或隔板的一部分，遮挡住固定触头。

1.2 高压开关柜原理

金属封闭开关设备（简称高压开关柜）是由封闭于接地的金属外壳内的主开关（如断路器）、隔离开关（或隔离触头）、互感器、避雷器、母线等一次元件及控制、测量、保护装置组成的成套电器。开关柜主要用于电力系统中，用作接受与分配电能之用。

其工作原理是：当电路中出现过流、短路等故障时，断路器会迅速切断电路，保护系统不受影响。同时，隔离开关和接地开关也会起到保护作用，将受影响的电路分隔开，并将电压降为零，以避免电击等危险。

高压开关柜的操作和控制主要依靠电动机驱动机构、永磁机构和控制回路。电动机驱动机构可以控制开关柜的开合状态，而控制回路则可以根据电路状态和用户需求等情况，对开关柜进行控制和操作。同时，高压开关柜还配备了安全保护装置，如过载保护、短路保护、漏电保护等，以确保设备的安全运行。

高压开关柜的组成部件：

（1）运输单元：不需拆开而适于运输的高压开关柜的一部分。固定式开关柜的整体只能作为一个运输单元，而手车柜的柜体和手车则可以作为两个运输单元。

（2）功能单元：完成一种功能的所有主回路及其他回路的元件，如进线单元、馈出单元等。

（3）外壳。

（4）隔室：除互相连接、控制或通风所必要的开孔外，其余均封闭，如断路器隔室、母线隔室等。隔室之间互相连接所必需的开孔，应采用套管或类似的方式加以封闭。

（5）充气隔室：充气式高压开关柜的隔室型式。

（6）元件：主回路中完成规定功能的组成部分，如断路器、负荷开关、接触器、隔离开关、接地开关、熔断器、互感器、套管、母线等。

（7）隔板。

（8）活门：具有两个可转换的位置。在打开位置，允许可移开部件的动触头插入静触头；在关闭位置，它成为隔板或外壳的一部分，遮住静触头。

（9）套管：导体通过外壳或隔板并使导体与外壳或隔板绝缘。

（10）可移开部件：能够从开关柜中完全移开并能替换的部件。

（11）可抽出部件：也是一种可移开部件，可移动到使分离的触头之间形成隔离断口，此时仍与外壳保持机械联系。

（12）主回路：用来传输电能的所有导电部分。

（13）辅助回路：除主回路外的所有控制、测量、信号和调节回路的导电部分。也就是二次回路。

开关柜外壳必须是金属的，必须满足规定的防护等级。外壳的作用是：

（1）防止人体触及或接近外壳内部的带电部分和触及运动部件。

（2）防止固体异物进入外壳内部。

（3）防止水进入外壳内部达到有害程度。

（4）防止外部因素（小动物、气候和环境因素等）影响内部设备。

（5）防止设备受到意外的机械冲击。

盖板和门应由金属制成，关闭后应具有与外壳一样的防护等级。对在正常操作和维护时不需要打开的盖板（固定盖板），若不使用工具，此类盖板应不能打开、拆下或移动；对在正常操作和维护时需要打开盖板（可移动的盖板、门），打开或移动此类盖板时，应不需要使用工具。为了保证操作者的安全，应装设联锁或备有锁定装置。铠装式或间隔式高压开关柜中，其盖板或门仅当该隔室内可触及的主回路部分不带电时才能打开。对于箱式开关设备，也应采取措施（插入安全隔板或其他方式）使操作者不会触及带电部分。

开关柜应具备“五防”功能：

（1）防止带负荷分、合隔离开关。

（2）防止误分、误合断路器，负荷开关和接触器。

（3）防止接地开关处在合闸位置时或带接地线关合断路器、负荷开关等。

（4）防止带电时挂接地线或合接地开关。

（5）防止误入带电间隔。

开关柜的观察窗应达到外壳所规定的防护等级；应使用机械强度与外壳相近的透明阻燃材料遮盖，并应有足够的电气间隙或静电屏蔽等措施防止危险的静电电荷的形成（如在观察窗的内侧加一合适的接地编织网）；观察窗布置的位置，应便于观察内部运行中的设备；主回路带电部分与观察窗之间可触及的表面的绝缘，应能耐受住规定的对地试验电压。

通风窗和排气口的布置应具有与外壳相同的防护等级。通风窗可以使用网状编织物或类似的材料制造；应考虑到压力作用下排出的油气和蒸汽不致危及操作者。

为了保证操作者不致被灼伤，对于可触及的外壳和盖板的温升，应限制在人能够耐受的程度。

除主回路和辅助回路外的所有金属部件，都应该接地。可触及的各主回路元件的金属外壳和构架应接地，但不包括可移开部件和可抽出部件。功能单元内骨架、门、盖板、隔板或其他结构间的电气连通可采用螺钉或焊接的方法，隔室的门应采用软导线（截面积不小于 $4mm^2$）通过接地端子与骨架连通。可抽出部件应接地的金属部件，在试验位置、断开位置以及当辅助回路未完全断开的任一中间位置时，应保持接地连接。断路器、负荷开关、接触器如果由于隔离开关的分断，使得该元件和主回路完全断开，并有接地的隔板使得该隔室具有与外壳相同的防护等级，可不必再进行接地连接。但如果该隔室内还有主回路与该隔室内的元件相连，则主回路必须接地。

接地导体应能满足该回路动、热稳定电流的要求。如果是铜质的，其电流密度在规定的接地故障发生时不应超过200A/mm²，其截面积不得小于30mm²。

接地导体（裸导体）截面的选择应根据短时持续电流的热效应来计算：

$$S=\frac{I}{a}\sqrt{\frac{t}{\Delta\theta}}$$

式中：

S——导体截面积，mm²；

I——电流有效值，A；

t——电流通过时间；

$\Delta\theta$——温升，对裸导体取180K，如果时间超过2s但小于5s，则$\Delta\theta$可增加到215K；

a——系数，铜取13，铝取8.5，铁取4.5，铅取2.5。

联锁装置可分为机械联锁和电气联锁两类。机械联锁装置全部采用传动杠杆、连杆、挡板、滑块等机械零部件构成，见图2-1-1。电气联锁装置是指电磁锁、联锁电路等，见图2-1-2。还可采用机械程序锁、高压带电显示装置。联锁装置可分为强制性和非强制性两种。强制性联锁使得各种操作只能按规定程序进行操作，否则无法进行。非强制性联锁装置是一种提示性措施，如命令牌（红绿翻牌）、高压带电显示装置。当机械联锁难以实现时，则考虑采用电气联锁。采用电气联锁装置时，其电源要与继电保护、控制、信号回路分开。

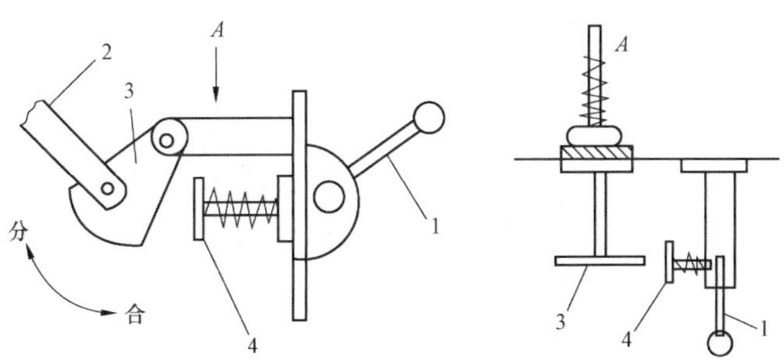

图2-1-1　隔离开关与断路器之间的机械联锁

1—隔离开关操作手柄；2—拉杆；3—限位板；4—弹簧锁插销

除防止“误分、误合断路器”可采用提示性的措施外，其他应采用强制性联锁。应尽可能采用机械联锁，应简单、可靠、操作维护方便。开关柜中装设的接地桩头应有明显的标志。高压带电显示装置支柱绝缘子式的传感器和显示器应同高压开关柜一起进行绝缘耐压试验。显示装置在65%的额定相电压时应正常发光。采用电气联锁方案时，联锁元件的电源应与继电保护回路分开。各种联锁装置均应有专用的解锁工具，在紧急情况下可以解除联锁。与操动机构直接连接的联锁装置的机械试验应与开关柜的机械操作试验同时进行。

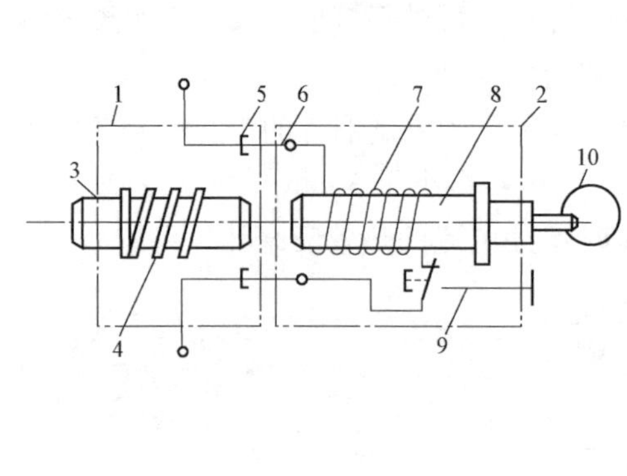

(a) 联锁装置结构

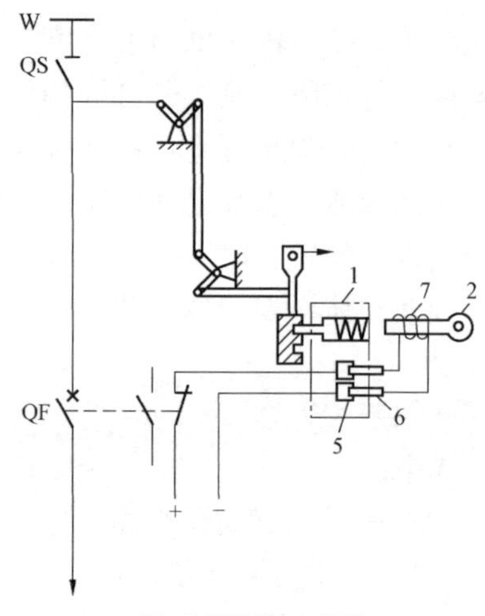

(b) 电磁联锁电气原理

图 2-1-2　电磁锁联锁装置

1—电锁；2—电钥匙；3—锁芯；4—弹簧；5—插座；6—插头；7—线圈；8—电磁铁；9—解除按钮；10—钥匙环

高压带电显示装置又叫电压抽取装置，它由高压传感器和显示器两个单元组成。它不但可以提示高压回路带电状况，而且还可以与电磁锁配合，实现强制联锁开关手柄和开关柜柜门，防止带电关合接地开关和误入带电间隔。带电显示器原理接线图如图 2-1-3 所示。

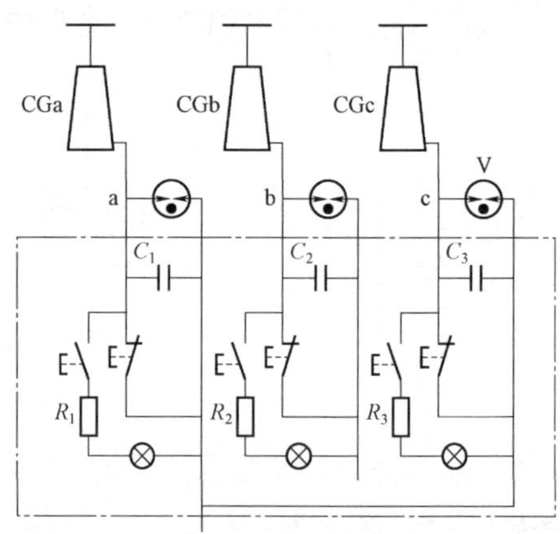

图 2-1-3　带电显示器原理接线图

高压开关柜可选用的断路器有真空、SF_6 断路器。真空断路器体积小、重量轻、动作快、防火、防爆、触头开距短、燃弧时间较短、维修次数较少。SF_6 断路器噪声小、磨损小、开断能力强、开断次数较多、火灾危险小、免维修，价格相对较高。此外固封式真空断路器是将真空灭弧室及导电端子等零件用环氧树脂通过 APG 工艺包封成极柱，然后与机构组装成断路器。目前在高压开关柜中，真空断路器是主流。

高压开关柜的辅助和控制回路指高压开关柜中除主回路外的所有控制、测量、信号和调节回路内的导电回路。按操作电源种类分为交流电压回路、交流电流回路和直流回路。操作电源指二次回路工作所需要的电源，有交流操作电源和直流操作电源两大类，操作电源的电压通常为 220V 或 110V。直流操作电源由发电厂或变电所的直流电源系统提供，交流操作电源由成套电器中的互感器或发电厂、变电所的公共交流操作电源提供。电压测量与绝缘监视原理电路示例见图 2-1-4。

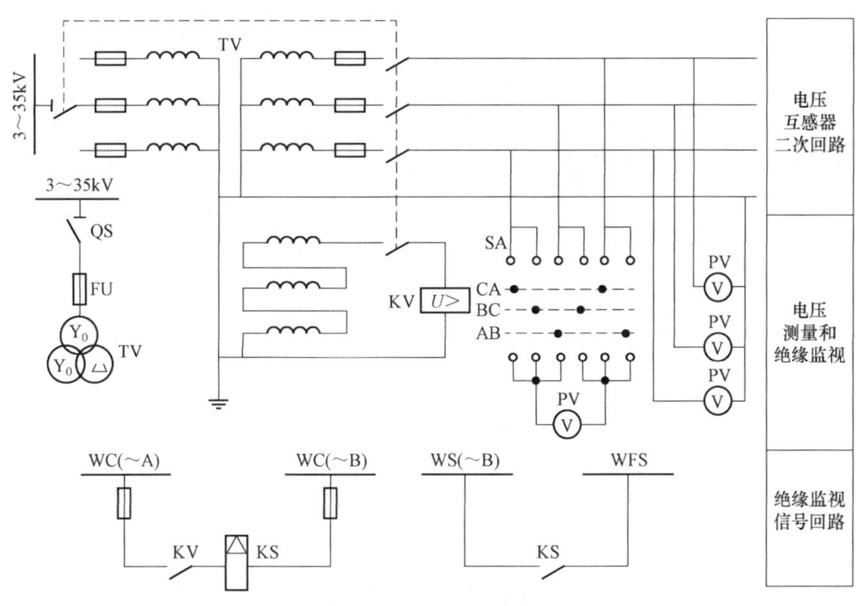

图 2-1-4　电压测量与绝缘监视原理电路示例

SA—电压转换开关；PV—电压表；KV—电压继电器；KS—信号继电器；
WC—控制小母线；WS—信号小母线；WFS—预告信号小母线

二次回路图是用规定的图形符号和标号将该回路中的所有元件及其相互连接，按照动作原理依次表示出来。二次回路图按用途分为原理电路图和安装接线图两类。原理电路图用于表示仪表、继电器、控制开关、信号装置、开关电器的辅助触点等二次元件和操作电源相互之间的电气连接、动作顺序和工作原理。安装接线图（简称接线图）用来表示二次元件之间连接关系，它是一种电气施工图，主要用于二次回路的安装接线、线路检查、维修和故障处理。高压开关柜二次回路原理电路图示例见图 2-1-5，接线图见图 2-1-6。

手动或自动合闸到有故障的线路上（断路器关合有预伏故障电路）时，继电保护装置将动作，使断路器自动跳闸。此时若合闸命令还未解除（如控制开关的手柄、继电器未复位等原因），则断路器将再次合闸。这种跳、合闸现象的多次重复，便是断路器的“跳跃”。断路器跳跃的后果：一方面将造成断路器触头严重烧损，使断路器的断流容量下降，甚至引起断路器的爆炸；另一方面将使电力系统受到严重影响。防跳跃分为机械防跳（断路器操动机构本身具有防跳功能）和电气防跳（在断路器控制回路中设置防跳电路）。

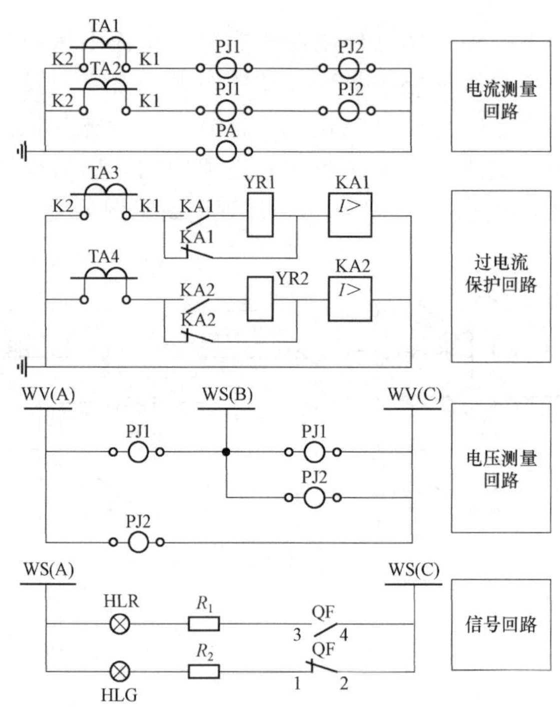

图 2-1-5 高压开关柜二次回路原理电路图示例

对二次回路导线的要求是：①开关柜中的测量、控制、保护回路应采用铜芯绝缘导线。当设备、仪表和端子上装有专用于连接铝芯的接头时，可采用铝芯绝缘导线；②电流回路的铜芯绝缘导线截面积不应小于 2.5mm^2，其他回路截面积不应小于 1.5mm^2；③对于电子元件回路、弱电回路，当采用锡焊连接时，在满足载流量和电压降及有足够机械强度的情况下，可采用不小于 0.5mm^2 的铜芯绝缘导线。

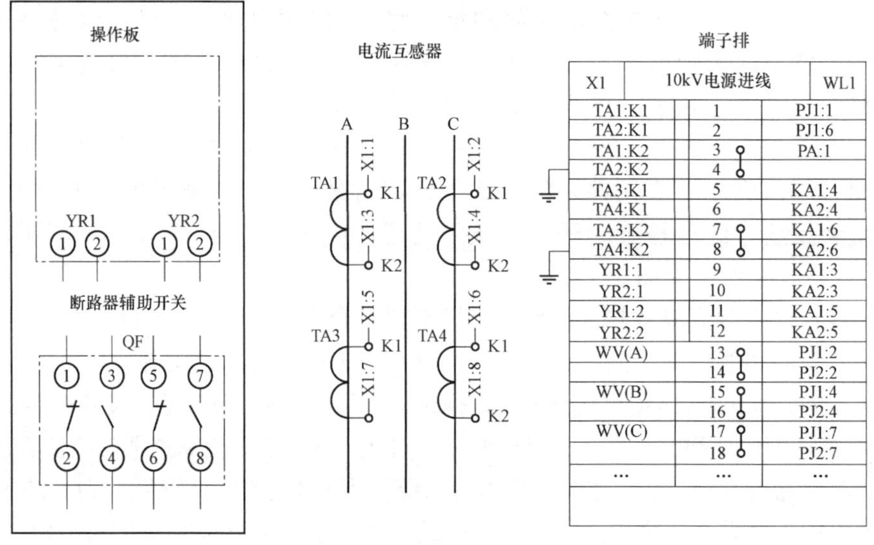

X1	10kV电源进线	WL1
TA1:K1	1	PJ1:1
TA2:K1	2	PJ1:6
TA1:K2	3	PA:1
TA2:K2	4	
TA3:K1	5	KA1:4
TA4:K1	6	KA2:4
TA3:K2	7	KA1:6
TA4:K2	8	KA2:6
YR1:1	9	KA1:3
YR2:1	10	KA2:3
YR1:2	11	KA1:5
YR2:2	12	KA2:5
WV(A)	13	PJ1:2
	14	PJ2:2
WV(B)	15	PJ1:4
	16	PJ2:4
WV(C)	17	PJ1:7
	18	PJ2:7
…	…	…

图 2-1-6 接线图

高压开关柜常用于变电站分配电能，典型的应用示例见图 2-1-7。

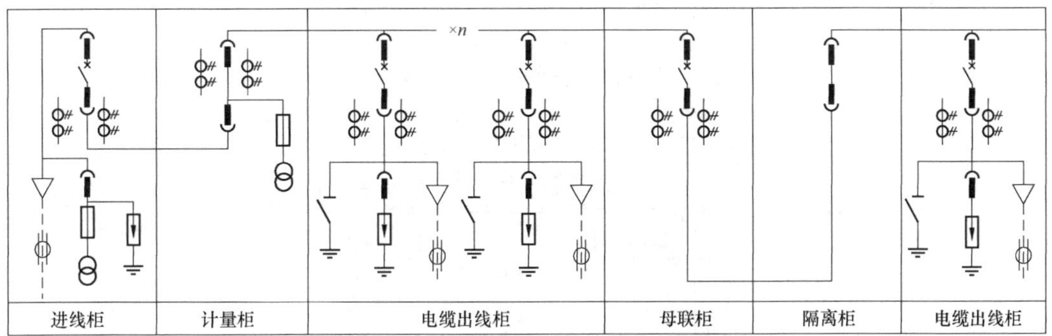

图 2-1-7 开关柜的应用组合示例

1.3 高压开关柜分类

（1）按主开关的安装方式分类，可分为：

1）固定式：主开关及其他元件固定安装。

2）移开（手车）式：主开关可移至柜外，便于主开关的更换、维修、结构紧凑。

（2）按开关隔室结构分类，可分为：

1）铠装式：主开关及其两端相连的元件均具有单独的隔室，隔室由接地的金属隔板构成。

2）间隔式：隔室的设置与铠装型一样，但隔室可用非金属隔板构成，结构紧凑。

3）箱式：隔室的数目少于铠装和间隔型，隔室的隔板不满足规定的防护等级，结构简单。

（3）按柜内绝缘介质分类，可分为：

1）大气绝缘：结构比较简单、成本低、使用场所受环境条件限制。

2）气体绝缘（SF_6）：可用于高湿、严量污染、高海拔等严酷条件场所。

1.4 高压开关柜结构

高压开关柜主要由柜体及装于柜内的主开关（断路器）、隔离开关、接地开关、互感器、避雷器、母线等一次元件以及控制、测量、保护装置等二次元件组成，其外形及内部结构如图 2-1-8 所示。

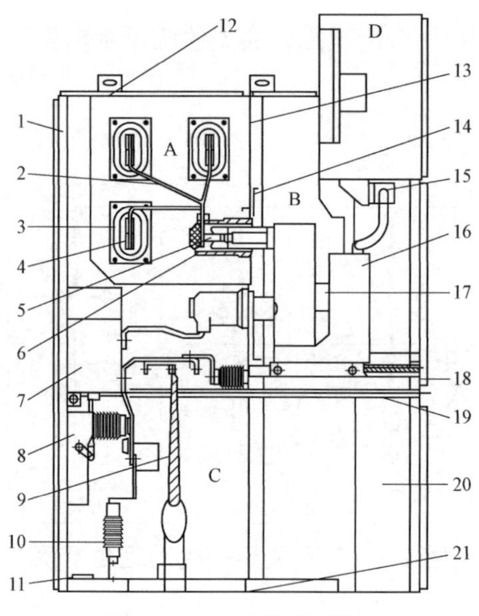

图 2-1-8 结构示意图

A—母线室；B—手车室；C—电缆室；D—继电器仪表室；
1—外壳；2—分支母线；3—母线套管；4—主母线；5—静触头装置；6—静触头盒；7—电流互感器；
8—接地开关；9—电缆：10—避雷器；11—接地母线；12—可卸式隔板；13—隔板（活门）：
14—泄压装置：15—二次插头；16—断路器手车；17—加热装置；18—可抽出式水平隔板；
19—接地开关操动机构；20—控制小线槽：21—底板

1.5 高压开关柜型号

高压开关柜型号命名规则见图 2-1-9。

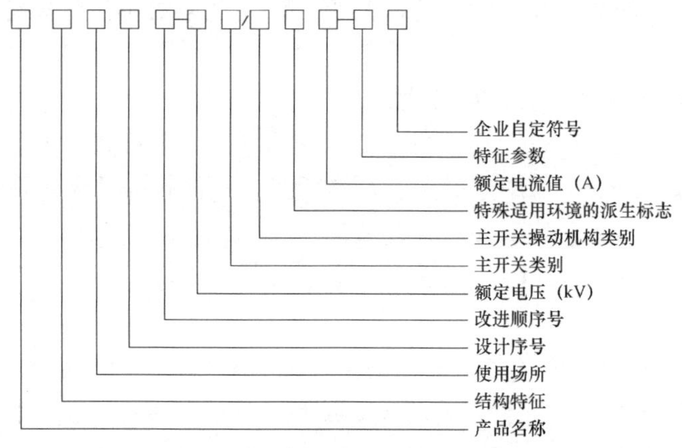

图 2-1-9 高压开关柜型号命名规则

产品名称：K—铠装型开关柜、J—间隔型开关柜。

结构特征：Y—移开式开关柜、G—固定式开关柜。

使用场所：N—户内、W—户外。

设计序号：按产品鉴定的先后，由行业归口部门统一颁发，用阿拉伯数字 1、2、3…表示。

改进顺序号：经行业归口部门确认后，以 A、B、C…表示，原型不标注。

额定电压：以设备额定电压的千伏（kV）数表示。

主开关类别：用代表开关特征的特定符合加括号标注：S—少油断路器、Z—真空断路器、L—SF_6 断路器、F.R—负荷开关—熔断器组合电器。

主开关配用的换动机构类别：T—弹簧机构、D—电磁机构、Q—气动机构、S—手力机构。

特殊使用环境的派生标志：特殊使用环境是指湿热带（TH）、干热带（TA）、高海拔（G）、高寒（H）、凝露（N）、污秽（W）、化学（F）等地区或场所，用相应的字母加括号表示。如需用两种以上的标志，可在同一括号内用圆点分隔依次排列。正常使用的产品在此位置不标注。

额定电流值：以设备的额定电流的安培（A）数标注。

特征参数：以配用主开关或其他主元件的特征值标注，如断路器，以其短路开断电流的千安（kA）数标注等。

企业自定符号：根据需要，由企业自定如无，则不标注。

例：KYN28A-12（Z）/T1250-31.5 表示：铠装型移开式户内开关柜，设计序号 28A，额定电压 12kV、真空断路器、断路器弹簧机构、断路器额定电流 1250A、额定短路开断电流 31.5kA。

2 高压开关柜试验基础

本章介绍3.6～40.5kV高压开关柜质量检测的试验项目、类型和试验顺序和试验环境的要求。

2.1 高压开关柜试验标准

试验参考标准如下：

GB/T 311.1 《绝缘配合　第1部分：定义、原则和规则》

GB/T 3906 《3.6kV～40.5kV交流金属封闭开关设备和控制设备》

GB/T 7354 《高电压试验技术　局部放电测量》

GB/T 1984 《高压交流断路器》

GB/T 1985 《高压交流隔离开关和接地开关》

GB/T 4208 《外壳防护等级（IP代码）》

GB/T 16927.1 《高电压试验技术　第1部分：一般定义及试验要求》

GB/T 16927.2 《高电压试验技术　第2部分：测量系统》

GB/T 11022 《高压开关设备和控制设备标准的共用技术要求》

DL/T 593 《高压开关设备和控制设备标准的共用技术要求》

DL/T 404 《3.6kV～40.5kV交流金属封闭开关设备和控制设备》

2.2 高压开关柜试验项目、类型和试验顺序

2.2.1 试验项目

高压开关柜试验项目、类型及主要标准见表2-2-1。

表2-2-1　高压开关柜试验项目、类型及主要标准

序号	试验项目名称	试验类型	试验主要标准
1	柜体尺寸、厚度、材质检测	例行试验	GB/T 3906、DL/T 404、DL/T 593
2	接线形式、相序、空气净距检查	例行试验	GB/T 3906、DL/T 404、DL/T 593
3	工频电压试验	型式试验	GB/T 3906、DL/T 404、DL/T 593
4	辅助和控制回路的绝缘试验	型式试验	GB/T 3906、DL/T 404、DL/T 593
5	主回路电阻的测量	型式试验	GB/T 3906、DL/T 404、DL/T 593

续表

序号	试验项目名称	试验类型	试验主要标准
6	机械特性测量及机械操作试验	型式试验	GB 1984、GB/T 3906、DL/T 402、DL/T 404、DL/T 593
7	联锁试验	型式试验	GB/T 3906、DL/T 404、DL/T 593
8	充气隔室的气体状态测量试验（适用于环保气体绝缘开关柜）	型式试验	GB/T 3906、DL/T 404、DL/T 593
9	开关触头镀银层厚度检测	型式试验	GB/T 3906、DL/T 404、DL/T 593
10	雷电冲击电压试验	型式试验	GB/T 3906、DL/T 404、DL/T 593
11	局部放电试验	型式试验	GB/T 3906、DL/T 404、DL/T 593
12	温升试验	型式试验	GB 1984、GB/T 3906、DL/T 402、DL/T 404、DL/T 593
13	防护等级检验	型式试验	GB/T 4208、DL/T 404、DL/T 593
14	密封试验（适用于气体绝缘开关柜）	型式试验	GB/T 3906、DL/T 404、DL/T 593
15	充气隔室的压力耐受试验（适用于气体绝缘开关柜）	型式试验	GB/T 3906、DL/T 404、DL/T 593
16	短时耐受电流和峰值耐受电流试验	型式试验	GB/T 3906、DL/T 402、DL/T 404、DL/T 593

2.2.2 试验顺序

2.2.2.1 局部放电试验顺序要求

局部放电试验应在雷电冲击电压试验和工频电压试验后进行。

2.2.2.2 推荐的试验顺序

1）柜体尺寸、厚度、材质检测；

2）接线形式、相序、空气净距检查；

3）主回路电阻的测量；

4）机械特性测量及机械操作试验；

5）联锁试验；

6）充气隔室的气体状态测量试验（适用于环保气体绝缘开关柜）；

7）开关触头镀银层厚度检测；

8）雷电冲击电压试验；

9）工频电压试验；

10）局部放电试验；

11）辅助和控制回路的绝缘试验；

12）温升试验；

13）防护等级检验；

14）密封试验（适用于气体绝缘开关柜）；

15）短时耐受电流和峰值耐受电流试验。

2.3 高压开关柜试验设施和环境要求

2.3.1 试验环境温度和湿度要求

1）如果在自然大气环境下不能保证室内气温在 10～40℃范围内，试验室宜安装供暖和/或冷风系统；

2）如果不能保证一年中相对湿度超过 85%的天数少于 45 天，相对湿度超过 80%的天数少于 60 天，试验室宜安装空气调节装置。

2.3.2 试验电源要求

温升试验和测量均应在 50Hz 的频率下进行。绝缘试验电源电压的波形应接近正弦波，即峰值除以 $\sqrt{2}$ 与方均根值的偏差不大于 5%。

2.3.3 其他要求

1）试验室应有足够的空间和合理的布局，包括样品储存空间；

2）不同功能区域划分清晰，易于识别；

3）试验室应具备充足的光照条件，照度值宜不低于 250lx；

4）工作区域、试验台等配置必要的防静电材料；

5）试验室应具备可靠的接地系统，接地电阻不应超过 0.5Ω。

2.3.4 特殊环境要求

如果进行局部放电测量试验项目，按照 GB/T 7354 的要求，局部放电背景应低于 5pC。

3 高压开关柜试验方法和要求

3.1 柜体尺寸、厚度、材质检测

3.1.1 试验目的

尺寸、厚度检测是验证开关柜尺寸、板材厚度是否满足技术规范书要求。

材质检测是验证开关柜的壳体材质及母排材质是否满足技术规范书要求。

3.1.2 试验设备

试验设备配置见表 2-3-1。

表 2-3-1 试验设备配置（推荐）

序号	设备名称	设备关键参数和要求
1	钢卷尺	测量范围：0～3m； 准确度等级不低于 2 级
2	超声波测厚仪	分辨率：0.01mm； 准确度等级：±0.05mm
3	手持式 X 荧光光谱仪	准确度等级：±10%

3.1.3 试验方法

3.1.3.1 柜体尺寸试验方法

测量柜体各部分尺寸。

3.1.3.2 柜体厚度试验方法

（1）柜体材质厚度测量不包括油漆涂层厚度。

（2）无油漆涂层的柜体，采用超声波测厚仪直接进行测量。

（3）带有油漆或其他涂层的柜体，优先选择无损检测仪器不破坏涂层测量，需要时可用小刀刮铲等恰当方法去除涂层后再进行测量，注意打磨不能破坏柜体材质本身。

（4）采用分辨率 0.01mm、最大允许示值误差不超过±0.05mm 的超声波测厚仪进行测量。

（5）对高压开关柜的顶部、侧板、前门、后门板材每个面检测 5 个点，5 个点大致呈 X 字形均匀分布，取最小值作为最终测量结果进行评判。

3.1.3.3 柜体材质试验方法

对被测柜体板材材质，优先选择无损检测仪器，必要时去除涂覆层（如有）后进行检测。

3.1.4 结果判定

试验结果应符合技术规范书的规定。

3.1.5 注意事项

使用超声波测厚仪和手持式 X 荧光光谱仪，需使用标样进行校准，确保仪器测量数据准确有效。

人员应经过培训，应做好安全防护。光谱分析人员建议按照 DL/T 931 相关条款的规定，取得电力行业理化检验人员光谱分析资格证，从事与该等级相应的分析工作，并承担相应的技术责任。

3.1.6 试验实例

3.1.6.1 试验示意图

高压开关柜柜体厚度测量示例见图 2-3-1。

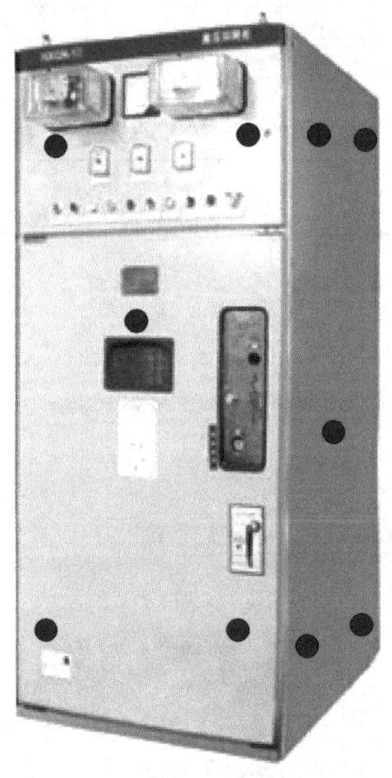

图 2-3-1 高压开关柜柜体厚度测量示例

3.1.6.2 试验记录

柜体尺寸、厚度、材质检测记录表见表 2-3-2。

表 2-3-2 柜体尺寸、厚度、材质检测记录表（参考示例）

序号	检测项目		检测结果
1	柜体尺寸，宽/深/高（mm）		800/1500/2360
2	厚度（mm）	仪表室门板	2.03
3		断路器门板	2.05
4		电缆室前门板	2.04
5		后上板壁	2.04
6		电缆室后门板	2.03
7		左侧板壁	2.02
8		右侧板壁	2.03
9	材质	主框架板壁	覆铝锌板
10		门板	覆铝锌板
11		隔离断口触头	银触头

3.2 接线形式、相序、空气净距检查

3.2.1 试验目的

检查高压开关柜的一次接线形式、相序、安全净距，确保符合技术规范书要求。

3.2.2 试验设备

试验设备配置见表 2-3-3。

表 2-3-3 试验设备配置（推荐）

设备名称	设备关键参数和要求
钢卷尺	测量范围：0～3m； 准确度等级不低于 2 级

3.2.3 试验方法

3.2.3.1 接线形式检查试验方法

对样品的一次接线方案进行核对。

3.2.3.2 相序检查试验方法

检查高压主回路导体的相序。

3.2.3.3 空气净距检查试验方法

测量相间及相对地距离、带电体到绝缘隔板的距离。新安装开关柜禁止使用绝缘隔板。即使母线加装绝缘护套和热缩绝缘材料，也应满足空气绝缘净距离要求。

3.2.4 结果判定

一次接线方案图应符合技术规范书的规定。

以空气作为绝缘介质的开关柜，相间和相对地的最小空气间隙应满足：12kV 相间和相对地 125mm，带电体至门 155mm；24kV 相间和相对地 180mm，带电体至门 210mm；40.5kV 相间和相对地 300mm，带电体至门 330mm。以空气和绝缘隔板组成的复合绝缘作为绝缘介质，带电体与绝缘板之间的最小空气间隙应满足：12kV 不小于 30mm；24kV 不小于 45mm；40.5kV 不小于 60mm。

面对开关柜从左至右排列为 A、B、C，从上到下排列为 A、B、C，从后到前排列为 A、B、C。

3.2.5 注意事项

测量数据准确无误，重要部分进行相关照片记录。

3.2.6 试验实例

3.2.6.1 试验照片

高压开关柜空气净距检查示例见图 2-3-2～图 2-3-4。

图 2-3-2 相间 A-B 示例

3.2.6.2 试验记录

接线形式、相序、空气净距检查记录表见表 2-3-4。

图 2-3-3　相对地 A-PE、B-PE、C-PE 示例

图 2-3-4　相对地 A 相对门、B 相对门、C 相对门示例

表 2-3-4　接线形式、相序、空气净距检查记录表（参考示例）

项目	检查要求						检测结果
接线形式	开关柜门模拟显示图与内部接线一致						符合要求
相序	相序和标识正确						符合要求
空气净距（mm）	相间 A-B	132	A 相对地	139	A 相对门	160	符合要求
	相间 B-C	131	B 相对地	140	B 相对门	161	
	相间 C-A	133	C 相对地	139	C 相对门	161	

3.3　工频电压试验

3.3.1　试验目的

检查相对地/相间、隔离断口、断路器断口、活门（适用时），是否存在缺陷。

3.3.2 试验设备

试验设备配置见表 2-3-5。

表 2-3-5 试验设备配置（推荐）

序号	设备名称	设备关键参数和要求
1	工频电压试验系统	电压测量范围：0～150kV； 测量准确度应不低于 3%
2	空盒气压表	大气压测量范围：80.0～106.0kPa； 准确度：0.2kPa
3	温湿度计	温度准确度不低于 1℃； 相对湿度准确度不低于 2%

3.3.3 试验方法

3.3.3.1 绝缘试验的大气条件修正

应按 GB/T 16927.1—2011 中的程序计算大气条件修正系数。

（1）标准参考大气条件：温度 t_0=20℃；绝对压力 p_0=101.3kPa；绝对湿度 h_0=11g/m^3。

测量并记录实验室的空气温度 t（℃），相对湿度 R（%），大气压 P（kPa）。要求温度测量不确定度≤1℃，绝对压力测量不确定度＜0.2kPa，绝对湿度测量不确定度＜1g/m^3。

（2）绝对湿度：

$$h=\frac{6.11\times R\times \mathrm{e}^{\frac{17.6\times t}{243+t}}}{0.4615\times(273+t)}$$

对于额定电压 40.5kV 及以下的试品，假定：

1）绝对湿度高于参考大气的湿度，即 h＞11g/m^3 时，m=1 且 w=0；

2）绝对湿度低于参考大气的湿度，即 h＜11g/m^3 时，m=1 且 w=1。

其中：m 为空气密度修正指数：w 为湿度修正指数。

（3）相对空气密度：

$$\delta=\frac{p}{p_0}\times\frac{273+t_0}{273+t}$$

（4）空气密度修正因数：

$$k_1=\delta^m$$

k_1 在 0.8～1.05 范围内时是可靠的。

（5）湿度修正因数：

$$k_2=k^w$$

交流：$k=1+0.012\left(\frac{h}{\delta}-11\right)$　　适用于$1<\frac{h}{\delta}<15\mathrm{g/m^3}$；

冲击：$k=1+0.010\left(\frac{h}{\delta}-11\right)$ 适用于$1<\frac{h}{\delta}<20\text{g}/\text{m}^3$。

则计算大气修正因数为$k_t=k_1k_2$。

工频电压大气修正系数计算实例。测量大气条件结果为空气温度 27.1℃、湿度 52%、大气压力 100.7kPa。计算过程如下：

1）计算$h=\dfrac{6.11\times R\times \text{e}^{\frac{17.6\times t}{243+t}}}{0.4615\times(273+t)}$=13.41257177；

2）判断绝对湿度和参考大气的湿度的大小，当 h＞11g/m^3 时，m=1 且 w=0；

3）计算$\delta=\dfrac{p}{p_0}\bullet\dfrac{273+t_0}{273+t}$=0.97055835；

4）计算空气密度修正因数$k_1=\delta^m$=0.97055835，k_1在 0.8～1.05 范围内时是可靠的；

5）计算系数 k，交流：$k=1+0.012\left(\frac{h}{\delta}-11\right)$=1.033833266；

6）计算湿度修正因数$k_2=k^w$=1；

7）计算大气修正因数：$k_t=k_1k_2$=0.9707。

当使用大气条件修正因数时，试验电压 $U=k_t\times U_0$。例如，当 U_0=42kV、k_t=1.05 时，试验电压 U=44.1kV；当 U_0=42kV、k_t=1 时，试验电压 U=42kV。

当按上述要求进行大气修正因数时，k_1 和 h/δ 应满足 GB/T 16927.1—2011 中的要求，不需要考虑实验室海拔的影响。通常认为高压开关设备和控制设备既有内绝缘和外绝缘，为了正确考核高压开关设备和控制设备的内绝缘和外绝缘，可以分别对高压开关设备和控制设备的内绝缘和外绝缘进行绝缘试验，具体方法参见 NB/T 42102—2016。如果对样品的绝缘性能有信心时，当 k_t＜1 时，可以使用大气修正因数 k_t=1，这时内绝缘被正确的考核，但外绝缘承受了比要求值高的电压应力；当 k_t＞1 时，可以使用大气修正因数 k_t，这时外绝缘被正确的考核，但内绝缘承受了比要求值高的电压应力。

3.3.3.2 高压开关柜干式试验

高压开关柜只进行干式试验。相间及相对地试验时，开关装置（接地开关除外）处于合闸位置。断路器断口和隔离断口试验时，断口的开关装置处于分闸位置，其他开关装置（接地开关除外）处于合闸位置。样品开关装置状态、试验部位、加压部位、接地部位、施加电压和加压次数见表 2-3-6。电压施加时间为 1min。

试验电压频率应为45～55Hz的交流电压。取测量的峰值电压除以$\sqrt{2}$作为试验电压。电压的波形应接近正弦波，即峰值除以$\sqrt{2}$与方均根值的偏差不大于 5%。在整个试验过程中，试验电压的测量值应保持在规定电压值的±1%以内。试验电压的测量不确定度≤3%。

对试品施加电压时，应当从足够低的数值开始，以防止操作瞬变过程引起的过电压的影响；然后应缓慢地升高电压，以便能在仪表上准确读数。但也不能升得太慢，以免造成在接近试验电压 U 时耐压时间过长。若试验电压值从达到 75%U 时以 2%U/s 的速率上升，一般可满足上述要求。试验电压应保持 60s，然后迅速降压，但不得突然切断，以免可能出现瞬变过程而导致故障或造成不正确的试验结果。

断口可以按下述方法进行试验。

优选方法：双电源加压，一侧端子施加的电压为额定极对地耐受电压，其余的电压施加在另一侧的端子上，其余相和底座均接地。

替代方法：单电源加压，对额定电压 72.5kV 以下的金属封闭开关设备和控制设备，和任一额定电压的其他技术的开关设备和控制设备，底座的对地电压 U_f 不需准确地调整，甚至可以把底座绝缘，把总的试验电压 U 施加在一个端子和地之间，对侧的端子接地；没有承受试验的所有端子和底座可以与地绝缘。

表 2-3-6 工频电压试验加压方式表

试品状态或试验部位	加压部位	接地部位	施加电压（有效值，kV）			加压次数
			12	24	40.5	
相间及相对地	Aa	BCbcF	42	65	95	1
	Bb	ACacF	42	65	95	1
	Cc	ABabF	42	65	95	1
断路器断口	A	a	48	79	118	1
	B	b	48	79	118	1
	C	c	48	79	118	1
	a	A	48	79	118	1
	b	B	48	79	118	1
	c	C	48	79	118	1
隔离断口	A	a	48	79	118	1
	B	b	48	79	118	1
	C	c	48	79	118	1
	a	A	48	79	118	1
	b	B	48	79	118	1
	c	C	48	79	118	1

注 A、B、C 为开关一侧的端子，a、b、c 为开关另一侧端子，F 为外壳和底座。

3.3.4 结果判定

试验过程中，如果没有发生破坏性放电，则应认为试品通过了试验。

3.3.5 注意事项

（1）升压期间密切观察高压端、操作界面显示及被试品现象，监听被试品是否有异响，试验电压波动是否在规定范围内，出现异常情况时请及时拍下急停切断电源检查情况；如产生异响状况时，应将电压降至零位后才可放电，查明原因，方可继续试验。

（2）工频电压试验前，避雷器应从主回路断开，电流互感器和故障指示器二次侧应短接接地，电压互感器不应短路接地，可与主回路隔离；正常连接与相间的互感器、线圈或类似装置应从试验电压作用的一极上隔离。

（3）如果实验室中的大气条件与标准参考大气条件不同，则应计算修正系数，并选取合适的试验方法。

3.3.6 试验实例

3.3.6.1 单电源工频电压试验

以下实例为使用单电源进行工频电压试验，见图 2-3-5～图 2-3-7。

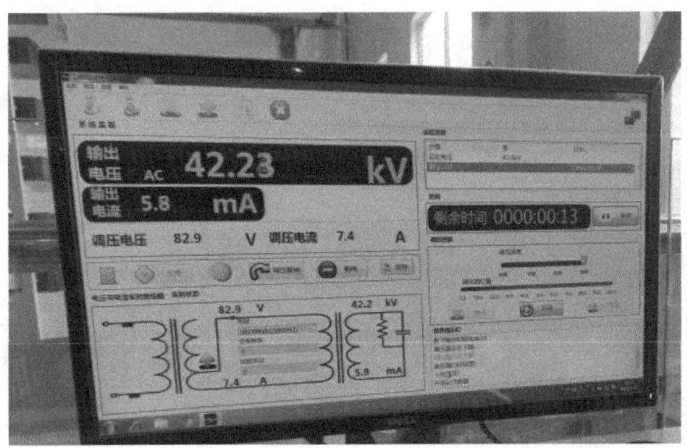

图 2-3-5 开关柜相间及相对地示例

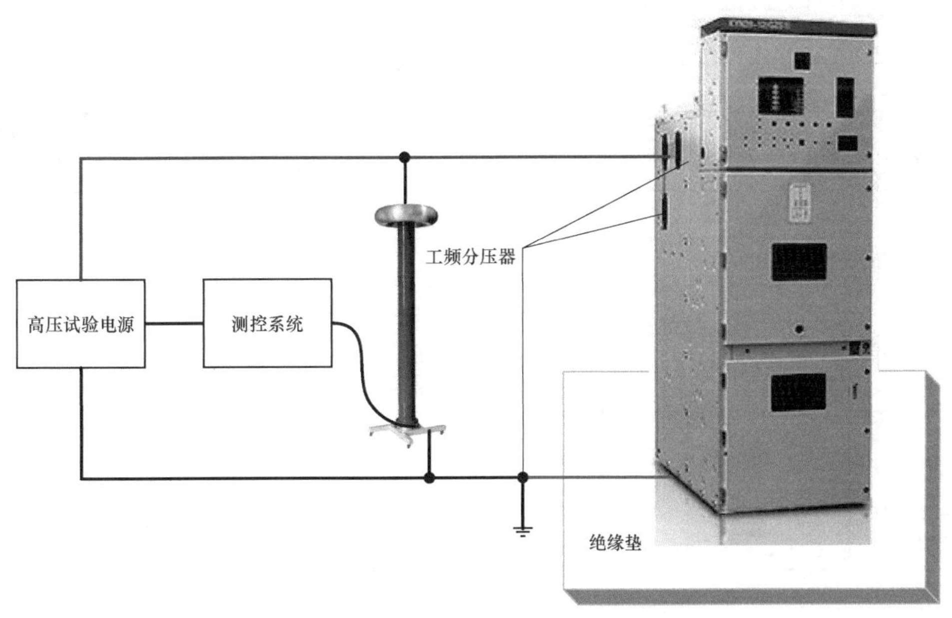

图 2-3-6 开关柜相间及相对地工频耐压接线示例

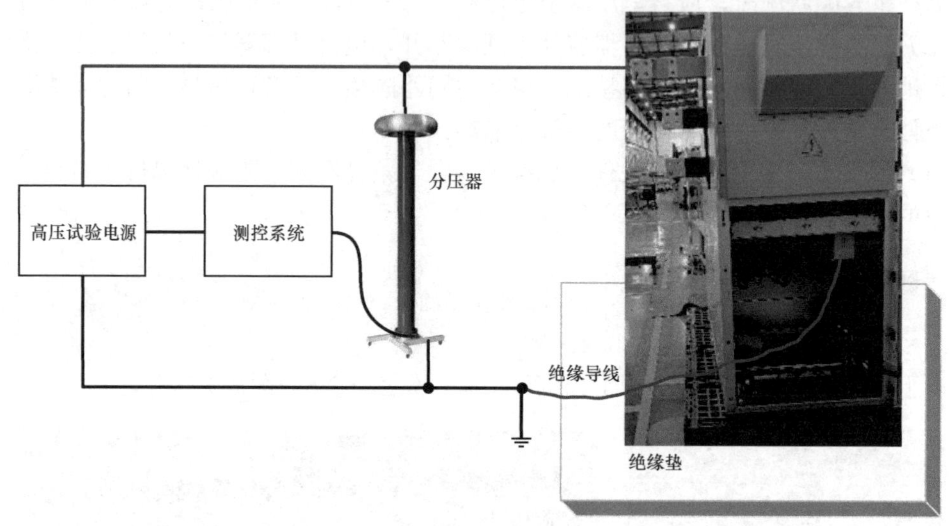

图 2-3-7　开关柜断路器断口（替代方法）接线示例

3.3.6.2　试验记录

工频电压试验记录见表 2-3-7。

表 2-3-7　工频电压试验记录

试区大气条件：					
大气压力（kPa）	101.6	干球温度（℃）	11.7	实验室海拔（m）	35
大气湿度（%）	66	湿球温度（℃）	—	使用海拔（m）	—
计算修正系数	0.9786	使用修正系数	1	—	—
试验结果：					
开关状态	加压部位	接地部位	施加电压值（kV）	加压时间（min）	放电次数
合闸	Aa	BbCcF、观察窗	42	1	0
合闸	Bb	AaCcF、观察窗	42	1	0
合闸	Cc	AaBbF、观察窗	42	1	0
分闸（工作位置）	A	a	48	1	0
分闸（工作位置）	a	A	48	1	0
分闸（工作位置）	B	b	48	1	0
分闸（工作位置）	C	c	48	1	0

续表

开关状态	加压部位	接地部位	施加电压值（kV）	加压时间（min）	放电次数
分闸（工作位置）	c	C	48	1	0
合闸（试验位置）	A	a	48	1	0
合闸（试验位置）	a	A	48	1	0
合闸（试验位置）	B	b	48	1	0
合闸（试验位置）	b	B	48	1	0
合闸（试验位置）	C	c	48	1	0
合闸（试验位置）	c	C	48	1	0
（试验位置）	ABC	活门（绝缘活门的外表面）	42	1	0
（试验位置）	abc	活门（绝缘活门的外表面）	42	1	0
（试验位置）	ABC	活门（绝缘活门的内表面）	18	1	0
（试验位置）	abc	活门（绝缘活门的内表面）	18	1	0

3.4 辅助和控制回路的绝缘试验

3.4.1 试验目的

检查辅助和控制回路的绝缘耐压情况，以及二次回路绝缘是否符合要求。

3.4.2 试验设备

试验设备配置见表 2-3-8。

表 2-3-8 试验设备配置（推荐）

序号	设备名称	设备关键参数和要求
1	耐压测试仪	输出电压有效值：0～5kV；电压测量准确度应不低于 3%；时间不确定度不低于 1%
2	空盒气压表	大气压准确度不低于 0.2kPa
3	温湿度计	温度准确度不低于 1℃ 相对湿度准确度不低于 2%

3.4.3 试验方法

试验时正常的大气条件如下：

温度范围：15～35℃；

气压：86～106kPa；

相对湿度：25%～75%；

绝对湿度：≤22g/m³。

当大气条件在此规定的范围内时，不需要根据温度、湿度和气压对试验电压进行修正。当大气条件不在此规定的范围内时，参见 GB/T 17627—2019 附录 C 提供的有关方法，对试验电压进行修正。试验期间的实际大气条件应予以记录。

试验时，只有串联在电源回路中的开关装置处于合闸位置，所有其他的开关装置都处于分闸位置。

限制过电压的设施应断开，试验应按 GB/T 3906—2020 进行。

施加的工频试验电压不应超过全试验电压值的 50%，然后将试验电压平稳增加至全试验电压值 2000V，并维持 1min。在试验过程中过流继电器不应动作，且不应发生破坏性放电。

试验应在下述部位进行：

1）连接在一起的辅助和控制回路和开关装置底架之间；

2）如果可行，正常使用中可以和其他部分绝缘的辅助和控制回路的每一个部分，与连接在一起并和底架相连的其他部分之间。

3.4.4 结果判定

被试回路无击穿或闪络现象发生，则认为通过试验。

3.4.5 注意事项

（1）辅助回路的开关应断开。

（2）电流互感器的二次绕组应短路并与地隔离，电压互感器的二次绕组应开路，限压装置（如果有）应断开。

（3）试验过程中注意观察是否有异响，电压是否正常。

3.4.6 试验实例

3.4.6.1 绝缘试验

开关柜辅助和控制回路的绝缘试验见图 2-3-8。

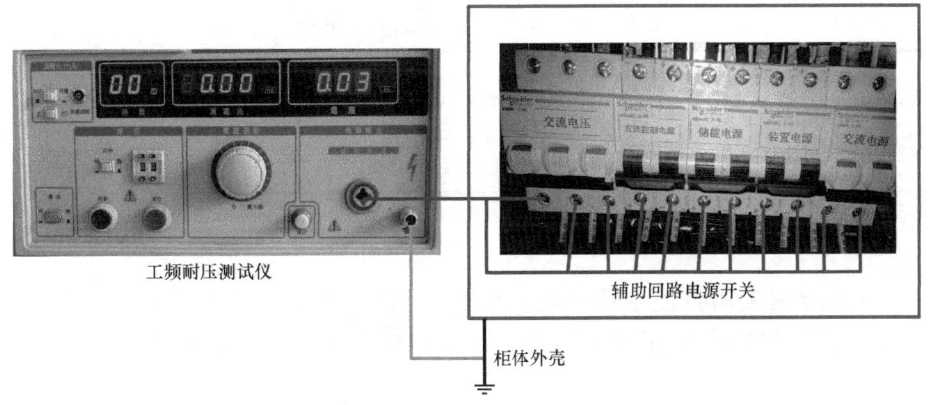

图 2-3-8 开关柜辅助与控制回路的绝缘试验示例

3.4.6.2 试验记录

辅助和控制回路的绝缘试验记录表见表 2-3-9。

表 2-3-9 辅助和控制回路的绝缘试验记录表（参考示例）

试区大气条件：					
温度（℃）	20.2	湿度（%）	65	大气压力（kPa）	100.2
计算大气修正因数	—	试验中大气修正因数取值	1	—	—

试验结果：					
加压部位	接地部位	应施加电压（kV）	实测电压（kV）	加压时间（s）	试验结果
连接在一起的二次回路端子	设备外壳	2.0	2.0	60	合格
各二次回路端子	与加压部分绝缘的其二次回路端子和设备外壳	2.0	2.0	60	合格

3.5 主回路电阻的测量

3.5.1 试验目的

主回路电阻是表征导电主回路的连接是否良好的一个参数。主回路电阻测量是某些试验项目的使用判据。

3.5.2 试验设备

试验设备配置见表 2-3-10。

表 2-3-10 试验设备配置（推荐）

设备名称	设备关键参数和要求
回路电阻测试仪	测量范围：0～20mΩ； 准确度等级：0.5%±0.2μΩ

3.5.3 试验方法

对主回路电阻采用直流电压降法，用直流回路电阻测试仪来测量每一极的电阻，试验电流取不小于 100A，记录电阻值。应分别对每极进行三次测量，计算电阻的平均值。

3.5.4 结果判定

对于开关装置的关合和开断试验，试验前后电阻值增加不应该超过 100%；对于不同于关合和开断试验的其他试验，试验前后电阻值增加不应该超过 20%。

3.5.5 注意事项

测量点应清洁干净，测量夹应与样品测量点接触良好。注意电流钳和电压钳的连接位置，电压钳在样品端子的内侧，电流钳在样品端子的外侧。需要比较回路电阻测量值时，应尽量让测量时的环境温度接近。注意开关设备的回路电阻值不宜进行温度换算。

应注意导体通过直流电流时的电阻和导体通过交流电流时的电阻的差异，避免误用交流电流测量回路电阻。

导体通过直流电流时的电阻：$R_{dc}=\rho\frac{1}{S}$。

导体通过交流电流时的电阻：$R_{ac}=K_{jf}K_{lj}\rho\frac{1}{S}$，其中 K_{jf} 为趋肤效应，K_{lj} 为邻近效应。

3.5.6 试验实例

3.5.6.1 试验示例

主回路电阻测量示例见图 2-3-9～图 2-3-12。试验时对准确度有较高要求时推荐采用图 2-3-10 的接线方式。

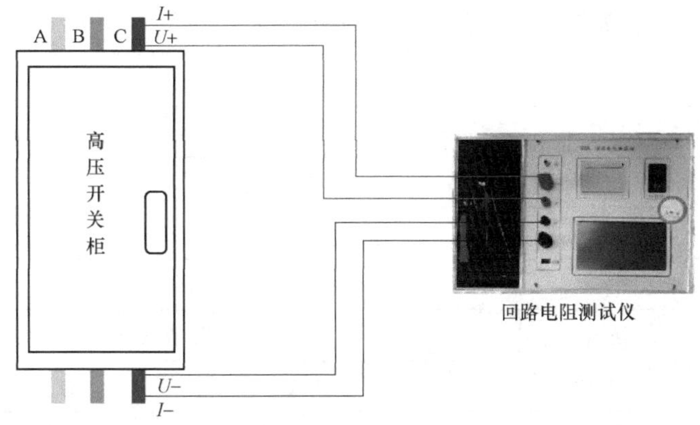

图 2-3-9 开关柜 C 相主回路电阻的测量示例

注：电流钳的夹接位置应在电压钳的外侧（距离电压钳的距离无影响）或与电压钳在同一位置。

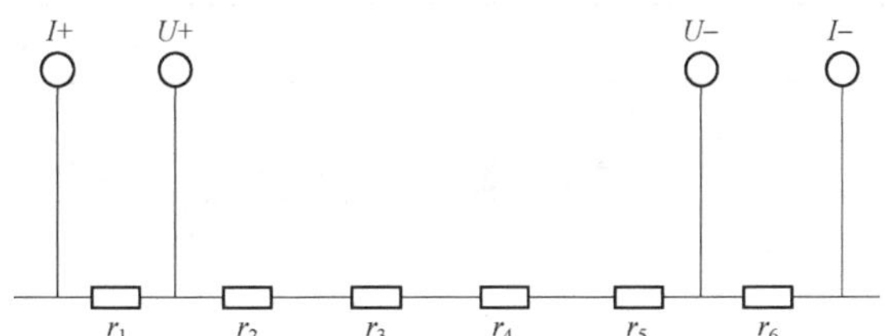

图 2-3-10 正确的接线方式举例（一）

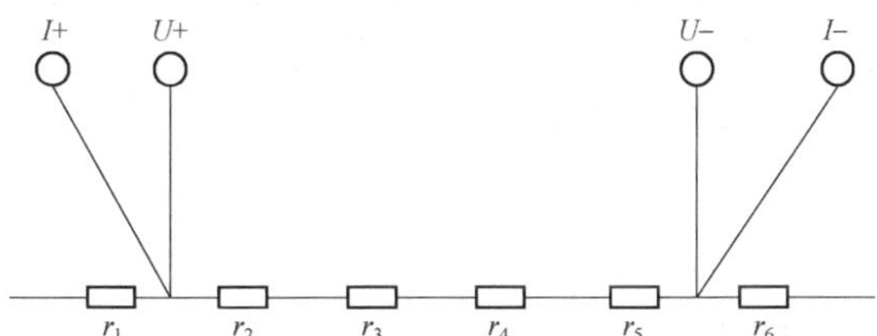

图 2-3-11 正确的接线方式举例（二）

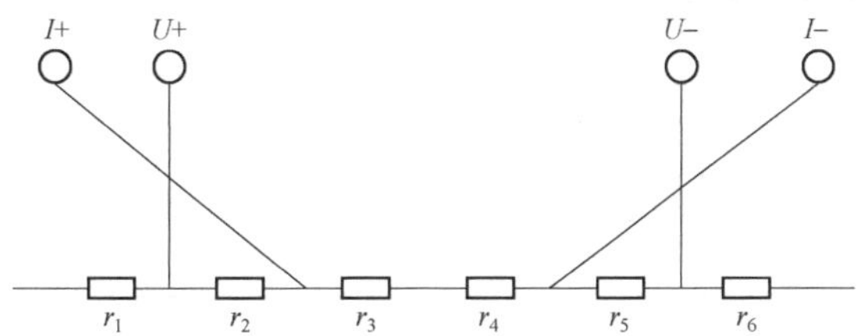

图 2-3-12 不正确的接线方式举例

注：示意图中 r_1～r_6 代表主回路中不同分段的理想电阻。

3.5.6.2 试验记录

回路电阻测量记录表见表 2-3-11。

表 2-3-11 回路电阻测量记录表（参考示例）

试区大气条件：					
大气压力（kPa）	101.2	环境温度（℃）	25.3	大气湿度（%）	67.2
试验方法	直流电压降法				
试验电流	直流 100A				
试验结果：					
测量部位	技术要求（μΩ）	实测值（μΩ）			
		次序	A	B	C
主回路	≤100	1	65.2	59.3	59.6
		2	63.2	61.2	56.5
		3	58.5	62.3	57.1
平均值			60.3		

3.6 机械特性测量及机械操作试验

3.6.1 试验目的

检查断路器、隔离开关、接地开关机械特性和机械操作。其中，机械特性测量结果应在样品出厂试验报告数值的偏差范围内，机械操作过程中，断路器应能按指令动作，未出现误分、误合、拒分和拒合现象情况。

3.6.2 试验设备

试验设备配置见表 2-3-12。

表 2-3-12 机械特性测量和机械操作试验设备配置（推荐）

设备名称	设备关键参数和要求
机械特性测试仪	交流输出：0～380V； 直流输出：0～250V； 时间测量范围：0～4s，准确度 0.1 级； 可设定带延时的分合、OCO，次数 0～600 次可调

3.6.3 试验方法

3.6.3.1 机械特性测量试验

采用机械特性测试仪，连接至开关装置触头系统，直接记录机械行程特性。

3.6.3.2 机械操作试验

断路器连接到机械特性测试仪，进行下列操作：

1）额定操作电压下，进行 5 次合—分操作；
2）最高操作电压下，进行 5 次合—分操作；
3）最低操作电压下，进行 5 次合—分操作；
4）手动操作，进行 3 次合—分操作；
5）30%额定操作电压下，进行 3 次合—分操作，不得合—分；
6）储能电机在 85%和 110%的额定储能电压下，进行 5 次合—分操作；
7）额定操作电压下，进行其余次数合—分操作，达到共计 50 次。

安装在开关柜中的所有开关装置应进行 50 次合—分操作；可移开部件应进行 25 次插入和 25 次移开操作已验证设备的操作性良好。同时，测量插入和移开部件所需要的力值应满足标准要求。

3.6.4 结果判定

断路器的触头开距、超行程、分闸时间、合闸时间、分闸速度、合闸速度、合闸不同期、分闸不同期、合闸弹跳和弹簧储能时间位于样品出厂试验报告数值的偏差范围内。断路器能按指令动作，未出现误分、误合、拒分和拒合现象情况。

3.6.5 注意事项

机械试验应按照 DL/T 402—2016 中第 6.101 条的规定执行。试验应在环境温度及被试品温度为 5～40℃、湿度小于 90%的条件下进行。试验时，试品安装状态应和使用中的状态一样。

当对整台断路器进行试验不可行时，单元试验也可以作为型式试验。应由制造厂确定适合进行试验的单元。参照 GB/T 1984—2014 第 6.101.1.2 条款中单元试验要求执行。

3.6.6 试验实例

3.6.6.1 机械特性测量及机械操作试验示例

机械特性测量及机械操作试验的示例见图 2-3-13～图 2-3-18。

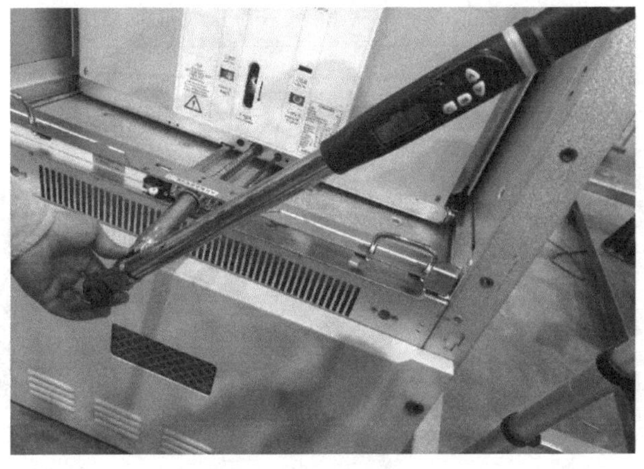

图 2-3-13 使用力矩扳手对开关柜手车操作示例

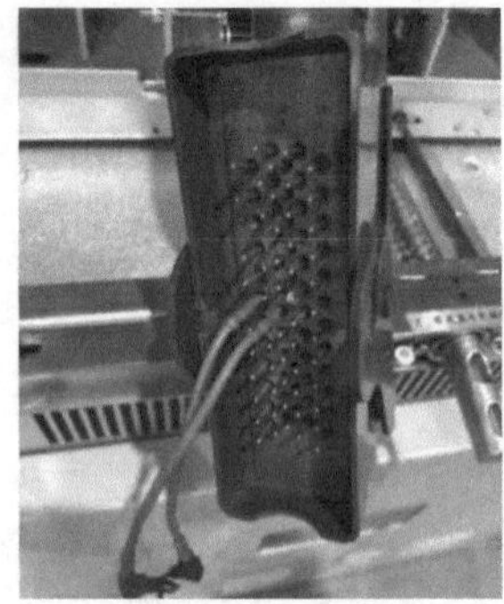

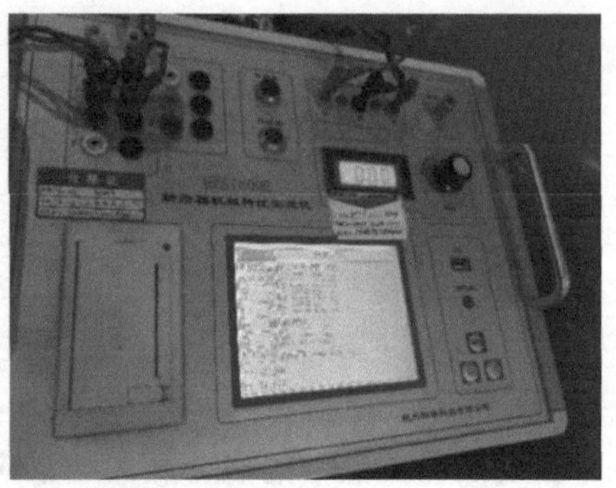

图 2-3-14 开关柜机械特性测量示例

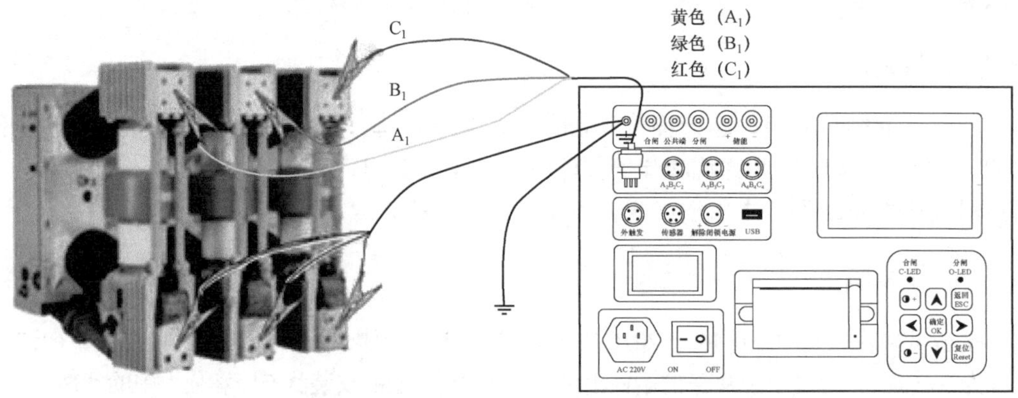

图 2-3-15 机械特性测量断口连接示例

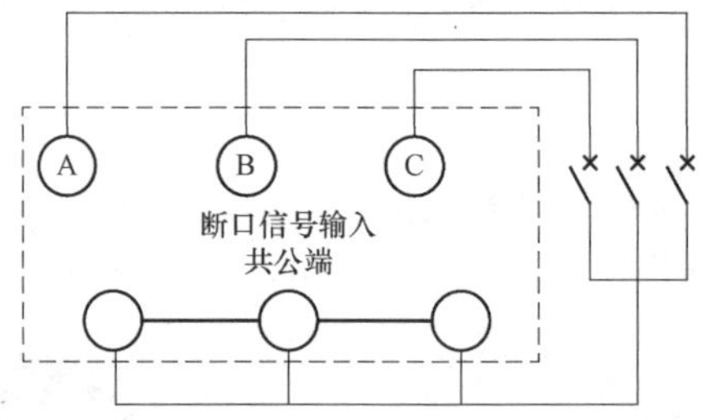

图 2-3-16 机械特性测量断口连接原理图

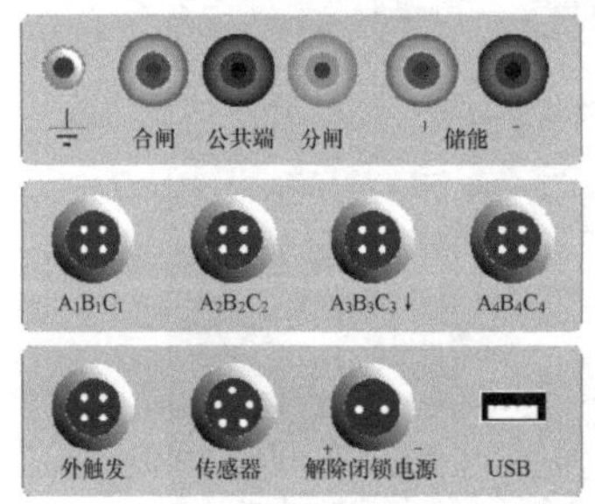

图 2-3-17 机械特性测量仪器面板图（一）

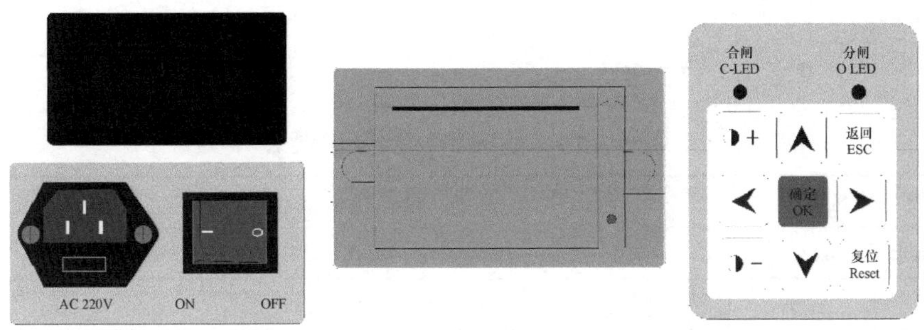

图 2-3-17　机械特性测量仪器面板图（二）

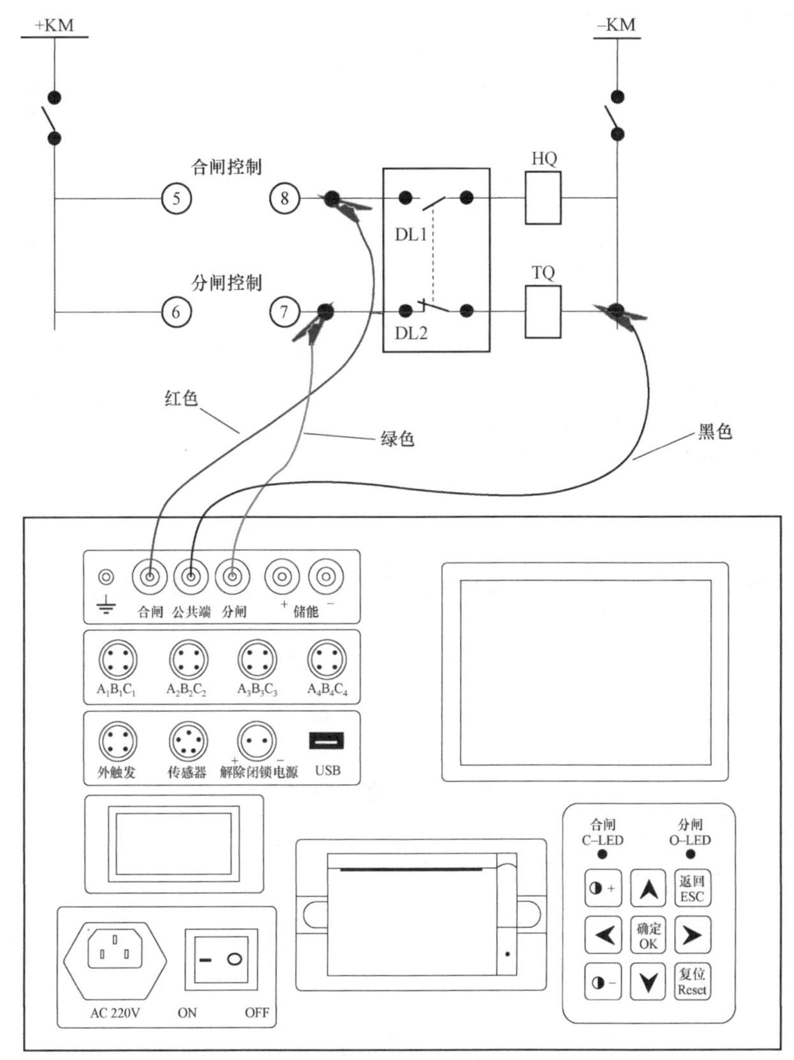

图 2-3-18　机械特性测量分合闸线圈连接图

3.6.6.2 试验记录

试验记录表见表 2-3-13、表 2-3-14。

表 2-3-13 机械特性测量记录表

试验参数名称	操作电压	技术要求	测试结果
合闸时间（ms）	额定	≤60	33.2～33.9
合闸不同期（ms）	额定	≤2	0.3
合闸弹跳（ms）	额定	≤2	0
分闸时间（ms）	额定	≤40	22.1～23.1
分闸不同期（ms）	额定	≤2	0.5

表 2-3-14 机械操作记录表

序号	操作内容	试验结果
1	断路器的操作	
1.1	手动进行 5 次 C-O 操作，动作应正常	符合
1.2	在最高操作电源电压下，进行 5 次 C-O 操作，动作应正常	符合
1.3	在最低操作电源电压下，进行 5 次 C-O 操作，动作应正常	符合
1.4	如果具备重合闸功能，在额定操作电源电压下，进行 5 次 O-0.3s-CO-C 操作，动作应正常	符合
1.5	如上操作中，至少分别施以 85%和 110%储能电压，各进行 5 次储能操作，储能应正常	符合
1.6	在额定操作电源电压下，进行 C-O 操作，使得 C-O 操作总次数达到 50 次，动作应正常	符合
1.7	断路器处于分闸位置，施在 30%额定操作电源电压下，进行 3 次 C 操作，不应动作	符合
1.8	断路器处于合闸位置，施在 30%额定操作电源电压下，进行 3 次 O 操作，不应动作	符合
2	可移开式部件的操作（如有）	
2.1	对可移开式开关设备，进行 25 次推入和抽出操作，动作应正常	符合
2.2	对于采用电动操作底盘车的可移开设备，在如上的操作次数中应包括额定、最高、最低操作电压下的推入和抽出操作各 5 次	符合
2.3	操作力是否符合要求	符合
3	隔离开关的操作（如有）	
3.1	进行 C-O 操作 50 次，动作应正常	符合
3.2	对于采用动力操作机构的隔离开关，如上操作次数中中应包括额定、最高、最低操作电压下的 C-O 操作各 10 次	符合

续表

序号	操作内容	试验结果
3.3	操作力是否符合要求	符合
4	接地开关的操作	
4.1	进行 C-O 操作 50 次，动作应正常	符合
4.2	对于采用动力操作机构的隔离开关，如上操作次数中中应包括额定、最高、最低操作电压下的 C-O 操作各 10 次	符合
4.3	操作力是否正常	符合

3.7 联 锁 试 验

3.7.1 试验目的

检查主导电回路与接地开关、断路器与隔离开关、接地开关与柜门之间的闭锁。验证被试样品联锁功能齐全可靠，满足 Q/GDW 13088.1—2018 第 5.2.19 条要求的“五防”和联锁功能。

3.7.2 试验设备

试验设备配置见表 2-3-15。

表 2-3-15 联锁试验设备配置（推荐）

设备名称	设备关键参数和要求
力矩扳手	量程：3～300（Nm）； 准确度：±2（Nm）

3.7.3 试验方法

对联锁功能进行 50 次试操作，包括且不限于下列联锁功能：

1）断路器处于合闸位置，隔离开关、接地开关不能被操作；

2）断路器处于分闸位置后，只有隔离开关处于分闸位置时接地开关才能被操作；

3）接地开关分闸后，柜门才能被打开；

4）柜门未关闭，不能操作接地开关和隔离开关；

5）接地开关分闸后，才能操作隔离开关。

3.7.4 结果判定

联锁装置处于防止开关装置操作的位置时，开关装置能正确地不被操作。

3.7.5 注意事项

无。

3.7.6 试验实例

3.7.6.1 联锁操作试验示例

联锁操作试验示例见图 2-3-19。

图 2-3-19 联锁操作示意图

3.7.6.2 试验记录

记录表见表 2-3-16。

表 2-3-16 联锁试验记录表（参考示例）

序号	操作步骤及要求	测试结果
1	断路器处于合闸位置，隔离开关、接地开关不能被操作	符合要求
2	断路器处于分闸位置后，只有隔离开关处于分闸位置时接地开关才能被操作	符合要求
3	接地开关分闸后，柜门才能被打开	符合要求
4	柜门未关闭，不能操作接地开关和隔离开关	符合要求
5	接地开关分闸后，才能操作隔离开关	符合要求
6	断路器处于合闸位置，隔离开关、接地开关不能被操作	符合要求

3.8 充气隔室的气体状态测量试验（适用于环保气体绝缘开关柜）

3.8.1 试验目的

验证充气隔室内部是否含有 SF_6 气体，应满足以下要求：充气隔室内不应有 SF_6 气体成分。

3.8.2 试验设备

试验设备配置见表 2-3-17。

表 2-3-17 充气隔室的气体状态测量试验设备配置（推荐）

设备名称	设备关键参数和要求
SF_6 检漏仪	测量浓度范围：（0.01～100）ppm

注 具备 SF_6 检漏功能的气体综合测试仪，只要测量范围满足要求，也可使用。

3.8.3 试验方法

将 SF_6 检漏仪接入开关柜充气口，对充气隔室内的 SF_6 气体成分含量进行检测。

3.8.4 结果判定

不应检出 SF_6 气体成分。

3.8.5 注意事项

SF_6 检漏仪气体管路与开关柜充气接口应连接可靠，避免气体出现泄漏。接气与退出接头时，接头与接口保持水平旋转，用力适度，不可旋过紧；检测完成恢复后应做好检漏工作。

3.8.6 试验实例

3.8.6.1 气体状态测量试验示例

气体状态测量试验示例见图 2-3-20。

3.8.6.2 试验记录

记录表见表 2-3-18。

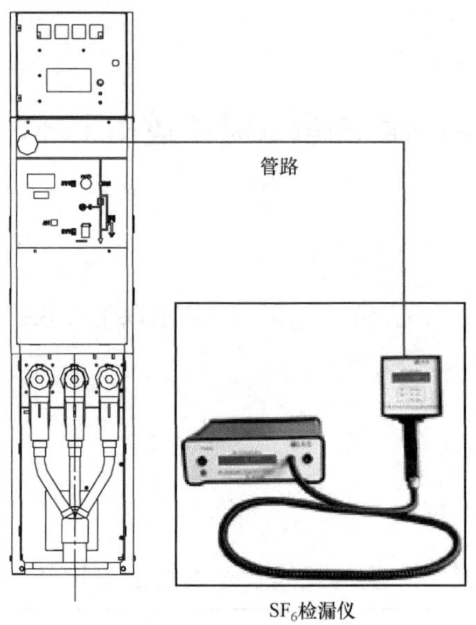

图 2-3-20　开关柜气体状态测量试验示例

表 2-3-18　充气隔室的气体状态测量试验记录

检验项目	技术要求	测量或观察结果	结论
环保气体成分	不应检出 SF_6 气体成分	☑未检出 SF_6 气体成分 □检出 SF_6 气体成分	☑符合 □不符合

3.9　开关触头镀银层厚度检测

3.9.1　试验目的

镀银层厚度质量直接影响开关触头的载流量和使用寿命。触头镀银不好，将直接导致触头接触电阻增大，触头发热，触头加速氧化等后果。

开关触头镀银层厚度检测的目的是验证开关触头镀银层厚度是否满足技术规范书要求。

3.9.2　试验设备

试验设备配置见表 2-3-19。

表 2-3-19　开关触头镀银层厚度检测试验设备配置（推荐）

序号	设备名称	设备关键参数和要求
1	X 射线荧光分析仪	测量范围 0～100μm，±5%
2	渡银层测厚仪	0～50μm，≤±10%

3.9.3 试验方法

对断路器或隔离小车的触头镀银层厚度进行检测。

镀银层厚度测量一般按如下程序进行：

（1）样品的摆放。采用固定式镀层厚度测量仪进行检测时，试样在测量仪器中的摆放应符合X光路不受干扰的原则，包括不受阻挡和散射，且保证样品倾斜角度与标定时试片倾斜角度一致；采用便携式镀层厚度测量仪进行检测时，仪器的X射线窗口应与被检测的样品表面垂直接触。

（2）测点数量及位置。每个样品应检测不少于3个部位。各检测部位应均匀分布，测点之间的距离应根据样品大小以及仪器设备准直器孔径进行确定。当检测样品表面积不能满足上述距离要求时，可以只在同一部位进行测量。测点不宜选择靠近试件边缘或孔洞以及曲率较大部位。

（3）测量。根据镀层和基层的类型，选定仪器程序进行测量。测量时，每个测点检测时间一般应不少于10s，推荐设置为15～20s，具体根据不同仪器的检测要求设定，且同一部位应测量不少于3次。

（4）数据的处理。同一部位测量的三次测量结果，取算术平均值作为该部位的测量结果，试验结果应按照GB/T 8170进行修约，数值保留一位小数。但要求任一测量值与平均值之间的偏差不得大于平均值的10%或1μm（以小值为准），否则该组测量结果无效，需要校正仪器或对样品表面进行清洁及调整摆放位置来消除测量偏差。

3.9.4 结果判定

镀层厚度测量检测结果为所有测量部位测量结果的最小值，满足招标技术规范书的要求。

3.9.5 注意事项

（1）样品应清洁干净。测量前，测量仪器必须校准。

（2）被检试件镀银层不应该用刷涂工艺。

（3）被检试件表面不应有硬伤、碰伤、大小0.5mm^{2}漏镀斑点、凹坑以及长度大于5mm的划痕等缺陷存在。

3.9.6 试验实例

3.9.6.1 开关触头金属镀层厚度试验照片

开关触头金属镀层厚度试验示例见图2-3-21。

图 2-3-21 开关触头金属镀层厚度测试图

3.9.6.2 试验记录

记录表见表 2-3-20。

表 2-3-20 镀银层厚度检测记录表（参考示例）

<table>
<tr><td colspan="2">试样</td><td colspan="4">可移开部件触头（梅花触片和静触头）</td></tr>
<tr><td colspan="2">判据</td><td colspan="4">镀银层厚度≥8μm</td></tr>
<tr><td colspan="6">测试部位示意图：
1 2 3 4</td></tr>
<tr><td colspan="2" rowspan="2">测试部位编号</td><td rowspan="2">测量部位说明</td><td colspan="2">每个部位三次测量结果（μm）</td><td rowspan="2">测量结果（μm）</td></tr>
<tr><td>最小值</td><td>算术平均值</td></tr>
<tr><td rowspan="4">A 极上触臂及触头</td><td>1</td><td>静触头上导电面</td><td>—</td><td>—</td><td rowspan="4">—</td></tr>
<tr><td>2</td><td>静触头下导电面</td><td>—</td><td>—</td></tr>
<tr><td>3</td><td>梅花触片上导电面</td><td>—</td><td>—</td></tr>
<tr><td>4</td><td>梅花触片下导电面</td><td>—</td><td>—</td></tr>
</table>

续表

测试部位编号		测量部位说明	每个部位三次测量结果（μm）		测量结果（μm）
			最小值	算术平均值	
A极下触臂及触头	1	静触头上导电面	—	—	
	2	静触头下导电面	—	—	
	3	梅花触片上导电面	—	—	
	4	梅花触片下导电面	—	—	
B极上触臂及触头	1	静触头上导电面	—	—	
	2	静触头下导电面	—	—	
	3	梅花触片上导电面	—	—	
	4	梅花触片下导电面	—	—	
B极下触臂及触头	1	静触头上导电面	—	—	
	2	静触头下导电面	—	—	
	3	梅花触片上导电面	—	—	
	4	梅花触片下导电面	—	—	
C极上触臂及触头	1	静触头上导电面	—	—	
	2	静触头下导电面	—	—	
	3	梅花触片上导电面	—	—	
	4	梅花触片下导电面	—	—	
C极下触臂及触头	1	静触头上导电面	—	—	
	2	静触头下导电面	—	—	
	3	梅花触片上导电面	—	—	
	4	梅花触片下导电面	—	—	

3.10 雷电冲击电压试验

3.10.1 试验目的

检查相对地/相间、隔离断口、断路器断口、活门（适用时），是否存在缺陷。

3.10.2 试验设备

试验设备配置见表2-3-21。

表 2-3-21 试验设备配置（推荐）

序号	设备名称	设备关键参数和要求
1	冲击电压发生装置	测量雷电波要求：1.2/50μs，0～300kV
2	空盒气压表	大气压测量范围：80.0～106.0kPa； 准确度：0.2kPa
3	温湿度计	温度准确度不低于 1℃； 相对湿度准确度不低于 2%

3.10.3 试验方法

绝缘试验的大气条件修正方法见本章 3.3.3。

当按上述要求进行大气修正因数时，k_1 和 h/δ 应满足 GB/T 16927.1—2011 中的要求，不需要考虑实验室海拔的影响。通常认为高压开关设备和控制设备既有内绝缘和外绝缘，为了正确考核高压开关设备和控制设备的内绝缘和外绝缘，可以分别对高压开关设备和控制设备的内绝缘和外绝缘进行绝缘试验，具体方法参见 NB/T 42102—2016。如果对样品的绝缘性能有信心时，当 k_t＜1 时，可以使用大气修正因数 k_t=1，这时内绝缘被正确考核，但外绝缘承受了比要求值高的电压应力；当 k_t＞1 时，可以使用大气修正因数 k_t，这时外绝缘被正确考核，但内绝缘承受了比要求值高的电压应力。

额定雷电冲击耐受电压试验参数要求见表 2-3-22。

相间及相对地试验时，开关装置（接地开关除外）处于合闸位置。断路器断口和隔离断口试验时，断口的开关装置处于分闸位置，其他开关装置（接地开关除外）处于合闸位置。样品开关装置状态、试验部位、加压部位、接地部位、施加电压和加压次数见表 2-3-23。试验应按 GB/T 16927.1—2011 规定的标准雷电冲击波 1.2/50μs 在两种极性的电压下进行，额定雷电冲击耐受电压 U_p 满足通用值 75kV（峰值）和隔离断口 85kV（峰值），每个试验系列至少 15 次试验。对于非自恢复绝缘，没有发生破坏性放电。对于自恢复绝缘，每个完整系列破坏性放电次数不超过 2 次。这通过最后一次破坏性放电后 5 次连续的冲击耐受来确认，该程序导致每个系列最多可能达到 25 次冲击，被试回路应无闪络击穿现象。

表 2-3-22 额定雷电冲击耐受电压试验参数要求

项目	试验容差	测量不确定度
峰值	±3%	≤3%
波前时间	±30%	≤10%
半峰值时间	±20%	≤10%

断口可以按下述方法进行试验：

优选方法：双电源加压，一侧端子施加的电压为额定极对地耐受电压，其余的电压施加在另一侧的端子上，其余相和底座均接地。

替代方法：单电源加压，对额定电压 72.5kV 以下的金属封闭开关设备和控制设备，和任一额定电压的其他技术的开关设备和控制设备，底座的对地电压 U_f 不需准确地调整，甚至可以把底座绝缘，把总的试验电压 U 施加在一个端子和地之间，对侧的端子接地；没有承受试验的所有端子和底座可以与地绝缘。

表 2-3-23　雷电冲击电压试验加压方式

试品状态或试验部位	加压部位	接地部位	施加电压（有效值，kV）			加压次数
			12	24	40.5	
相间及相对地	Aa	BCbcF	75	125	185	正负各 15 次
	Bb	ACacF	75	125	185	正负各 15 次
	Cc	ABabF	75	125	185	正负各 15 次
断路器断口	A	a	85	145	215	正负各 15 次
	B	b	85	145	215	正负各 15 次
	C	c	85	145	215	正负各 15 次
	a	A	85	145	215	正负各 15 次
	b	B	85	145	215	正负各 15 次
	c	C	85	145	215	正负各 15 次
隔离断口	A	a	85	145	215	正负各 15 次
	B	b	85	145	215	正负各 15 次
	C	c	85	145	215	正负各 15 次
	a	A	85	145	215	正负各 15 次
	b	B	85	145	215	正负各 15 次
	c	C	85	145	215	正负各 15 次

注　A、B、C 为开关一侧的端子，a、b、c 为开关另一侧端子，F 为外壳和底座。

雷电冲击电压发生器原理见图 2-3-22，其波前时间 T_f 和半峰值时间 T_t 的取值为

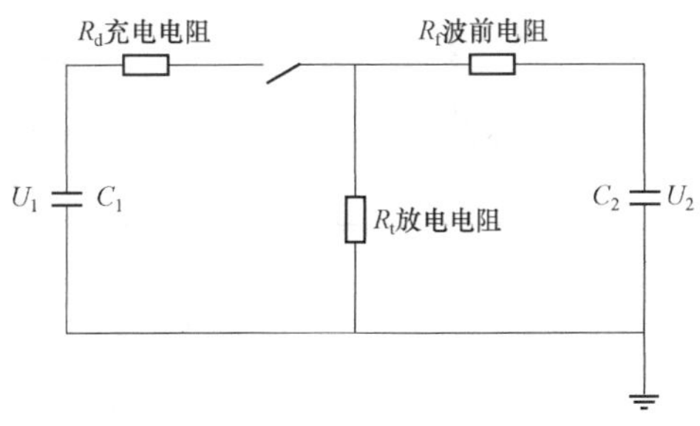

图 2-3-22　雷电冲击电压发生器原理

$$T_f = 3.24(R_d + R_f)C_1C_2/(C_1 + C_2)$$

$$T_t = 0.693\ (R_d + R_t)(C_1 + C_2)$$

波形时间的调节指 T_f 和 T_t 的调节。要增大波前时间，可以增大波前电阻；要减小波前时间，可以减小波前电阻。要增大半峰值时间，可以增大放电电阻；要减小半峰值时间，可以减小放电电阻。

3.10.4 结果判定

试验过程中，如果没有发生破坏性放电，则应认为试品通过了试验。

3.10.5 注意事项

如果实验室中的大气条件与标准参考大气条件不同，则试验电压应按照 GB/T 16927.1—2011 进行修正。雷电冲击电压试验前，避雷器应从主回路断开，电流互感器和故障指示器二次侧应短接接地，电压互感器不应短路接地，可与主回路隔离。

应注意工频电压试验和雷电冲击电压试验两者的大气修正系数计算方法有差异，应分别计算。

试验程序不建议用 GB/T 16927.1—2011 中的程序 C。

3.10.6 试验实例

3.10.6.1 雷电冲击电压试验示例

以下示例为使用单电源进行雷电冲击电压试验，见图 2-3-23 和图 2-3-24。

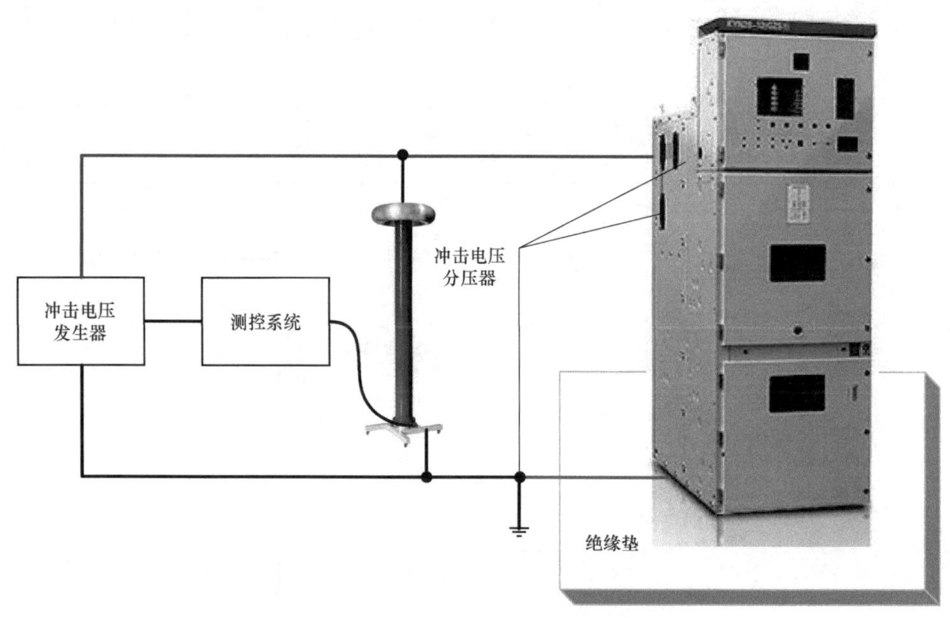

图 2-3-23　开关柜相间及相对地示例

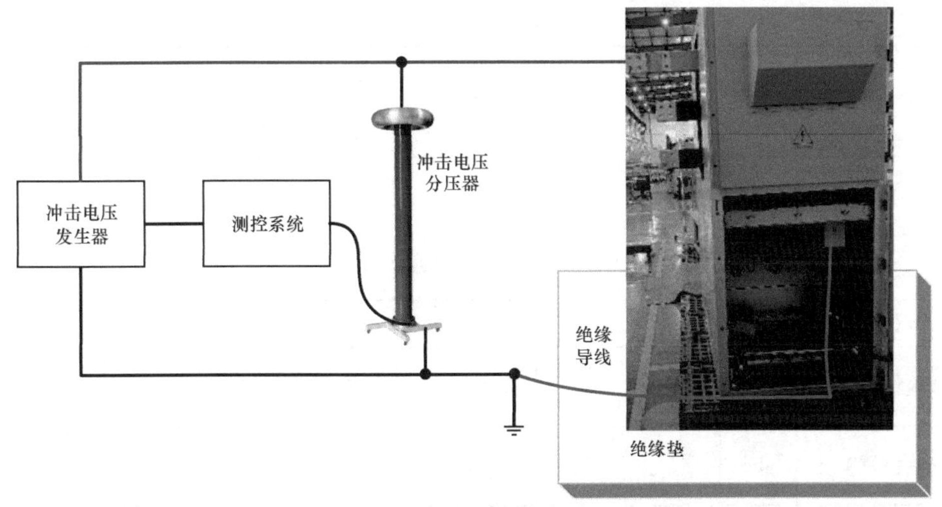

图 2-3-24 开关柜断路器断口（替代方法）示例

3.10.6.2 试验记录

试验记录表见表 2-3-24。

表 2-3-24 雷电冲击电压试验记录表（参考示例）

试区大气条件					
大气压力（kPa）	101.6	干球温度（℃）	11.7	实验室海拔（m）	35
大气湿度（%）	66	湿球温度（℃）	—	使用海拔（m）	—
计算修正系数	0.9875	使用修正系数	1	—	—

试验结果：

开关状态	加压部位	接地部位	极性	试验电压峰值（kV）	加压次数	放电次数	典型示波图号
合闸	Aa	BbCcF、观察窗	正/负	75	15	0	***
合闸	Bb	AaCcF、观察窗	正/负	75	15	0	***
合闸	Cc	AaBbF、观察窗	正/负	75	15	0	***
分闸（工作位置）	A	a	正/负	85	15	0	***
分闸（工作位置）	a	A	正/负	85	15	0	***
分闸（工作位置）	B	b	正/负	85	15	0	***
分闸（工作位置）	C	c	正/负	85	15	0	***
分闸（工作位置）	c	C	正/负	85	15	0	***
合闸（试验位置）	A	a	正/负	85	15	0	***
合闸（试验位置）	a	A	正/负	85	15	0	***

续表

开关状态	加压部位	接地部位	极性	试验电压峰值（kV）	加压次数	放电次数	典型示波图号
合闸（试验位置）	B	b	正/负	85	15	0	***
合闸（试验位置）	b	B	正/负	85	15	0	***
合闸（试验位置）	C	c	正/负	85	15	0	***
合闸（试验位置）	c	C	正/负	85	15	0	***
（试验位置）	ABC	活门（绝缘活门的外表面）	正/负	75	15	0	***
（试验位置）	abc	活门（绝缘活门的外表面）	正/负	75	15	0	***

3.11 局部放电试验

3.11.1 试验目的

通过局部放电试验及时发现设备绝缘内部是否存在缺陷。

3.11.2 试验设备

试验设备配置见表 2-3-25。

表 2-3-25 试验设备配置（推荐）

序号	设备名称	设备关键参数和要求
1	工频试验变压器	电压测量范围应不小于：（0～150）kV
2	局部放电综合分析仪	测量范围：（0～5000）pC
3	温湿度计	温度准确度不低于 1℃

3.11.3 试验方法

单相试验，依次将各相接到试验电源上，其余两相和所有工作时接地的部件都接地，在试品上施加 1.3 倍额定电压作为预加试验电压，并维持 10s，然后下降到规定的 1.1 倍电压值下，在规定的电压值下测量局部放电量，测量时间大于 1min。此时需要记录施加的电压、局部放电量以及局部放电波形。记录仪器、设备的状态。试验过程中如设备或试品出现异常，应立即降压并切断电源，在试验设备上挂好接地棒，检查异常原因，确认后重新开始试验。

3.11.4 结果判定

试验结果应符合相应产品标准或技术规范书的规定。

3.11.5 注意事项

试验时应考虑实际背景噪声水平，必要时可以在屏蔽室内进行试验。

3.11.6 试验实例

3.11.6.1 局部放电试验照片

局部放电试验示例见图 2-3-25。

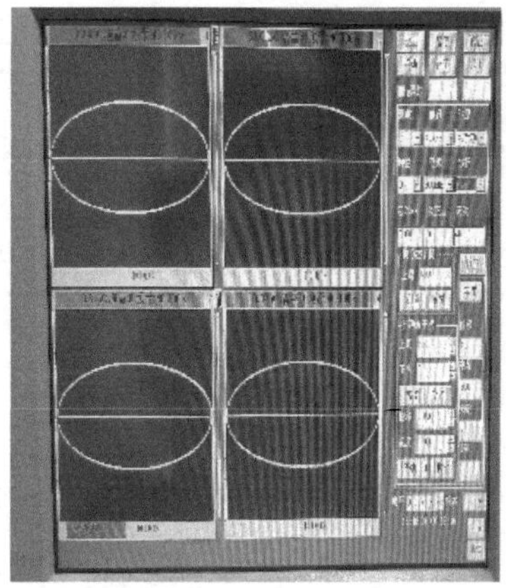

图 2-3-25 局部放电试验测试图

3.11.6.2 试验记录

试验记录表见表 2-3-26。

表 2-3-26 局部放电试验记录表（参考示例）

<table>
<tr><td colspan="8">试区大气条件</td></tr>
<tr><td colspan="2">大气压力（kPa）</td><td>100.7</td><td>干球温度（℃）</td><td>16.0</td><td colspan="2">实验室海拔（m）</td><td>200</td></tr>
<tr><td colspan="2">大气湿度（%）</td><td>56</td><td>湿球温度（℃）</td><td>—</td><td colspan="2">使用海拔（m）</td><td>—</td></tr>
<tr><td colspan="8">试验结果：</td></tr>
<tr><td>开关状态</td><td>加压部位</td><td>接地部位</td><td>技术要求（pC）</td><td>预加电压（kV）</td><td>加压时间（s）</td><td>测量电压（kV）</td><td>局部放电量（pC）</td></tr>
<tr><td>合闸</td><td>Aa</td><td>BcCcF</td><td>≤100</td><td>15.6</td><td>10</td><td>13.2</td><td>0.5</td></tr>
<tr><td>合闸</td><td>Bb</td><td>AaCcF</td><td>≤100</td><td>15.6</td><td>11</td><td>13.2</td><td>0.5</td></tr>
<tr><td>合闸</td><td>Cc</td><td>AaBbF</td><td>≤100</td><td>15.6</td><td>10</td><td>13.2</td><td>0.6</td></tr>
</table>

3.12 温 升 试 验

3.12.1 试验目的

开关温升的试验目的是验证开关设备及其组件的热稳定性能和温升能力，以确保电气设备能够在长时间的电流负荷下正常工作。

3.12.2 试验设备

试验设备配置见表 2-3-27。

表 2-3-27 温升试验设备配置（推荐）

序号	设备名称	设备关键参数和要求
1	温度巡回检测仪	测量温度误差范围：±1℃
2	温升试验系统（电流部分）	测量电流允许误差范围：±1.5%

3.12.3 试验方法

3.12.3.1 设备的布置

试验应在基本上没有空气流动的户内环境下进行，受试开关装置因自身发热而引起的气流除外。实际试验时，空气流速不超过 0.5m/s 即满足条件。试验时的周围空气温度应高于+10℃，但低于+40℃。

温升试验时，除辅助设备，开关设备和控制设备及其附件的所有重要部分均应安装得和运行时的一样，包括正常运行时的所有外罩（包括为进行试验而附加的所有外罩，例如母排延长段的外罩），并应防止来自外部的过度加热和冷却。当设计采用多种原件或布置方案时，试验应该在具有最苛刻的元件和布置方案上进行。具备代表性的金属封闭开关设备和控制设备应按正常使用条件安装，包括所有常规的外壳、隔板、活门等，试验时应将盖板和门关闭。

试验时接到主回路的临时连接线应不会明显地将开关设备和控制设备的热量到处或是向开关设备和控制设备传入热量。试验时应测量主回路端子和距端子 1m 处临时连接线的温度，两者温差不应超过 5K。试验报告中应注明临时连接线的类型和尺寸。

温升试验的电源电流应是正弦波，在规定的相数下，流过开关电流和控制设备的试验电流应为额定电流的 1.1 倍。电流应从母线的一端流向与电缆连接的末端或从电缆连接的一端流向与另一电缆连接的一端。

除直流辅助设备外，开关设备和控制设备应该在额定频率下进行试验，频率允许偏差为−5%～+2%，试验时的频率应在试验报告中写明。

为了使温升达到稳定状态，温升试验必须持续足够长的时间，当在 1h 内温升的增加不超过 1K 时，则认为达到了稳定状态。

除了要求测量热时间常数的情况外，可以采用较大的试验电流来预热回路的方法缩短整个试验。

对单个功能单元试验时，其相邻单元应通以电流，此电流所产生的功率损耗应与额定状态相同。如果在实际条件下不能按上述要求进行试验，允许用加热或隔热的方法模拟其等价条件。

对于装有熔断器的金属封闭开关设备和控制设备，温升试验电流按照该功能单元的1.0 倍的额定电流进行。

3.12.3.2 温度和温升的测量

应该采取预防措施以减小由于周围空气温度的变化时间滞后于开关装置的温度变化而引起的变化和误差。

对于线圈，通常利用电阻的变化来测量温升，只有使用电阻法不可行时才允许使用其他方法。

除线圈以外的各部分的温度（其温度极限已有规定）应用温度计、热电偶或其他适用的传感器件进行测量，它们应该放在可触及的最热点上。如果需要计算热时间常数，在整个试验过程中应按一定的时间间隔记录温升值。

浸在液体介质中的元件，其表面温度应该使用紧贴其表面的热电偶来测量。液体介质本身的温度应在其上层测量。

使用温度计或热电偶时，应采取以下预防措施：

（1）温度计的球泡或热电偶应防止来自外界的冷却（用干燥洁净的毛织品等保护）。然而，被保护的面积与受试电器的冷却面积相比应该可以忽略。

（2）应保证温度计或热电偶与受试部分的表面具有良好的导热性。

（3）在变化的磁场中使用酒精温度计比使用汞温度计好，因为后者更易受变化磁场的影响。

为了计算时间常数，在不超过 30min 的时间段内应该进行足够的温度测量并应记录在试验报告或等效的文件中。

3.12.3.3 周围空气温度

周围空气温度是指开关设备和控制设备（对于封闭开关设备和控制设备是指外壳）周围空气的平均温度。周围空气温度应该在试验期间，至少用 3 只均匀布置在开关设备和控制设备周围的温度计、热电偶或其他温度检测仪器，在载流部件的平均高度且距开关装置和控制装置 1m 处进行测量。应该防止温度计或热电偶受气流以及热的过度影响。

为避免温度快速变化而造成的读数误差，可将温度计或热电偶放在装有 0.5L 油的小罐中。

在试验的最后 1/4 期间，周围空气温度的变化每小时内不应超过 1K。如果试验室的温度条件不能满足要求，可以用在相同条件下不通过电流的一台相同的开关设备和控制设备的温度代替周围空气温度。这台附加的开关设备和控制设备不应受到过度的热影响。

试验时周围空气温度应该高于+10℃且低于+40℃，在这一范围内不用进行温度值的修正。

试验证明：在风速为 0.05m/s 环境中进行高压开关的温升试验时，当风速增加到 0.1m/s 时温升降低 1℃；当风速增加到 0.3m/s 时温升降低 4℃；当风速增加到 0.6m/s 时温升降低 10℃。所以在进行温升试验时要关闭门窗，随时用风速仪监测环境风速，以保证测得开关设备的实际温升。

3.12.3.4 辅助设备和控制设备的温升试验

通常抽检试验不需要进行辅助设备和控制设备的温升试验。

3.12.4 结果判定

样品的温升未超过 GB/T 11022 中表 14 和 DL/T 593 中表 3 的规定。试验前后，试品在周围空气温度下测量回路电阻，试验后回路电阻的增加不应超过 20%。

3.12.5 注意事项

（1）试验前应检查试验设备和测量设备，确保其正常工作。

（2）在试验过程中，应注意保持试验设备的工作稳定，不得出现故障。

（3）在试验结束后要及时停止试验电流，测量不记录温度数据。

（4）试验验过程中应注意试验环境的安全，避免发生意外事故。

3.12.6 试验实例

3.12.6.1 温升试验示例

温升试验示例见图 2-3-26～图 2-3-28。

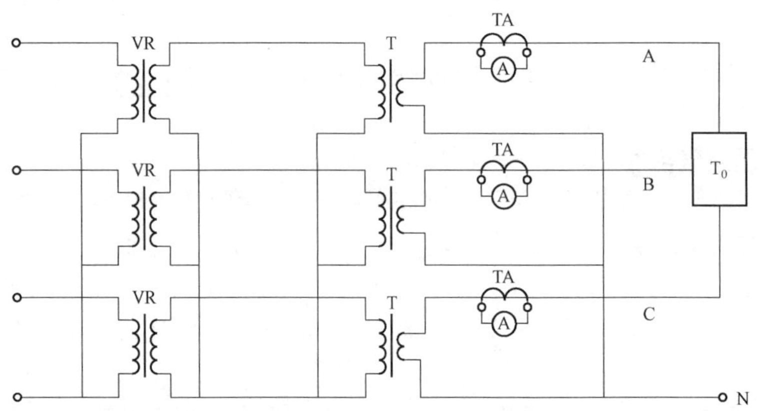

图 2-3-26 温升试验接线示意图

VR—调压器；TA—电流互感器；T—升流器；T_0—试品

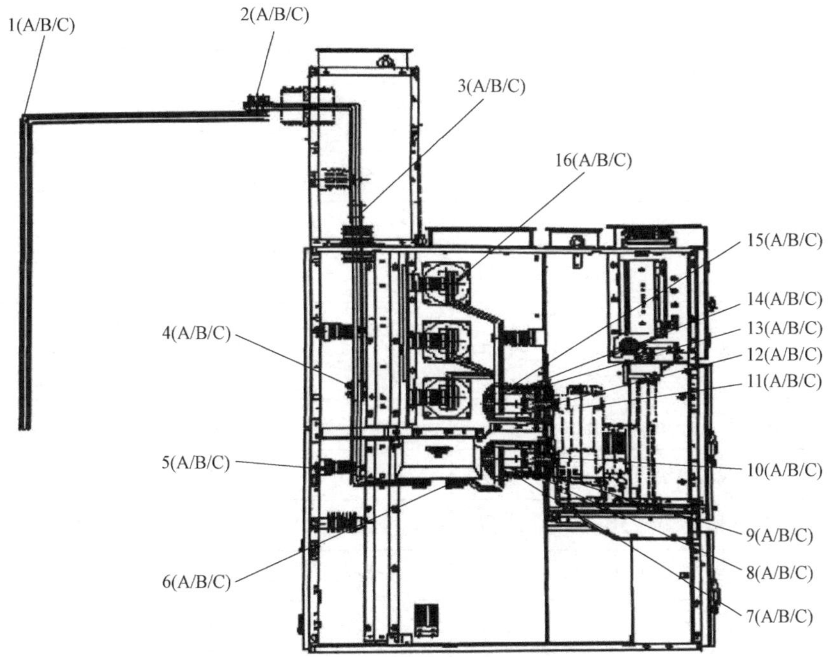

图 2-3-27 温升测量点示意图

1～16—测量点位；A/B/C—三相

图 2-3-28 开关柜温升试验示例

3.12.6.2 试验记录

试验记录表见表 2-3-28。

表 2-3-28 温升试验记录表（参考示例）

试验条件					
大气压力（kPa）	99.8	环境温度（℃）	18.0	大气湿度（%）	45
试验电流（A）	1375	电流频率（Hz）	50	试验相数	3

续表

<table>
<tr><td>周围风速（m/s）</td><td><0.5</td><td>充气类型</td><td>—</td><td>充气相对压力（MPa）</td><td>—</td></tr>
<tr><td>首端连接导体规格</td><td colspan="5">TMY 100×10×2000（mm）</td></tr>
<tr><td>末端连接导体规格</td><td colspan="5">500mm²×2m×2</td></tr>
<tr><td>散热风机参数</td><td colspan="5">—</td></tr>
<tr><td colspan="6">试验结果：</td></tr>
</table>

<table>
<tr><td rowspan="2">测量部位编号</td><td rowspan="2">测量部位说明</td><td rowspan="2">镀层</td><td rowspan="2">允许温升值（K）</td><td colspan="3">实测温升值（K）</td></tr>
<tr><td>A</td><td>B</td><td>C</td></tr>
<tr><td>1</td><td>首端连接线 1m 处温升</td><td>—</td><td>—</td><td>47.8</td><td>48.2</td><td>48.4</td></tr>
<tr><td>2</td><td>进线端子温升</td><td>镀锡</td><td>≤65</td><td>50.9</td><td>51.3</td><td>52.2</td></tr>
<tr><td>3</td><td>断路器上端温升</td><td>镀银</td><td>≤65</td><td>54.4</td><td>54.9</td><td>55.9</td></tr>
<tr><td>4</td><td>断路器下端温升</td><td>镀银</td><td>≤65</td><td>55.6</td><td>55.8</td><td>57.0</td></tr>
<tr><td>5</td><td>互感器上端温升</td><td>镀锡</td><td>≤65</td><td>50.7</td><td>51.3</td><td>52.3</td></tr>
<tr><td>6</td><td>互感器下端温升</td><td>镀锡</td><td>≤65</td><td>49.7</td><td>49.9</td><td>50.2</td></tr>
<tr><td>7</td><td>出线端子温升</td><td>镀锡</td><td>≤65</td><td>51.6</td><td>51.5</td><td>52.7</td></tr>
<tr><td>8</td><td>末端连接线 1m 处温升</td><td>—</td><td>—</td><td>48.8</td><td>48.6</td><td>49.9</td></tr>
<tr><td>9</td><td>外壳覆板温升</td><td>—</td><td>≤30</td><td colspan="3">14.9</td></tr>
</table>

<table>
<tr><td colspan="7">试验前后回路电阻的测量</td></tr>
<tr><td rowspan="2">相别</td><td colspan="3">试验前平均值</td><td colspan="3">试验后平均值</td></tr>
<tr><td>A</td><td>B</td><td>C</td><td>A</td><td>B</td><td>C</td></tr>
<tr><td>回路电阻（μΩ）</td><td>94.6</td><td>84.3</td><td>83.8</td><td>97.3</td><td>88.0</td><td>86.8</td></tr>
<tr><td colspan="4">试验后电阻相对试验前的变化（%）</td><td>2.9</td><td>4.4</td><td>3.6</td></tr>
<tr><td colspan="4">试验前后电阻变化（%）：≤20%</td><td colspan="3">符合/不符合</td></tr>
</table>

3.13 防护等级检验

3.13.1 试验目的

验证高压开关柜防止异物及防水能力，保证设备、人员安全。防护等级应符合技术规范书和铭牌给出值。

3.13.2 试验设备

试验设备配置见表 2-3-29。

表 2-3-29 防护等级检验（IP 代码）设备配置

设备名称	设备关键参数和要求
IP 试具	根据防护等级而定

3.13.3 试验方法

通常仅进行第一位、第二位特征数字验证即可，若有附加字母，应同时对附加字母进行验证。

对柜门、折弯处等进行第一位特征数字测量，测量时应通过肉眼等方式寻找薄弱位置，并进行逐点测量。

第一位特征数字所表示的防止固体异物进入的试验，具体试验方法见表 2-3-30。

表 2-3-30 第一位特征数字所表示的防止固体异物进入的试验方法

第一位特征数字	试验方法（物体试具和防尘箱）	试验用力
0	不要求试验	—
1	没有手柄和护板的直径 $50_{0}^{+0.05}$ mm 的刚性球	50N±5N
2	没有手柄和护板的直径 $12.5_{0}^{+0.05}$ mm 的刚性球	30N±3N
3	边缘无毛刺的直径 $2.5_{0}^{+0.05}$ mm 的刚性棒	3N±0.3N
4	边缘无毛刺的直径 $1_{0}^{+0.05}$ mm 的刚性线	1N±0.1N
5	采用防尘箱，常压或加负压	—
6	采用防尘箱，加负压	—

第二位特征数字所表示的防止水进入的试验：第二位特征数字为 1 和 2 的样品，采用滴水箱试验；第二位特征数字为 3 和 4 的样品，采用摆管或淋水喷头进行试验；第二位特征数字为 5 和 6 的样品，采用喷嘴进行试验。具体试验方法见表 2-3-31。

表 2-3-31 第二位特征数字所表示的防止水进入的试验方法

第二位特征数字	试验方法	水流量	试验持续时间
0	不需要试验	—	—
1	使用滴水箱，试品置于转台上	$1_{0}^{+0.5}$ mm/min	10min
2	使用滴水箱，试品在四个固定的位置上倾斜15°	$3_{0}^{+0.5}$ mm/min	每一个倾斜位置2.5min
3	a. 使用摆管，与垂直方向±60°范围淋水，最大距离 200mm 或 b. 使用淋水喷头，与垂直方向±60°范围内淋水	a. 每孔 0.07（1±5%）L/min×孔数； b. 10（1±5%）L/min	a. 10min； b. 1min/m²，至少5min

续表

第二位特征数字	试验方法	水流量	试验持续时间
4	同数字为 3 的试验，角度为与垂直方向±180°范围淋水	同数字 3	
5	使用喷嘴，喷嘴直径 6.3mm，距离 2.5～3m	12.5 （1±5%）L/min	1min/m²，至少 3min
6	使用喷嘴，喷嘴直径 12.5mm，距离 2.5～3m	100 （1±5%）L/min	1min/m²，至少 3min
7	使用潜水箱，水面在外壳顶部以上至少 0.15m，外壳底面在水面下至少 1m		30min

附加字母所表示的接近危险部件防护的试验见表 2-3-32。

表 2-3-32 附加字母表示的接近危险部件的试验方式

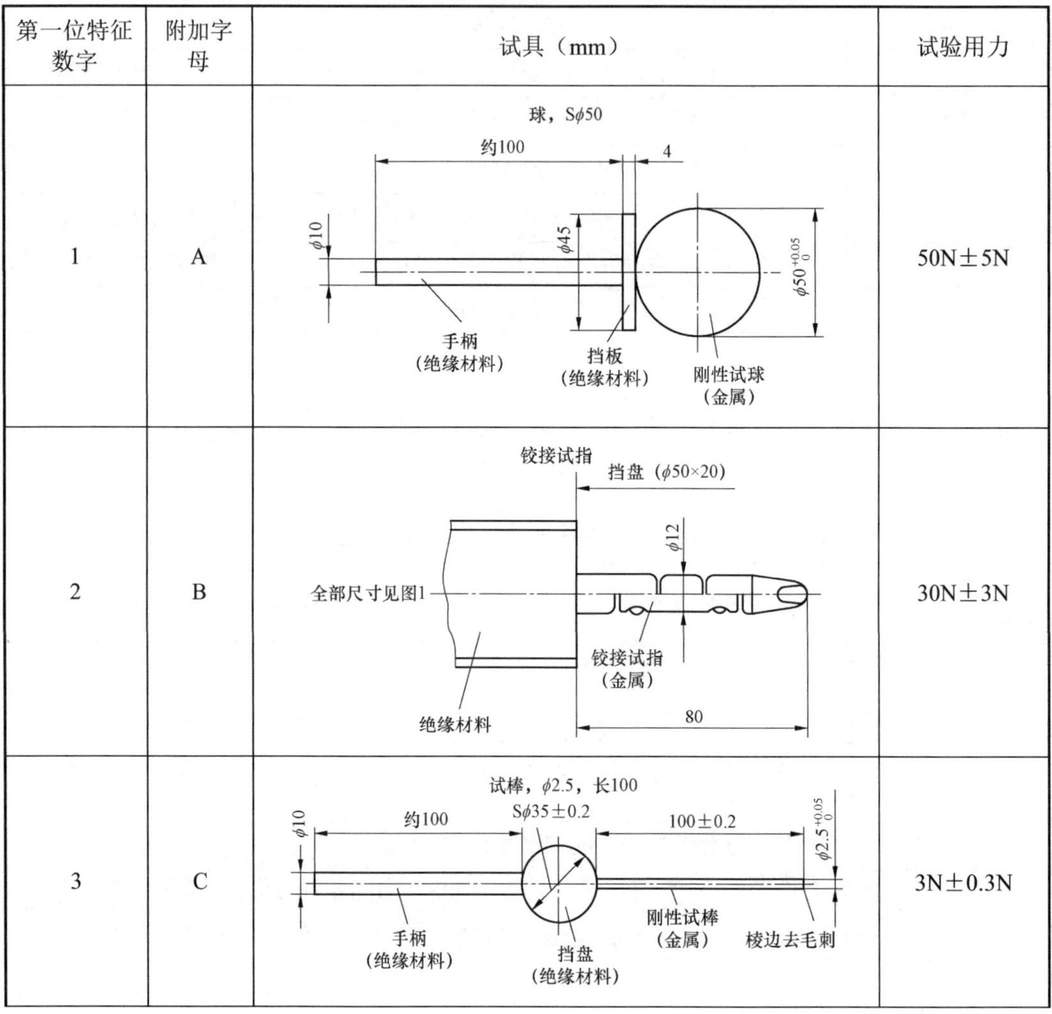

第一位特征数字	附加字母	试具（mm）	试验用力
1	A	球，Sϕ50；约100；4；ϕ10；ϕ45；$\phi50^{+0.05}_{0}$；手柄（绝缘材料）；挡板（绝缘材料）；刚性试球（金属）	50N±5N
2	B	铰接试指；挡盘（ϕ50×20）；ϕ12；全部尺寸见图1；铰接试指（金属）；绝缘材料；80	30N±3N
3	C	试棒，ϕ2.5，长100；Sϕ35±0.2；约100；100±0.2；ϕ10；$\phi2.5^{+0.05}_{0}$；手柄（绝缘材料）；挡盘（绝缘材料）；刚性试棒（金属）；棱边去毛刺	3N±0.3N

续表

第一位特征数字	附加字母	试具（mm）	试验用力
4、5、6	D	试验线，ϕ1.0，长100 ϕ10 约100 Sϕ35±0.2 100±0.2 $\phi 1^{+0.05}_{0}$ 手柄（绝缘材料） 挡盘（绝缘材料） 刚性试验线（金属） 棱边去毛刺	1N±0.1N

3.13.4 结果判定

3.13.4.1 第一位特征数字

1）第一位特征数字为 1、2、3、4 的试品，如果试具的直径不能通过任何开口，则试验合格；

2）第一位特征数字为 5 的试品，试验后，观察滑石粉沉积量及沉积地点，如果同其他灰尘一样，不足以影响设备的正常操作或安全，即认为试验合格；

3）第一位特征数字为 6 的试品，试验后壳内无明显的灰尘沉积，即认为试验合格。

3.13.4.2 第二位特征数字

试验后检查外壳进水情况，如果进水，应不足以影响设备的正常操作或破坏安全性；水不积聚在可能导致沿爬电距离引起漏电起痕的绝缘部件上；水不进入带电部件，或进入不允许在潮湿状态下运行的绕组；水不积聚在电缆头附近或进入电缆。

3.13.4.3 附加字母

试具与危险运动部件之间保持足够的间隙，则认为试验合格。进行附加字母 B 的试验时，铰链试指可进入外壳 80mm 的长度，但档盘（ϕ50mm×20mm）不得通过开口。在进行附加字母 C 和 D 的试验时，试具可进入其全部长度，但档盘不得通过开口。

所有测点都符合技术规范书所规定的要求值时或铭牌宣称的值时，则认为此项试验符合。

3.13.5 注意事项

（1）在试验前应检查柜门的紧闭程度，若出现柜门未锁紧时，应先锁紧柜门再进行试验。

（2）在进行防护等级试验时，应注意所使用的力不能超过规定施加的值。

（3）通常开关柜柜门和隔室间的 IP 防护等级不一致，试验时应选择合适的试具进行验证。

3.13.6 试验实例

3.13.6.1 防护等级试验照片

防护等级试验示例见图 2-3-29。

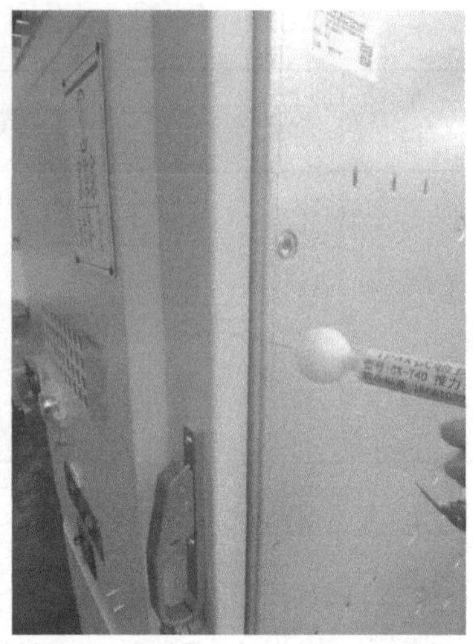

图 2-3-29 开关柜防护等级试验示例

3.13.6.2 试验记录

试验记录见表 2-3-33。

表 2-3-33 防护等级检验（IP 代码）记录

序号	测量部位	技术要求及检测方法	检测结果
1	柜体外壳	第一位特征数字：4 用直径 $1^{+0.05}$ mm 的试具，试验用力为 1±0.1 N，试验过程中试具不应进入防护壳体	符合
2	隔室间	第一位特征数字：3 用直径 $2.5^{+0.05}$ mm 的试具，试验用力为 3±0.3 N，试验过程中试具不应进入防护壳体	符合
3	—	附加字母：D 用直径 $1^{+0.05}$ mm 的试具，试验用力为 1±0.1 N，试验过程中试具不应进入防护壳体	符合
4	成套设备	第二位特征数字：— 防—；向外壳各方向—应无有害影响（水不计入带电部件、不积聚在可能导致沿爬电距离引起漏电起痕的绝缘部件上）	符合

3.14 密封试验（适用于气体绝缘开关柜）

3.14.1 试验目的

验证高压开关柜密封性能，应满足以下要求：隔室不应出现气体泄漏点，年泄漏率满足设计要求。

3.14.2 试验设备

试验设备配置见表 2-3-34。

表 2-3-34 密封试验设备配置（推荐）

设备名称	设备关键参数和要求
SF_6 检漏仪	测量浓度范围：（0.01～100）ppm

注 具备 SF_6 检漏功能的气体综合测试仪，只要测量范围满足要求，也可使用。

3.14.3 试验方法

常温下的密封试验应在机械操作试验后分别在分、合闸位置进行。若机械开关主触头的位置与漏气率无关，则可在一个位置上进行。

若无定量检测需求，可采用定性检漏法验证，推荐采用检漏仪检漏法。对于有定量测量需求的，应按照标准有关要求进行，推荐采用扣罩法进行。

（1）检漏仪检漏法：试品先充入 0.01～0.02MPa 的六氟化硫气体，再充入干燥空气至额定压力，然后用灵敏度不低于 10^{-8} 的检漏仪探头沿着设备各连接口表面缓慢移动，根据仪器读数或其声光报警信号来判断是否存在气体泄漏情况。

（2）扣罩法检漏法：采用一个封闭罩（如塑料薄膜罩）对开关柜进行包裹，收集试品的泄漏气体，试品充入 SF_6 气体至额定压力 6h，扣罩 24h，然后用灵敏度不低于 10^{-8}，采用校验合格的六氟化硫气体检漏仪测定罩内六氟化硫气体浓度，测点位置应包括罩内的上、下、左、右、前、后共六个点。根据封闭罩中泄漏气体的浓度、封闭罩的容积、试品的体积及试验场地的绝对压力，推算出漏气率 F（Pa • m^3/s）。计算公式如下：

绝对漏气率 F

$$F = \frac{\Delta C(V_m - V_1)p_{atm} \times 10^{-3}}{\Delta t} \quad (\text{Pa} \cdot \text{m}^3/\text{s})$$

式中：

ΔC ——试验开始到终了时泄漏气体浓度的增量，为测量值的平均值，$\times 10^{-6}$；

Δt ——测量 ΔC 的间隔时间，s；

V_m ——封闭罩容积，m^3；

V_1 ——试品体积，m^3；

p_{atm} ——绝对大气压，为 0.1MPa。

年漏气率 F_y

$$F_y = \frac{F \times 31.5 \times 10^6}{V(p_{re} + 0.1) \times 10^6} \times 100 = \frac{31.5F}{V(p_{re} + 0.1)} \times 100 \quad (\%/\text{年})$$

式中：

V ——试品气体密封系统容积，m^3；

p_{re}——试品充入压力，绝对压力值，Pa。

3.14.4 结果判定

采用定性测量法时，不应出现气体泄漏点。采用定量测量法时，年泄漏率应不大于设计值。

3.14.5 注意事项

（1）检漏仪检漏时，探头移动速度以 10mm/s 左右为宜，以防探头移动过快而错过漏点。

（2）采用扣罩法测量时，应将开关柜完全置于塑料薄膜内，并做好密封，防止气体出现漏点。

（3）气体在充气和回收过程中应密封措施，防止气体出现泄漏。

3.14.6 试验实例

3.14.6.1 密封试验照片

密封试验示例见图 2-3-30。

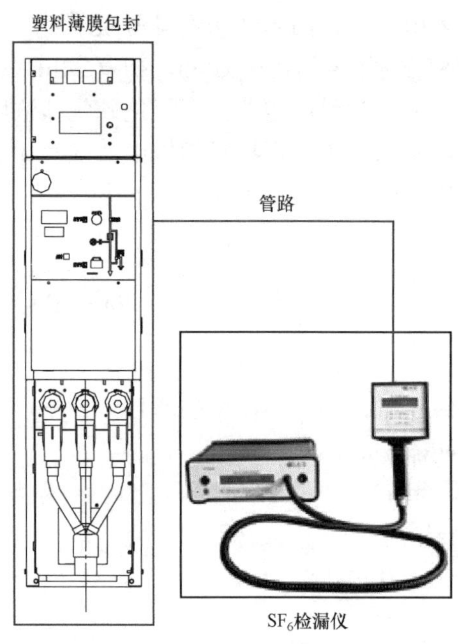

图 2-3-30 开关柜密封试验示例

3.14.6.2 试验记录

试验记录见表 2-3-35 和表 2-3-36。

表 2-3-35　密封试验（定性测量）试验记录

<table>
<tr><th>序号</th><th>操作状态</th><th>开关状态</th><th>技术要求</th><th>测量或观察结果</th><th>结论</th></tr>
<tr><td>1</td><td>操作前</td><td rowspan="2">合闸/分闸</td><td>不应检出泄漏点</td><td>未检出泄漏点
检出泄漏点</td><td>符合
不符合</td></tr>
<tr><td>2</td><td>操作后</td><td>不应检出泄漏点</td><td>未检出泄漏点
检出泄漏点</td><td>符合
不符合</td></tr>
</table>

表 2-3-36　密封试验（定量测量）试验记录

<table>
<tr><td colspan="2">充入气体</td><td colspan="2">SF_6 气体</td><td colspan="2">充气相对压力 p_{re}（MPa）</td><td colspan="3">0.3</td></tr>
<tr><td colspan="2">密封罩的体积 V_c（m^3）</td><td>0.711</td><td colspan="2">试品体积 V_1（m^3）</td><td>0.614</td><td colspan="2">试品内部气体容积 V（m^3）</td><td>0.038</td></tr>
<tr><td colspan="2">试品状态</td><td colspan="3">合闸/分闸</td><td colspan="2">试验持续时间 Δt（h）</td><td colspan="2">24</td></tr>
<tr><td colspan="2">试验方法</td><td colspan="7">扣罩法</td></tr>
<tr><td colspan="9">试验结果：</td></tr>
<tr><td colspan="2">测量点</td><td>1</td><td>2</td><td>3</td><td>4</td><td>5</td><td>6</td><td>平均值</td></tr>
<tr><td rowspan="2">测量值
ΔC（μL/L）</td><td>操作前</td><td>0.2</td><td>0.4</td><td>0.3</td><td>0.2</td><td>0.2</td><td>0.3</td><td>0.27</td></tr>
<tr><td>操作后</td><td>0.3</td><td>0.3</td><td>0.2</td><td>0.4</td><td>0.3</td><td>0.3</td><td>0.3</td></tr>
<tr><td colspan="2">绝对漏气率 F</td><td colspan="3">3.2×10^{-8}</td><td>年泄漏率 F_y</td><td colspan="3">0.0041</td></tr>
<tr><td colspan="2">结论</td><td colspan="7">符合</td></tr>
<tr><td colspan="9">泄漏率的计算公式：
绝对漏气率 F：
$$F=\frac{\Delta C(V_m-V_1)p_{atm}\times10^{-3}}{\Delta t}\ (\text{Pa}\cdot\text{m}^3/\text{s})$$
年漏气率 F_y：
$$F_y=\frac{F\times31.5\times10^6}{V(p_{re}+0.1)\times10^6}\times100=\frac{31.5F}{V(p_{re}+0.1)}\times100\ (\%/年)$$</td></tr>
</table>

3.15　充气隔室的压力耐受试验（适用于气体绝缘开关柜）

3.15.1　试验目的

验证充气隔室的压力耐受能力，应满足以下要求：当相对压力为 1.3 倍时，压力释放装置不应动作。相对压力为 3 倍时，隔室可以变形，但不应破裂，操作正常。

3.15.2　试验设备

试验设备配置见表 2-3-37。

表 2-3-37 充气隔室的压力耐受试验设备配置（推荐）

设备名称	设备关键参数和要求
充气装置	压力值根据产品设计压力配置

3.15.3 试验方法

先确定试品充气隔室外壳额定设计压力，将试品充气口与充气装置连接，并充入干燥空气。将相对压力升高到设计压力的 1.3 倍并保持 1min。然后将压力升高到设计压力的 3 倍，若上升过程中，开关柜有配置压力释放装置，此时压力释放装置允许动作，并应记录动作压力值。如果没有压力释放装置，相对压力升至隔室设计压力的 3.0 倍并保持 1min。

3.15.4 结果判定

当相对压力为 1.3 倍时，压力释放装置不应动作。相对压力升高到 3 倍过程中，压力释放装置可以动作，隔室可以变形，但不应破裂。

3.15.5 注意事项

试品充气口与充气装置应连接良好，并检查是否存在泄漏。充气过程中应控制好充气流量，观察显示装置压力指示，杜绝出现充气过度造成气箱意外变形等情况。

3.15.6 试验实例

3.15.6.1 压力耐受试验示例

压力耐受试验示例见图 2-3-31。

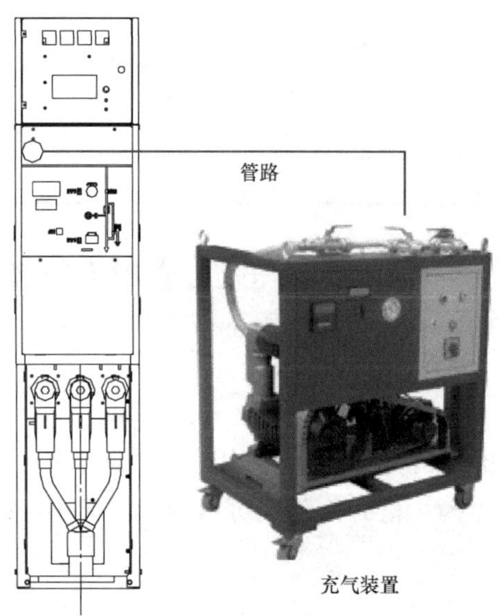

图 2-3-31 开关柜充隔室压力耐受试验示例

3.15.6.2 试验记录

试验记录见表 2-3-38。

表 2-3-38 充气隔室的压力耐受试验记录

序号	试验程序和技术要求	试验压力/释放压力（MPa）	检测结果
1	设计压力：0.5MPa 将隔室相对压力升高至设计压力的 1.3 倍并保持 1min，压力释放装置不应动作	0.65	符合
2	将隔室压力升至设计压力的 3.0 倍，压力释放装置应可靠动作。低于此压力时压力释放装置动作是允许的，记录压力释放装置的释放压力。 如果没有压力释放装置，相对压力升至隔室设计压力的 3.0 倍并保持 1min	1.5	符合
3	试验后，隔室允许变形，但不能破裂	—	符合

3.16 短时耐受电流和峰值耐受电流试验

3.16.1 试验目的

短时耐受电流和峰值耐受电流试验目的是检验设备在额定短路持续时间内承载额定峰值耐受电流和额定短时耐受电流的能力。

3.16.2 试验设备

试验设备配置见表 2-3-39。

表 2-3-39 短时耐受电流和峰值耐受电流试验设备配置（推荐）

序号	设备名称	设备关键参数和要求	适用项目
1	大电流试验系统	电流输出范围：10～80kA； 电流输出时间：0～5s	短时耐受电流和峰值耐受电流试验
2	数据采集系统	测量范围：10～100kA； 准确度：2%	短时耐受电流和峰值耐受电流试验
3	限流电抗器	根据试验电流确定	短时耐受电流和峰值耐受电流试验

3.16.3 试验方法

3.16.3.1 试验要求

试验应在额定频率（容差为±10%）和任一合适的电压下进行。

对于额定频率为 50Hz 和/或 60Hz 的试品，只要验证了额定峰值耐受电流，试验可以在任一频率下进行。

试验可以在任何方便的周围空气温度下进行。

3.16.3.2 试验安装及布置要求

试品应安装在其自身的支架上，或者安装在等效的支架上，并且装上其自身的操动机构。尽量使试验具有代表性，以检查试验电流的机械效应和热效应。

试验电流和持续时间依据采购技术规范书的要求选取。每次试验前，应对机械开关装置（如果有）进行一次空载操作，测量主回路电阻值。

3.16.3.3 试验持续时间及要求

试验期间试品应处于合闸位置。试验应三相进行，试验电流的交流分量应等于试品的额定短时耐受电流的交流分量。峰值电流（对于三相回路，在任一边相中的最大值）应不小于额定峰值耐受电流。

对于三相试验，任一相中电流的交流分量与三相电流平均值的差别不应大于 10%，试验电流交流分量有效值的平均值不应小于额定值。

试验电流 I_t 施加的时间 t_t 应等于额定短路持续时间 t_k，交流分量的容差为+5%。

试验允许将峰值耐受电流试验和短时耐受电流试验分开进行。

对于峰值耐受电流试验，短路电流的持续时间不应小于 0.3s；

对于短时耐受电流试验，短路电流的持续时间应等于额定短路持续时间，但是如果试验设备短路电流的衰减特性使得在额定短路持续时间内，不在开始时施加过大的电流，就不能得到规定的有效值时，试验时允许把试验电流的有效值降低到规定值以下，并将短路持续时间适当延长。但是，峰值电流不得小于规定值，短路电流的持续时间不得大于 5s。

3.16.3.4 试验后检查

试验后在规定的相同条件下，应立即对机械开关装置进行空载分闸操作，试品及其触头的外观检查，检查主回路电阻的变化。

3.16.4 结果判定

试验后，开关设备和控制设备不应有明显的损坏，应该能正常操作，连续承载其规定的电流而不超过规定的温升限值，试验前后的主回路电阻测量值变化不应增加 20%；且满足相应产品标准的规定，则试验结果合格。

3.16.5 注意事项

TV 柜和带熔断器保护的开关柜在抽检试验时通常不需要进行短时耐受电流和峰值耐受电流试验。

如果断路器装有直接过电流脱扣器，则应把最小动作电流的线圈整定到在最大电流和最长延时下动作时进行试验；线圈应接到试验回路的电源侧。如果断路器也可以在不装直接过电流脱扣器时使用，则也应在无过电流脱扣器时进行试验。

对于其他的自脱扣断路器，过电流脱扣器应整定在最大电流和最长延时下动作时进行试验。如果断路器可以在不带脱扣器时使用，则也应在无脱扣器时进行试验。

3.16.6 试验实例

3.16.6.1 短时耐受和峰值耐受电流试验照片

短时耐受和峰值耐受电流试验示例见图 2-3-32～图 2-3-36。

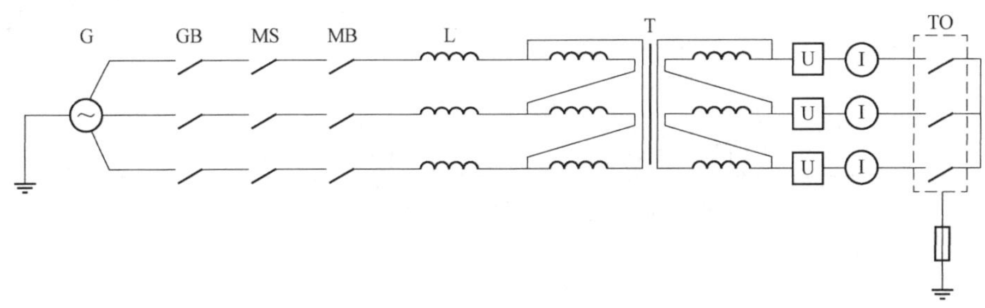

图 2-3-32　主回路试验回路布置

G—短路发电机（Generator）；L—调节电抗（Reactor）；TO—试品（Test Object）；
GB—保护开关（Generator Breaker）；MB—操作开关（Master Breaker）；
U—电压测量（Voltage Measurement）；MS—合闸开关（Make Switch）；
I—电流测量（Current Measurement）；
T—变压器（Transformer）

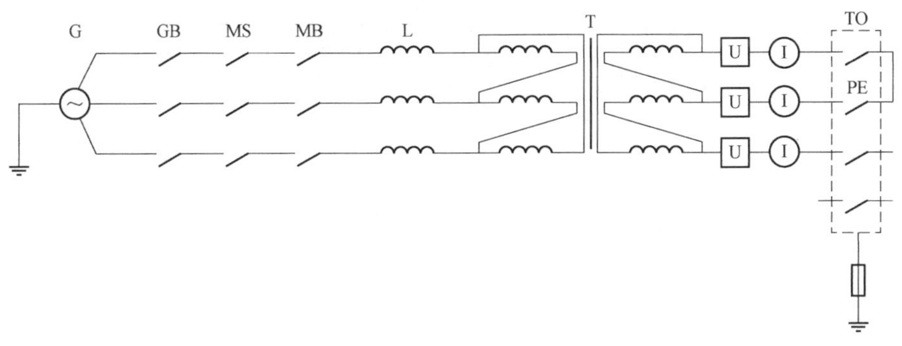

图 2-3-33　接地回路试验回路布置

G—短路发电机（Generator）；L—调节电抗（Reactor）；TO—试品（Test Object）；
GB—保护开关（Generator Breaker）；MB—操作开关（Master Breaker）；
U—电压测量（Voltage Measurement）；MS—合闸开关（Make Switch）；
I—电流测量（Current Measurement）；T—变压器（Transformer）

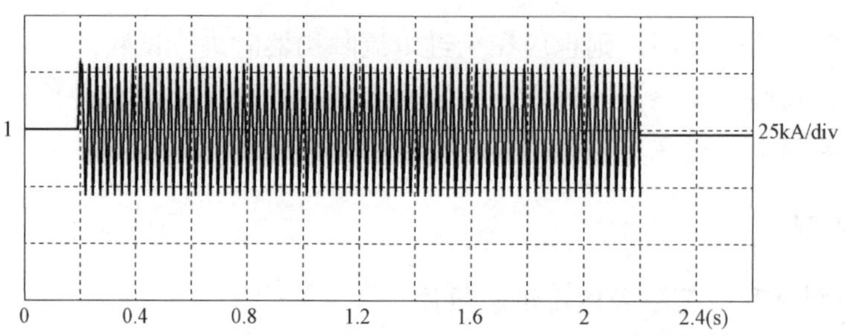

图 2-3-34 接地回路短时耐受电流试验波形示例

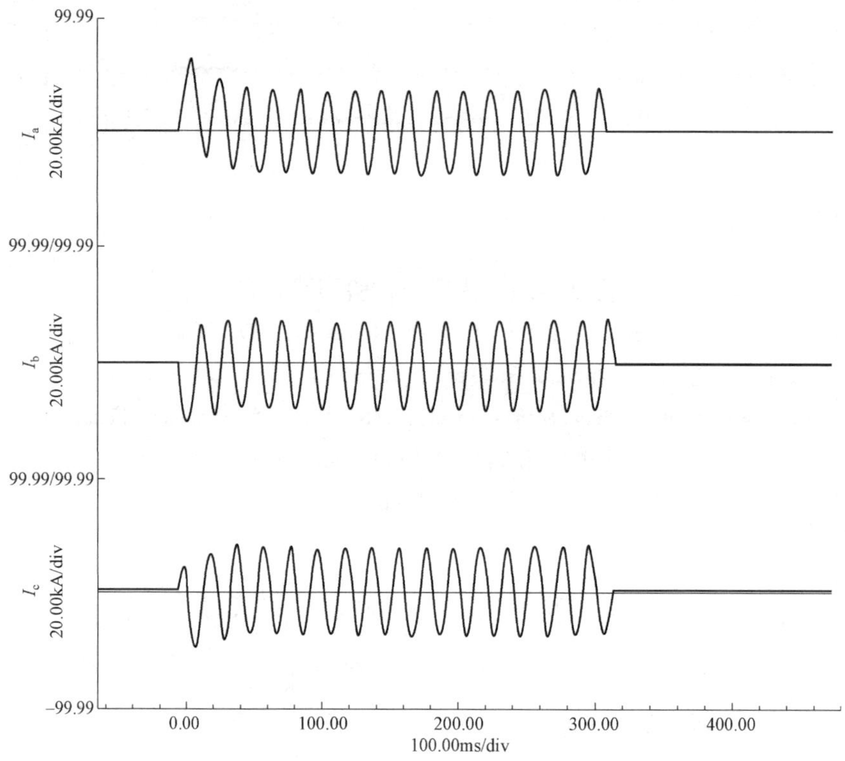

图 2-3-35 主回路峰值耐受电流试验波形示例

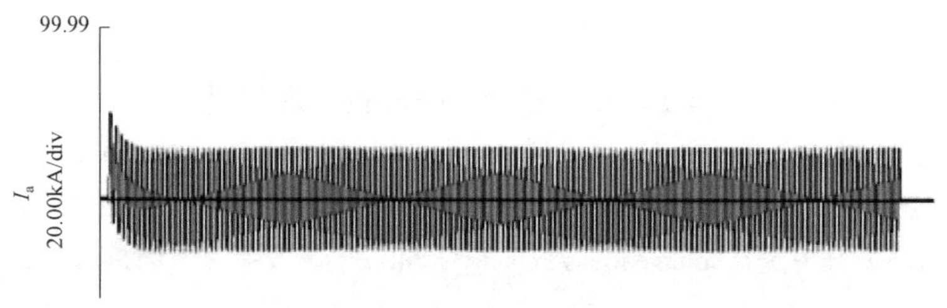

图 2-3-36 主回路短时耐受电流试验波形示例（一）

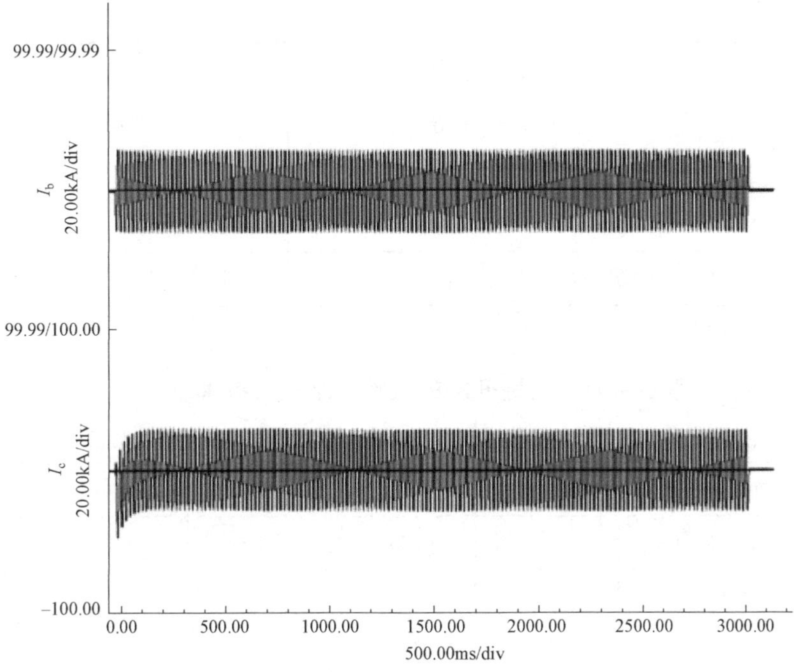

图 2-3-36　主回路短时耐受电流试验波形示例（二）

3.16.6.2　试验记录

试验记录见表 2-3-40～表 2-3-42。

表 2-3-40　主回路试验记录表（参考示例）

主回路：

<table>
<tr><td>检测参数/相别</td><td>要求值</td><td>A</td><td>B</td><td>C</td><td>波形图号</td></tr>
<tr><td>峰值耐受电流（kA）</td><td>80</td><td>80.8</td><td>74.3</td><td>56.7</td><td rowspan="2">2023082701</td></tr>
<tr><td>短路电流持续时间（ms）</td><td>0.3</td><td colspan="3">0.31</td></tr>
<tr><td>短时耐受电流有效值（kA）</td><td>31.5</td><td>31.6</td><td>31.7</td><td>31.6</td><td rowspan="4">2023082702</td></tr>
<tr><td>短路电流持续时间（s）</td><td>3</td><td colspan="3">3.01</td></tr>
<tr><td>电流焦耳积分值（kA^2·s）</td><td>2977</td><td>3006</td><td>3025</td><td>3006</td></tr>
<tr><td>电流平均值（kA）</td><td>—</td><td colspan="3">31.6</td></tr>
<tr><td colspan="5">试验中和试验后检查内容和要求</td><td>检查结果</td></tr>
<tr><td colspan="5">试验中试品未发生触头分离、部件损坏等异常情况</td><td>合格</td></tr>
<tr><td colspan="5">试验后立即进行断路器的分闸操作，触头应在第一次操作时分开</td><td>合格</td></tr>
<tr><td colspan="5">立即将断路器手车（对于可移开式断路器）拉至隔离位置，应正常动作</td><td>合格</td></tr>
<tr><td colspan="5">立即进行隔离开关（如有）的分闸操作，触头应在第一次操作时分开</td><td>合格</td></tr>
<tr><td colspan="5">试验后电阻相对试验前的变化应不大于 20%</td><td>不大于 20%</td></tr>
</table>

续表

<table>
<tr><td colspan="7">试验前后回路电阻的测量</td></tr>
<tr><td rowspan="2">相别</td><td colspan="3">试验前平均值</td><td colspan="3">试验后平均值</td></tr>
<tr><td>A</td><td>B</td><td>C</td><td>A</td><td>B</td><td>C</td></tr>
<tr><td>回路电阻（μΩ）</td><td>55.5</td><td>56.9</td><td>54.6</td><td>56.3</td><td>57.2</td><td>55.5</td></tr>
<tr><td colspan="4">试验后电阻相对试验前的变化（%）</td><td>1.44%</td><td>0.53%</td><td>1.65%</td></tr>
</table>

试验结论：合格/不合格。

表 2-3-41　接地开关的试验记录表（参考示例）

接地开关的试验：　　　　　　　　　　　　　　　　试验日期：

<table>
<tr><td>检测参数/相别</td><td>要求值</td><td>A</td><td>B</td><td>C</td><td>波形图号</td></tr>
<tr><td>峰值耐受电流（kA）</td><td>80</td><td>80.8</td><td>74.3</td><td>56.7</td><td rowspan="2">***</td></tr>
<tr><td>短路电流持续时间（ms）</td><td>300</td><td colspan="3">0.30</td></tr>
<tr><td>短时耐受电流有效值（kA）</td><td>31.5</td><td>31.6</td><td>31.7</td><td>31.6</td><td rowspan="4">***</td></tr>
<tr><td>短路电流持续时间（s）</td><td>3</td><td colspan="3">3.01</td></tr>
<tr><td>电流焦耳积分值（kA²・s）</td><td>2977</td><td>3006</td><td>3025</td><td>3006</td></tr>
<tr><td>电流平均值（kA）</td><td>—</td><td colspan="3">31.6</td></tr>
<tr><td colspan="5">试验中和试验后检查内容和要求</td><td>检查结果</td></tr>
<tr><td colspan="5">试验中试品未发生触头分离、部件损坏等异常情况</td><td>合格</td></tr>
<tr><td colspan="5">试验后立即进行分闸操作，触头应在第一次操作时分开</td><td>合格</td></tr>
<tr><td colspan="5">试验后检查接地开关的接地连续性，应符合要求</td><td>合格</td></tr>
<tr><td colspan="5">安装在密封隔室中的接地开关，进行相间及对地的工频电压试验，应符合要求</td><td>合格</td></tr>
</table>

试验结论：合格/不合格。

表 2-3-42　接地回路的试验记录表（参考示例）

接地回路的试验：　　　　　　　　　　　　　　　　试验日期：

<table>
<tr><td>检测参数/相别</td><td>要求值</td><td>A/B/C</td><td>波形图号</td></tr>
<tr><td>峰值耐受电流（kA）</td><td>50</td><td>50.9</td><td rowspan="2">2023082705</td></tr>
<tr><td>短路电流持续时间（ms）</td><td>0.3</td><td>0.30</td></tr>
<tr><td>短时耐受电流有效值（kA）</td><td>20</td><td>20.2</td><td rowspan="3">2023082706</td></tr>
<tr><td>短路电流持续时间（s）</td><td>2</td><td>2.01</td></tr>
<tr><td>电流焦耳积分值（kA²・s）</td><td>800</td><td>820</td></tr>
</table>

续表

检测参数/相别	要求值	A/B/C	波形图号
试验后试品状态			
试验中和试验后检查内容和要求			检查结果
试验中试品未发生接地连接部件断开、损坏等异常情况			合格
试验后检查试品的接地电气接地连续性，应符合要求			合格

试验结论：合格/不合格。

4 环网柜基础

本部分介绍了环网柜检测的产品基础知识。

4.1 环网柜术语和定义

4.1.1 开关设备和控制设备 switchgear and controlgear

开关装置及与其相关的控制、测量、保护和调节设备的组合，以及这些装置和设备同相关的电气连接、辅件、外壳和支撑件的总装的总称。

4.1.2 金属封闭开关设备和控制设备 metal-enclosed switchgear and controlgear

除进出线外，其余完全被接地金属外壳封闭的开关设备和控制设备。

4.1.3 功能单元 functional unit

金属封闭开关设备和控制设备的一部分，包括为满足单一功能的主回路和辅助回路的所有元件。

4.1.4 破坏性放电 disruptive discharge

在电场作用下伴随绝缘破坏而产生的一种现象，此时放电完全跨接了被试绝缘，使电极之间的电压降到零或接近于零。

（1）破坏性放电适用于在固体、液体和气体介质以及其组合中的放电。

（2）固体介质中的破坏性放电，会导致永久地丧失绝缘强度（非自恢复绝缘）而在液体和气体介质中可能仅是暂时丧失绝缘强度（自恢复绝缘）。

（3）破坏性放电发生在气体或液体介质中时，叫作火花放电；破坏性放电发生在气体或液体介质中的固体介质表面时，叫作闪络；破坏性放电贯穿于固体介质时，叫作击穿。

4.1.5 防护等级 degree of protection

外壳以及隔板或活门（适用时）提供的、防止接近危险部件、防止固体外物进入和/或防止水的浸入以及外壳防止机械撞击，并由标准试验方法验证过的保护程度。

4.2 环网柜原理

环网柜（环网供电单元）是三相交流 50Hz 户内高压配电设备，也是交流金属封闭开关设备的组成品种，适用于 10kV 环网供电或双辐射供电系统中作为电能的控制和保护装置，可使用于城区配电站或大厦配电室，也适于装入箱式变电站，用以提高环网供电回路的可靠性。

环网柜一般由开关室、熔断器室、操动机构室和电缆室（底架）四部分组成。

开关室由密封在金属壳体内的各个功能回路（包括接地开关和负荷开关）及其回路间的母线等组成。壳体由冷轧钢板（或不锈钢板）焊接而成。每一个功能回路包括一台负荷开关和接地开关。负荷开关是由垂直运动的动触头系统和位于下端的静触头组成，开关合闸时，动触头向下运动，负荷开关接通。接地开关由动触刀和静触刀组成，在弹簧运动过程中，接地开关快速接通。开关室上部和后部开有装配工艺孔，环网柜的正面装有观察窗，可看到接地开关的“分”“合”位置。在环网柜的后部装有防爆装置。

负荷开关采用压气内吹式结构，灭弧能力强，且不影响相间及对地绝缘，动、静触头均带有弧触头，大大提高了开断次数。

熔断器与负荷开关室构成变压器保护回路，高压限流熔断器装于环氧浇注的绝缘壳体内，熔断器熔断后，弹出撞针，负荷开关分闸。

操动机构室位于环网柜正面，在每个功能回路中，负荷开关配有人力（或电动）储能弹簧操动机构，接地开关配有人力储能弹簧操动机构，面板上有分别用于负荷开关合闸操作和手动分闸旋转钮及接地开关的分、合闸操作孔，负荷开关分、合闸位置指示灯和电动分、合闸按钮，并设有模拟线、开关状态显示牌及加锁位置，负荷开关和接地开关的操作具有联锁装置，以防止误操作。

环网柜的额定电流常用的有 630A 和 1250A。环网柜一次原理图见图 2-4-1。

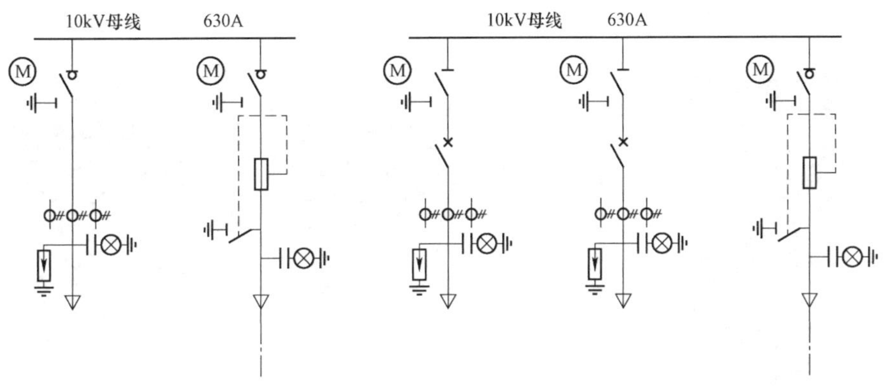

图 2-4-1 环网柜一次原理图

4.3 环网柜分类

环网柜根据气箱结构分为共箱式与单元式；根据整体结构分为美式与欧式；根据绝缘材料分为固体绝缘式、环保气体绝缘、空气绝缘式与 SF_6 气体绝缘式；根据户内外分为户内环网和户外环网。

4.4 环网柜结构

环网柜主要电器元件包括负荷开关、熔断器隔离开关、接地开关等。在大容量环网柜中，主开关也采用断路器（真空或 SF_6）。环网柜的结构、柜型、样品外观见图 2-4-2～图 2-4-4。

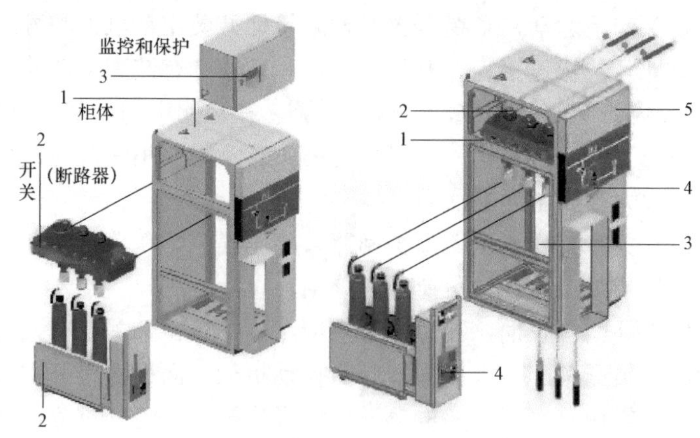

图 2-4-2 结构示意图

1—开关间隔；2—母线间隔；3—电缆间隔；4—操动机构间隔；5—控制保护间隔

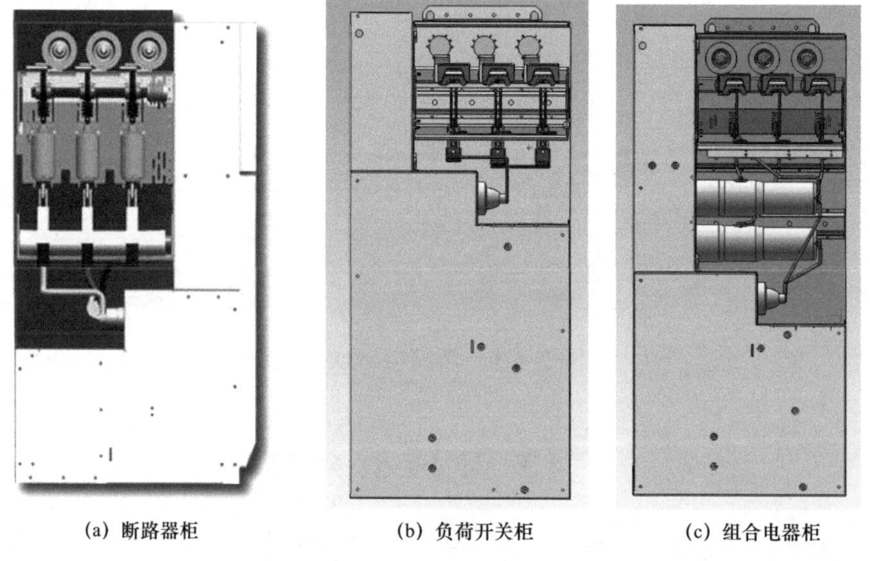

(a) 断路器柜　　(b) 负荷开关柜　　(c) 组合电器柜

图 2-4-3 环网柜的柜型

图 2-4-4　环网柜实物样品

4.5 环网柜型号

环网柜产品型号的组成型式见图 2-4-5。

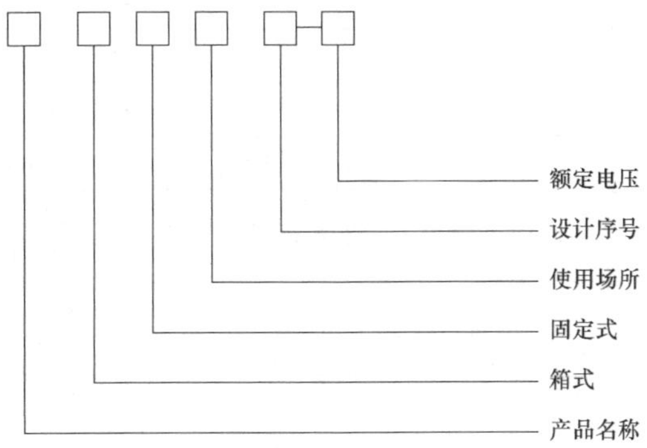

图 2-4-5　环网柜产品型号的组成型式

5 环网柜试验基础

本章介绍环网柜质量检测的试验项目、类型和试验顺序和试验环境的要求。

5.1 环网柜试验标准

环网柜试验标准见第二部分 2.1。

5.2 环网柜试验项目、类型和试验顺序

5.2.1 试验项目

环网柜试验项目、类型及主要标准见表 2-5-1。

表 2-5-1 环网柜试验项目、类型及主要标准

序号	试验项目名称	试验类型	试验主要标准
1	柜体尺寸、厚度、材质检测	例行试验	GB/T 3906、DL/T 404、DL/T 593
2	接线形式、相序、空气净距检查	例行试验	GB/T 3906、DL/T 404、DL/T 593
3	工频电压试验	型式试验	GB/T 3906、DL/T 404、DL/T 593
4	辅助和控制回路的绝缘试验	型式试验	GB/T 3906、DL/T 404、DL/T 593
5	主回路电阻的测量	型式试验	GB/T 3906、DL/T 404、DL/T 593
6	机械特性测量及机械操作试验	型式试验	GB/T 1984、GB/T 3906、DL/T 402、DL/T 404、DL/T 593
7	联锁试验	型式试验	GB/T 3906、DL/T 404、DL/T 593
8	充气隔室的气体状态测量试验（适用于环保气体绝缘环网柜）	型式试验	GB/T 3906、DL/T 404、DL/T 593
9	雷电冲击电压试验	型式试验	GB/T 3906、DL/T 404、DL/T 593
10	局部放电试验	型式试验	GB/T 3906、DL/T 404、DL/T 593
11	温升试验	型式试验	GB/T 1984、GB/T 3906、DL/T 402、DL/T 404、DL/T 593
12	防护等级检验	型式试验	GB/T 4208、DL/T 404、DL/T 593
13	密封试验（适用于气体绝缘环网柜）	型式试验	GB/T 3906、DL/T 404、DL/T 593
14	充气隔室的压力耐受试验（适用于气体绝缘环网柜）	型式试验	GB/T 3906、DL/T 404、DL/T 593
15	短时耐受电流和峰值耐受电流试验	型式试验	GB/T 3906、DL/T 402、DL/T 404、DL/T 593

5.2.2 试验顺序

5.2.2.1 局部放电试验顺序要求

局部放电试验应在雷电冲击电压试验和工频电压试验后进行。

5.2.2.2 推荐的试验顺序

1）柜体尺寸、厚度、材质检测；
2）接线形式、相序、空气净距检查；
3）工频电压试验；
4）辅助和控制回路的绝缘试验；
5）主回路电阻的测量；
6）机械特性测量及机械操作试验；
7）联锁试验；
8）充气隔室的气体状态测量试验（适用于环保气体绝缘环网柜）；
9）雷电冲击电压试验；
10）局部放电试验；
11）温升试验；
12）防护等级检验；
13）密封试验（适用于气体绝缘环网柜）；
14）充气隔室的压力耐受试验（适用于气体绝缘环网柜）；
15）短时耐受电流和峰值耐受电流试验。

5.3 环网柜试验设施和环境要求

环网柜试验设施和环境要求见第二部分 2.3。

6 环网柜试验方法和要求

6.1 柜体尺寸、厚度、材质检测

6.1.1 试验目的

环网柜尺寸、厚度检测是为了验证开关柜尺寸、板材厚度是否满足技术规范书要求。

环网柜材质检测是为了验证开关柜的壳体材质及母排材质的主要元素含量是否满足技术规范书要求。

6.1.2 试验设备

试验设备配置见表 2-6-1。

表 2-6-1 试验设备配置（推荐）

序号	设备名称	设备关键参数和要求
1	钢卷尺	测量范围：0～3m； 准确度等级不低于 2 级
2	超声波测厚仪	分辨率：0.01mm； 误差：±0.05mm
3	手持式 X 荧光光谱仪	准确度：±10%

6.1.3 试验方法

6.1.3.1 柜体尺寸试验方法

测量柜体各部分尺寸。

6.1.3.2 柜体厚度试验方法

（1）柜体材质厚度测量不包括油漆涂层厚度。

（2）无油漆涂层的柜体，采用超声波测厚仪直接进行测量。

（3）带有油漆或其他涂层的柜体，优先选择无损检测仪器不破坏涂层测量，需要时可用小刀刮铲等恰当方法去除涂层后再进行测量，注意打磨不能破坏柜体材质本身。

（4）采用分辨率 0.01mm、最大允许示值误差不超过±0.05mm 的超声波测厚仪进行测量。

（5）对柜的顶部、侧板、前门、后门板材每个面检测 5 个点，5 个点大致呈 X 字形均匀分布，取最小值作为最终测量结果进行评判。

6.1.3.3 柜体材质试验方法

对被测柜体板材材质，去除涂覆层（如有）后进行检测。必要时，可以切割一小块板材进行检测。

6.1.4 结果判定

试验结果应符合技术规范书的规定。

6.1.5 注意事项

（1）使用超声波测厚仪和手持式X荧光光谱仪，需使用标样进行校准，确保仪器测量数据准确有效；测量有涂层的壳体和有镀层的母排材质时，需先打磨去掉表面的涂层和镀层材料后再进行测量。

（2）人员应经过培训，应做好安全防护。

6.1.6 试验实例

6.1.6.1 柜体厚度检测试验示例

柜体厚度检测试验示例见图2-6-1。

图2-6-1　柜体厚度检测示意图

6.1.6.2 试验记录

柜体厚度试验记录见表2-6-2。

表2-6-2　柜体厚度试验记录表（参考示例）

序号	检测项目		检测结果
1	柜体尺寸（宽/深/高，mm）		2600/1900/2300
2	厚度（mm）	仪表室门板	2.03
3		断路器门板	2.05
4		电缆室前门板	2.04
5		后上板壁	2.04
6		电缆室后门板	2.03
7		左侧板壁	2.02
8		右侧板壁	2.03
9	材质	主框架板壁	覆铝锌板
10		门板	覆铝锌板

6.2 接线形式、相序、空气净距检查

6.2.1 试验目的

检查环网柜的一次接线形式、相序、安全净距，给使用方提供检测结果和数据参考，确保符合技术规范书要求。

6.2.2 试验设备

试验设备配置见表 2-6-3。

表 2-6-3 试验设备配置（推荐）

设备名称	设备关键参数和要求
钢卷尺	测量范围：0～3m； 准确度等级不低于 2 级

6.2.3 试验方法

6.2.3.1 接线形式检查试验方法

对样品的一次接线方案进行核对。

6.2.3.2 相序试检查试验方法

检查高压导体的相序。

6.2.3.3 空气净距检查试验方法

测量相间及相对地距离、带电体到绝缘隔板的距离。

6.2.4 结果判定

一次接线方案图应符合技术规范书的规定。

以空气作为绝缘介质的开关柜，相间和相对地的最小空气间隙应满足：12kV 相间和相对地 125mm，带电体至门 155mm。以空气和绝缘隔板组成的复合绝缘作为绝缘介质，带电体与绝缘板之间的最小空气间隙应不小于 30mm。

面对环网柜从左至右排列为 A、B、C，从上到下排列为 A、B、C，从后到前排列为 A、B、C。

6.2.5 注意事项

测量数据准确无误，重要部分进行照片记录。

6.2.6 试验实例

6.2.6.1 接线形式、相序、空气净距试验示例

接线形式、相序、空气净距试验示例见图 2-6-2～图 2-6-4。

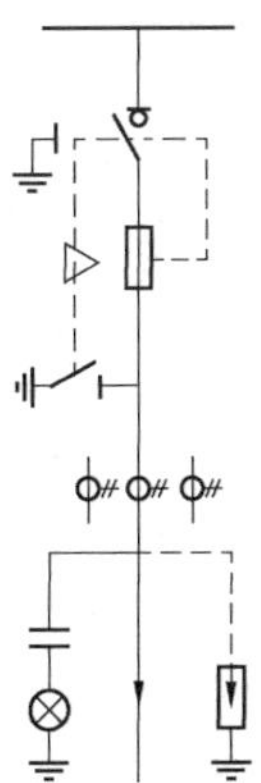

图 2-6-2 负荷开关熔断器组合柜一次接线图

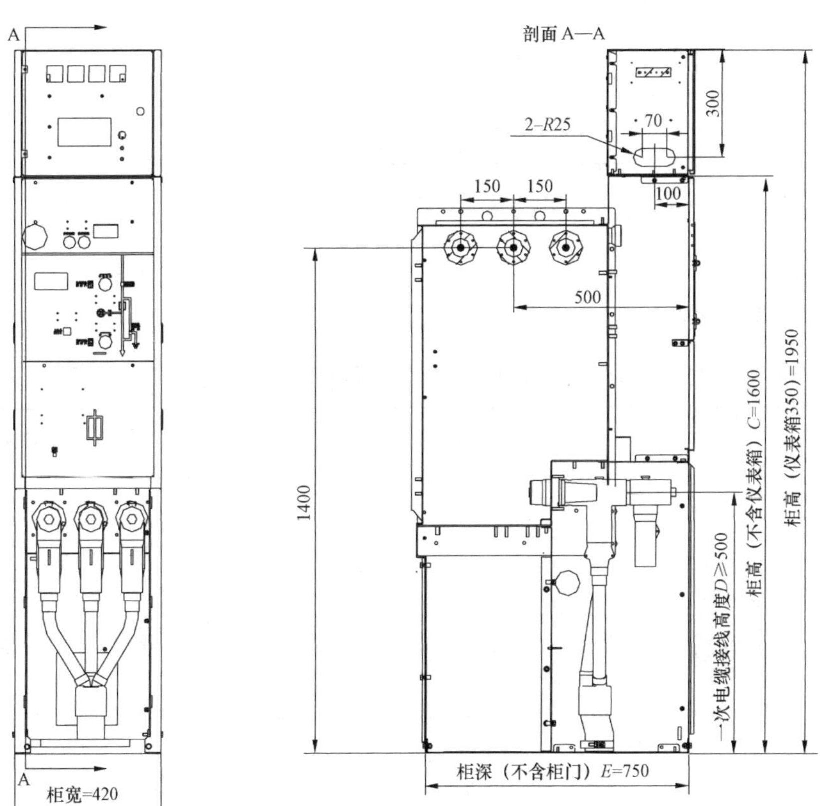

图 2-6-3 负荷开关熔断器组合电器单元柜配单电缆+避雷器结构图

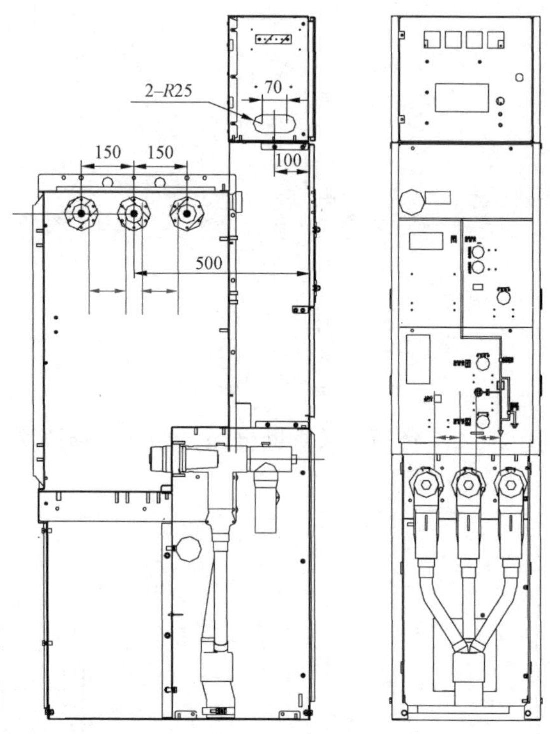

图 2-6-4 相间距离测量

6.2.6.2 试验记录

试验记录见表 2-6-4。

表 2-6-4 接线形式、相序、空气净距检查记录表（参考示例）

项目	检查项目						检测结果
接线形式	环网柜门模拟显示图与内部接线一致						符合要求
相序	相序和标识正确						符合要求
空气净距（mm）	相间 A-B	132	A 相对地	139	A 相对门	160	符合要求
	相间 B-C	131	B 相对地	140	B 相对门	161	符合要求
	相间 C-A	133	C 相对地	139	C 相对门	161	符合要求

6.3 工频电压试验

6.3.1 试验目的

检查相对地/相间、隔离断口、断路器断口、负荷开关断口是否存在缺陷。

6.3.2 试验设备

试验设备配置见表 2-6-5。

表 2-6-5 试验设备配置（推荐）

序号	设备名称	设备关键参数和要求
1	工频电压试验系统	电压测量范围应不小于：0～150kV； 测量准确度应不低于 3%
2	空盒气压表	大气压测量范围：80.0～106.0kPa； 准确度：0.2kPa
3	温湿度计	温度准确度不低于 1℃； 相对湿度准确度不低于 2%

6.3.3 试验方法

试验方法见第二部分 3.3.3。

6.3.4 结果判定

试验过程中，如果没有发生破坏性放电，则应认为试品通过了试验。

6.3.5 注意事项

（1）工频电压试验前，避雷器应从主回路断开，电流互感器和故障指示器二次侧应短接接地，电压互感器不应短路接地，可与主回路隔离。

（2）如果实验室中的大气条件与标准参考大气条件不同，则应计算修正系数，并选取合适的试验方法。

6.3.6 试验实例

6.3.6.1 工频电压试验示例

以下示例为使用单电源进行工频电压试验，见图 2-6-5。

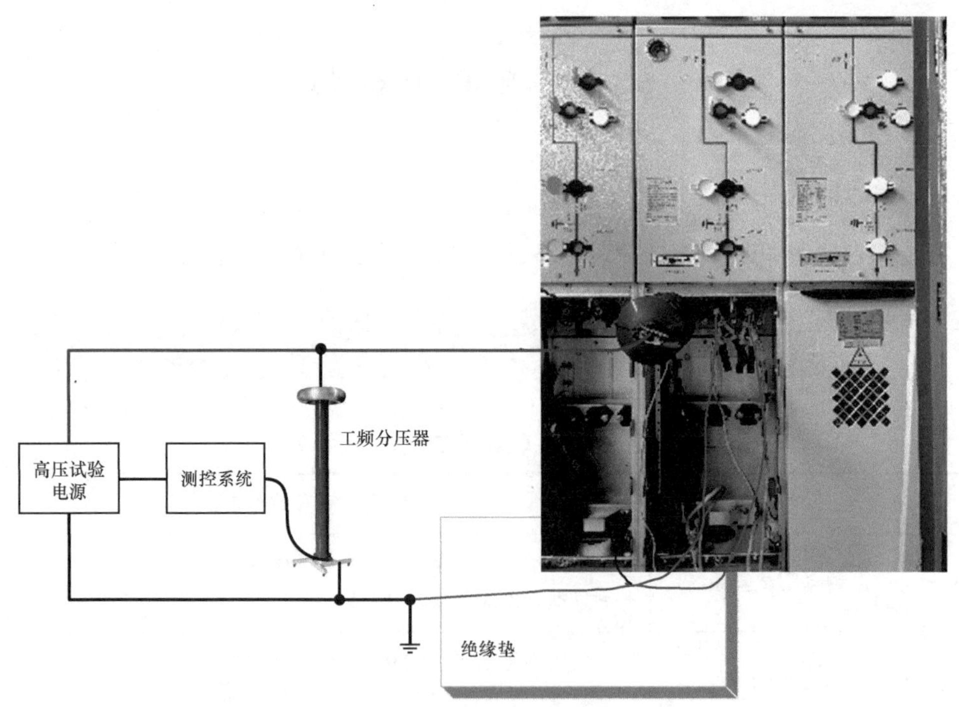

图 2-6-5 环网柜相间及相对地工频电压试验示例

6.3.6.2 试验记录

工频电压试验记录见表 2-6-6。

表 2-6-6 工频电压试验记录表（参考示例）

试区大气条件					
大气压力（kPa）	101.6	干球温度（℃）	11.7	实验室海拔（m）	35
大气湿度（%）	66	湿球温度（℃）	—	使用海拔（m）	—
计算修正系数	0.9786	使用修正系数	1	—	—

试验结果：					
开关状态	加压部位	接地部位	施加电压值（kV）	加压时间（min）	放电次数
合闸	Aa	BbCcF、观察窗	42	1	0
合闸	Bb	AaCcF、观察窗	42	1	0
合闸	Cc	AaBbF、观察窗	42	1	0
断路器断口	A	a	48	1	0
断路器断口	a	A	48	1	0
断路器断口	B	b	48	1	0
断路器断口	b	B	48	1	0

续表

开关状态	加压部位	接地部位	施加电压值（kV）	加压时间（min）	放电次数
断路器断口	C	c	48	1	0
断路器断口	c	C	48	1	0
负荷开关断口	A	a	48	1	0
负荷开关断口	a	A	48	1	0
负荷开关断口	B	b	48	1	0
负荷开关断口	b	B	48	1	0
负荷开关断口	C	c	48	1	0
负荷开关断口	c	C	48	1	0
隔离断口	A	a	48	1	0
隔离断口	a	A	48	1	0
隔离断口	B	b	48	1	0
隔离断口	C	c	48	1	0
隔离断口	c	C	48	1	0

6.4 辅助和控制回路的绝缘试验

6.4.1 试验目的

检查辅助和控制回路的绝缘耐压情况，以及二次回路绝缘是否符合要求。

6.4.2 试验设备

试验设备配置见表 2-6-7。

表 2-6-7 试验设备配置（推荐）

序号	设备名称	设备关键参数和要求
1	耐压测试仪	输出电压有效值：0～5kV；电压测量准确度应不低于 3%；时间不确定度不低于 1%
2	空盒气压表	大气压准确度不低于 0.2kPa
3	温湿度计	温度准确度不低于 1℃； 相对湿度准确度不低于 2%

6.4.3 试验方法

辅助和控制回路的绝缘试验时正常的大气条件为：

温度范围：15～35℃

大气压：86～106kPa

相对湿度：25%～75%

绝对湿度：≤22g/m^3

当大气条件在此规定的范围内时，不需要根据温度、湿度和气压对试验电压进行修正。当大气条件不在此规定的范围内时，参见 GB/T 17627—2019 附录 C 提供的有关方法，对试验电压进行修正。

试验期间的实际大气条件应予以记录。

试验时，只有串联在电源回路中的开关装置处于合闸位置，所有其他的开关装置都处于分闸位置。限制过电压的设施应断开，试验应按 GB/T 3906—2020 进行。

施加的工频试验电压不应超过全试验电压值的 50%，然后将试验电压平稳增加至全试验电压值 2000V，并维持 1min。在试验过程中过流继电器不应动作，且不应发生破坏性放电。试验应在下述部位进行：

1）连接在一起的辅助和控制回路和开关装置底架之间；

2）如果可行，正常使用中可以和其他部分绝缘的辅助和控制回路的每一个部分，与连接在一起并和底架相连的其他部分之间。

6.4.4 结果判定

被试回路无击穿或闪络现象发生，则认为通过试验。

6.4.5 注意事项

（1）辅助回路的开关应断开。

（2）电流互感器的二次绕组应短路并与地隔离，电压互感器的二次绕组应开路。限压装置（如果有）应断开。

（3）试验过程中注意观察是否有异响，电压是否正常。

6.4.6 试验实例

6.4.6.1 环网柜辅助与控制回路的绝缘试验示例

环网柜辅助与控制回路的绝缘试验示例见图 2-6-6。

6.4.6.2 试验记录

试验记录见表 2-6-8。

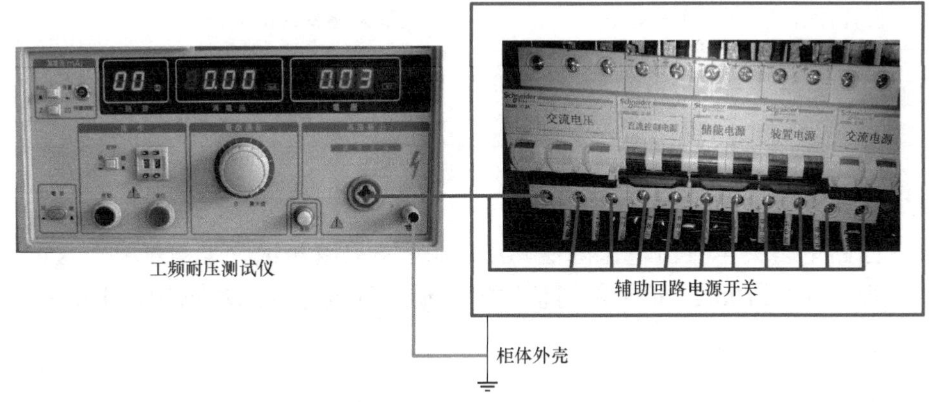

图 2-6-6 环网柜辅助与控制回路的绝缘试验示例

表 2-6-8 辅助与控制回路的绝缘试验记录表（参考示例）

试区大气条件：					
温度（℃）	25.0	湿度（%）	65	大气压力（kPa）	101.6
计算大气修正因数	—	试验中大气修正因数取值	1	—	—
试验结果：					
加压部位	接地部位	应施加电压（kV）	实测电压（kV）	加压时间（s）	试验结果
连接在一起的二次回路端子	设备外壳	2.0	2.0	60	合格
各二次回路端子	与加压部分绝缘的其二次回路端子和设备外壳	2.0	2.0	60	合格

6.5 主回路电阻的测量

6.5.1 试验目的

主回路电阻是表征导电主回路的连接是否良好的一个参数。

主回路电阻测量也是某些试验项目的使用判据。

6.5.2 试验设备

试验设备配置见表 2-6-9。

表 2-6-9 试验设备配置（推荐）

设备名称	设备关键参数和要求
回路电阻测试仪	测量范围 0～20mΩ 准确度等级：0.5%±0.2uΩ

6.5.3 试验方法

对主回路电阻采用直流电压降法，用直流回路电阻测试仪来测量每一极的电阻，试验电流取不小于 100A，记录电阻值。应分别对每极进行三次测量，计算电阻的平均值。

6.5.4 结果判定

对于开关装置的关合和开断试验，试验前后电阻值增加不应该超过 100%；对于不同于关合和开断试验的其他试验，试验前后电阻值增加不应该超过 20%。

6.5.5 注意事项

测量点应清洁干净，测量夹应与样品测量点接触良好。

6.5.6 试验实例

6.5.6.1 环网柜主回路电阻测量试验示例

环网柜主回路电阻测量试验示例见图 2-6-7。

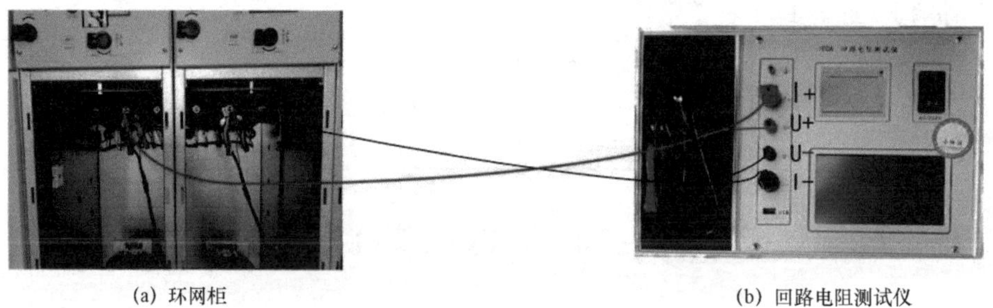

(a) 环网柜　　(b) 回路电阻测试仪

图 2-6-7 环网柜主回路电阻的测量示例

注：电流钳的夹接位置应在电压钳的外侧（距离电压钳的距离无影响）或与电压钳在同一位置。

6.5.6.2 试验记录

试验记录见表 2-6-10。

表 2-6-10 回路电阻记录表（参考示例）

<table>
<tr><td colspan="6">试区大气条件</td></tr>
<tr><td>大气压力（kPa）</td><td>101.23</td><td>环境温度（℃）</td><td>25.3</td><td>大气湿度（%）</td><td>67.2</td></tr>
<tr><td>试验方法</td><td colspan="5">直流电压降法</td></tr>
<tr><td>试验电流</td><td colspan="5">直流 100A</td></tr>
<tr><td colspan="6">试验结果：</td></tr>
<tr><td rowspan="2">测量部位</td><td rowspan="2">技术要求（μΩ）</td><td colspan="4">实测值（μΩ）</td></tr>
<tr><td>次序</td><td>A</td><td>B</td><td>C</td></tr>
<tr><td rowspan="3">主回路</td><td rowspan="3">≤100</td><td>1</td><td>65.2</td><td>59.3</td><td>59.6</td></tr>
<tr><td>2</td><td>63.2</td><td>61.2</td><td>56.5</td></tr>
<tr><td>3</td><td>58.5</td><td>62.3</td><td>57.1</td></tr>
<tr><td colspan="3">平均值</td><td colspan="3">60.3</td></tr>
</table>

6.6 机械特性测量及机械操作试验

6.6.1 试验目的

检查断路器、隔离开关、接地开关机械特性和机械操作。其中，机械特性测量结果应在样品出厂试验报告数值的偏差范围内，机械操作过程中，断路器应能按指令动作，未出现误分、误合、拒分和拒合现象情况。

6.6.2 试验设备

试验设备配置见表 2-6-11。

表 2-6-11 机械特性测量和机械操作试验设备配置（推荐）

设备名称	设备关键参数和要求
机械特性测试仪	交流输出：0～380V； 直流输出：0～250V； 时间测量范围：0～4s，准确度 0.1 级； 可设定带延时的分合、OCO，次数 0～600 次可调

6.6.3 试验方法

6.6.3.1 机械特性测量试验

采用机械特性测试仪，连接至开关装置触头系统，直接记录机械行程特性。

6.6.3.2 机械操作试验

断路器连接到机械特性测试仪，进行下列操作：

1）额定操作电压下，进行 5 次合—分操作；

2）最高操作电压下，进行 5 次合—分操作；

3）最低操作电压下，进行 5 次合—分操作；

4）手动操作，进行 3 次合—分操作；

5）30%额定操作电压下，进行 3 次合—分操作，不得合—分；

6）储能电机在 85%和 110%的额定储能电压下，进行 5 次合—分操作；

7）额定操作电压下，进行其余次数合—分操作，达到共计 50 次。

6.6.4 结果判定

断路器的触头开距、超行程、分闸时间、合闸时间、分闸速度、合闸速度、合闸不同期、分闸不同期、合闸弹跳和弹簧储能时间位于样品出厂试验报告数值的偏差范围内。断路器能按指令动作，未出现误分、误合、拒分和拒合现象情况。

6.6.5 注意事项

机械试验应按照 DL/T 402—2016 第 6.101 条的规定执行。试验应在环境温度及被试品温度为 5～40℃、湿度小于 90%的条件下进行。试验时，试品安装状态应和使用中的状态一样。

当对整台断路器进行试验不可行时，单元试验也可以作为型式试验。应由制造厂确定适合进行试验的单元。参照 GB/T 1984—2014 第 6.101.1.2 条款中单元试验要求执行。

6.6.6 试验实例

6.6.6.1 环网柜机械操作试验示例

环网柜机械操作试验示例见图 2-6-8。

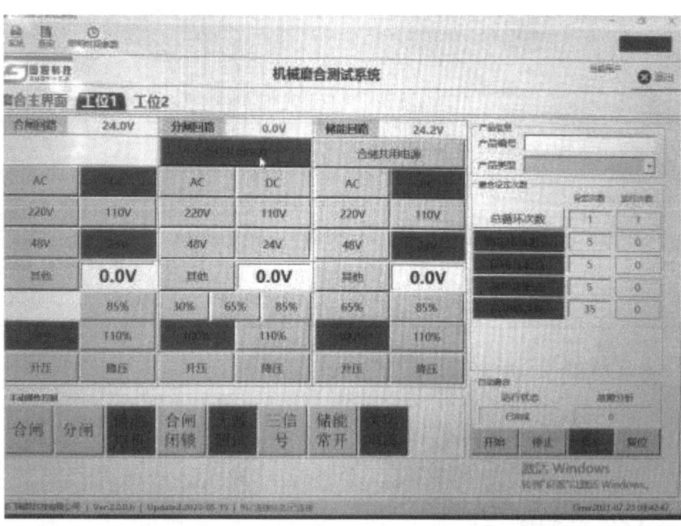

图 2-6-8 环网柜机械操作示例

6.6.6.2 试验记录

记录表见表 2-6-12、表 2-6-13。

表 2-6-12 机械特性测量记录表（参考示例）

试验参数名称	操作电压	技术要求	测试结果
合闸时间（ms）	额定	≤60	35
合闸不同期（ms）	额定	≤2	0.3
合闸弹跳（ms）	额定	≤2	0.2
分闸时间（ms）	额定	≤40	26
分闸不同期（ms）	额定	≤2	0.1

表 2-6-13 机械操作记录表（参考示例）

序号	操作内容	试验结果
1	断路器（负荷开关）的操作	
1.1	手动进行 5 次 C-O 操作，动作应正常	合格
1.2	在最高操作电源电压下，进行 5 次 C-O 操作，动作应正常	合格
1.3	在最低操作电源电压下，进行 5 次 C-O 操作，动作应正常	合格
1.4	如果具备重合闸功能，在额定操作电源电压下，进行 5 次 O-0.3s-CO-C 操作，动作应正常	合格
1.5	如上操作中，至少分别施以 85%和 110%储能电压，各进行 5 次储能操作，储能应正常	合格
1.6	在额定操作电源电压下，进行 C-O 操作，使得 C-O 操作总次数达到 50 次，动作应正常	合格
1.7	断路器处于分闸位置，施在 30%额定操作电源电压下，进行 3 次 C 操作，不应动作	合格
1.8	断路器处于合闸位置，施在 30%额定操作电源电压下，进行 3 次 O 操作，不应动作	合格
2	隔离开关的操作	
2.1	进行 C-O 操作 50 次，动作应正常	合格
2.2	对于采用动力操动机构的隔离开关，如上操作次数中中应包括额定、最高、最低操作电压下的 C-O 操作各 10 次	合格
3	接地开关的操作	
3.1	进行 C-O 操作 50 次，动作应正常	合格
3.2	对于采用动力操动机构的隔离开关，如上操作次数中应包括额定、最高、最低操作电压下的 C-O 操作各 10 次	合格

6.7 联 锁 试 验

6.7.1 试验目的

检查主导电回路与接地开关、断路器与隔离开关、接地开关与柜门之间的闭锁。验证被试样品联锁功能齐全可靠，满足 Q/GDW 13088.1—2018 第 5.2.19 条要求的“五防”和联锁功能。

6.7.2 试验设备

试验设备配置见表 2-6-14。

表 2-6-14 联锁试验设备配置（推荐）

设备名称	设备关键参数和要求
力矩扳手	量程：3～300Nm； 准确度：±2Nm

6.7.3 试验方法

对联锁功能进行 50 次试操作，包括且不限于下列联锁功能：

1）断路器处于合闸位置，隔离开关、接地开关不能被操作；

2）断路器处于分闸位置后，只有隔离开关处于分闸位置时、接地开关才能被操作；

3）接地开关分闸后，柜门才能被打开；

4）柜门未关闭，不能操作接地开关和隔离开关；

5）接地开关分闸后，才能操作隔离开关。

6.7.4 结果判定

联锁装置处于防止开关装置操作的位置时，开关装置能正确地不被操作。

6.7.5 注意事项

无。

6.7.6 试验实例

6.7.6.1 联锁试验示例

联锁试验示例见图 2-6-9。

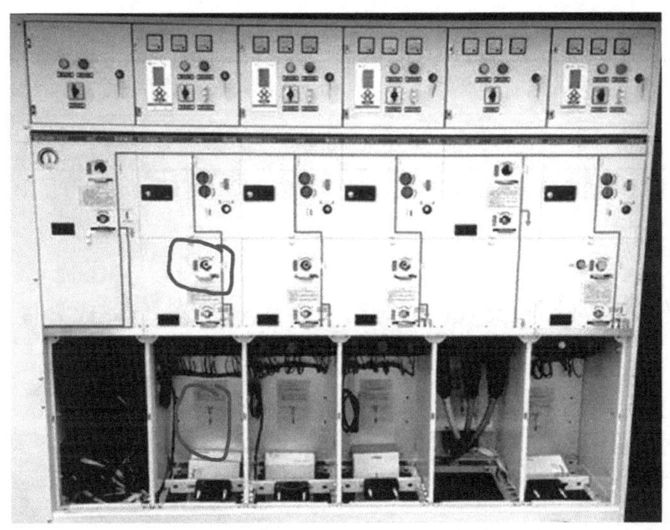

图 2-6-9 联锁试验示意图（柜门未关闭，接地开关不能分闸）

6.7.6.2 试验记录

试验记录见表 2-6-15。

表 2-6-15 连锁试验记录表（参考示例）

序号	操作步骤及要求	测试结果
1	断路器处于合闸位置，隔离开关、接地开关不能被操作	符合要求
2	断路器处于分闸位置后，只有隔离开关处于分闸位置时、接地开关才能被操作	符合要求
3	接地开关分闸后，柜门才能被打开	符合要求
4	柜门未关闭，不能操作接地开关和隔离开关	符合要求
5	接地开关分闸后，才能操作隔离开关	符合要求
6	断路器处于合闸位置，隔离开关、接地开关不能被操作	符合要求

6.8 气隔室的气体状态测量试验（适用于环保气体绝缘环网柜）

6.8.1 试验目的

验证充气隔室内部是否含有 SF_6 气体，要求充气隔室内不应有 SF_6 气体成分。

6.8.2 试验设备

试验设备配置见表 2-6-16。

表 2-6-16 充气隔室的气体状态测量试验设备配置（推荐）

设备名称	设备关键参数和要求
SF_6检漏仪	测量范围：0.01～100ppm

注 具备 SF_6检漏功能的气体综合测试仪，只要测量范围满足要求，也可使用。

6.8.3 试验方法

将 SF_6检漏仪接入环网柜充气口，对充气隔室内的 SF_6气体成分含量进行检测。

6.8.4 结果判定

不应检出 SF_6气体成分。

6.8.5 注意事项

SF_6 检漏仪气体管路与开关柜充气接口应连接可靠，避免气体出现泄漏。接气与退出接头时，接头与接口保持水平旋转，用力适度，不可旋过紧；检测完成恢复后应做好检漏工作。

6.8.6 试验实例

6.8.6.1 环网柜充气隔室气体状态测量试验照片

环网柜充气隔室气体状态测量试验示例见图 2-6-10。

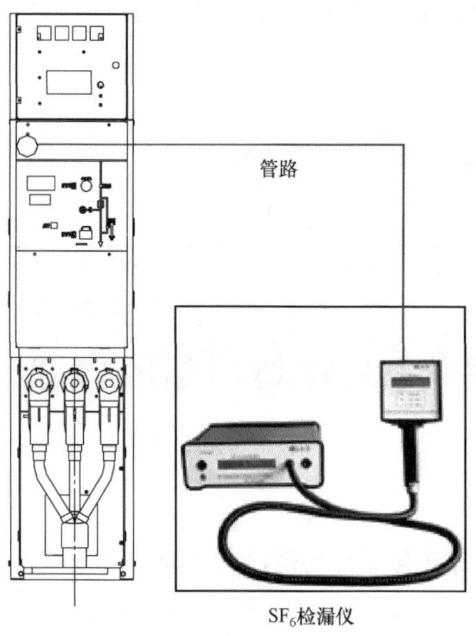

图 2-6-10 环网柜充气隔室的气体状态测量试验示例

6.8.6.2 试验记录

试验记录见表 2-6-17。

表 2-6-17 充气隔室的气体状态测量试验记录（参考示例）

检验项目	技术要求	测量或观察结果	结论
环保气体成分	不应检出 SF_6 气体成分	未检出 SF_6 气体成分 检出 SF_6 气体成分	符合 不符合

6.9 雷电冲击电压试验

6.9.1 试验目的

检查相对地/相间、隔离断口、断路器断口、负荷开关断口是否存在缺陷。

6.9.2 试验设备

试验设备配置见表 2-6-18。

表 2-6-18 试验设备配置（推荐）

序号	设备名称	设备关键参数和要求
1	雷电冲击试验系统	电压测量范围：0～300kV； 测量准确度应不低于 3 级
2	空盒气压表	大气压：80.0～106.0kPa； 准确度 0.2kPa
3	温湿度计	温度准确度不低于 1℃； 相对湿度准确度不低于 2%

6.9.3 试验方法

雷电冲击电压试验方法见第二部分 3.10.3。

6.9.4 结果判定

试验过程中，如果没有发生破坏性放电，则认为试品通过了试验。

6.9.5 注意事项

（1）如果实验室中的大气条件与标准参考大气条件不同，则试验电压应按照 GB/T 16927.1—2011 进行修正。雷电冲击电压试验前，避雷器应从主回路断开，电流互感器和故障指示器二次侧应短接接地，电压互感器不应短路接地，可与主回路隔离。

（2）注意工频电压试验和雷电冲击电压试验两者的大气修正系数计算方法有差异，应分别计算。

（3）试验程序不建议用 GB/T 16927.1—2011 中的程序 C。

6.9.6 试验实例

6.9.6.1 环网柜相间及相对地试验示例

环网柜相间及相对地试验示例见图 2-6-11。

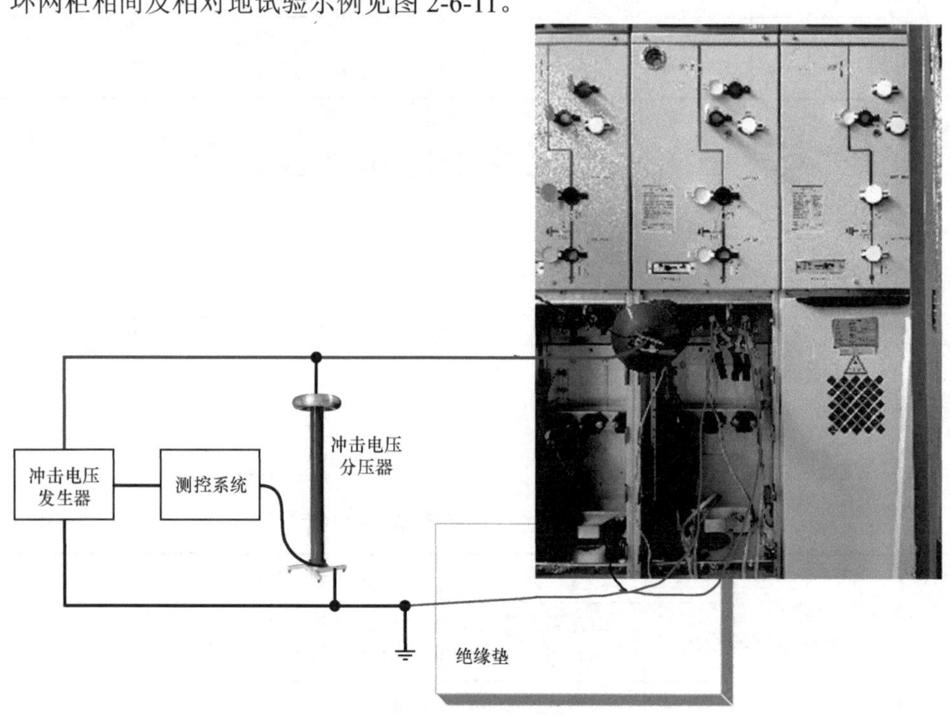

图 2-6-11 环网柜相间及相对地示例

6.9.6.2 试验记录

试验记录见表 2-6-19。

表 2-6-19 雷电冲击电压试验记录表（参考示例）

试区大气条件：					
大气压力（kPa）	101.6	干球温度（℃）	11.7	实验室海拔（m）	35
大气湿度（%）	66	湿球温度（℃）	—	使用海拔（m）	—
计算修正系数	0.9875	使用修正系数	1	—	—

试验结果：

开关状态	加压部位	接地部位	极性	试验电压峰值（kV）	加压次数	放电次数	典型示波图号
合闸	Aa	BbCcF、观察窗	正/负	75	15	0	***
合闸	Bb	AaCcF、观察窗	正/负	75	15	0	***

续表

开关状态	加压部位	接地部位	极性	试验电压峰值（kV）	加压次数	放电次数	典型示波图号
合闸	Cc	AaBbF、观察窗	正/负	75	15	0	***
断路器断口	A	a	正/负	85	15	0	***
断路器断口	a	A	正/负	85	15	0	***
断路器断口	B	b	正/负	85	15	0	***
断路器断口	b	B	正/负	85	15	0	***
断路器断口	C	c	正/负	85	15	0	***
断路器断口	c	C	正/负	85	15	0	***
负荷开关断口	A	a	正/负	85	15	0	***
负荷开关断口	a	A	正/负	85	15	0	***
负荷开关断口	B	b	正/负	85	15	0	***
负荷开关断口	b	B	正/负	85	15	0	***
负荷开关断口	C	c	正/负	85	15	0	***
负荷开关断口	c	C	正/负	85	15	0	***
隔离开关断口	A	a	正/负	85	15	0	***
隔离开关断口	a	A	正/负	85	15	0	***
隔离开关断口	B	b	正/负	85	15	0	***
隔离开关断口	b	B	正/负	85	15	0	***
隔离开关断口	C	c	正/负	85	15	0	***
隔离开关断口	c	C	正/负	85	15	0	***

6.10 局部放电试验

局部放电试验见第二部分 3.11。

6.11 温升试验

6.11.1 试验目的

开关温升的试验目的是验证开关设备及其组件的热稳定性能和温升能力，以确保电气设备能够在长时间的电流负荷下正常工作。

6.11.2 试验设备

试验设备配置见表 2-6-20。

表 2-6-20　温升试验设备配置（推荐）

序号	设备名称	设备关键参数和要求
1	温度巡回检测仪	测量温度误差范围：±1℃
2	温升试验系统（电流部分）	测量电流允许误差范围：±1.5%

6.11.3　试验方法

试验应在基本没有空气流动的户内环境下进行，受试开关装置因自身发热而引起的气流除外。实际试验时，空气流速不超过 0.5m/s 即满足条件。试验时的周围空气温度应高于 10℃，但低于 40℃。

试验应在采购技术规范书规定的主开关额定电流的 1.1 倍下进行，电源电流应为正弦波。温升试验前后应测量试品主回路电阻值并记录。试验应该持续足够长的时间以使温升达到稳定，如果在 1h 内温升的增加不超过 1K，就认为达到这一状态。

应在额定的相数下通以额定电流进行温升试验，额定电流从母线长度的末端流向用于电缆连接的末端。

接到主回路的临时连接线应该使得试验时与实际运行时的连接相比较没有明显的热量从开关设备散出或向开关设备传入。临时连接线的类型和尺寸应被记录。

试验步骤如下：

根据试品的结构、技术条件及相应标准的要求，埋设测温热电偶。测量试品主回路电阻。利用聚乙烯泡沫材料来模拟并柜条件；选择合适的临时连接线，进行试验接线，调整好试验设备，将测量热电偶接到测温仪上。根据试品试验要求通入 1.1 倍的额定电流，电源电流应为正弦波。试验应该持续足够长的时间以使温升达到稳定。当试品每小时不超过 1K 时，代表达到稳定温升，此时记录相关测试点温升值。所有的测量点温升值不超过标准规定值，同时主回路端子和距端子 1m 处临时连接线的温升，两者温升的差值不应该超过 5K。如果距离主回路端子 1m 处的临时连接线温升超过端子温升 5K 以上，试验所有判据都满足的情况下，也可以认为试验有效。温升试验结束后设备断电，拆除试验接线，待试品自然冷却到周围空气温度时，测量主回路电阻。拆除测温用热电偶，将试品移出试验场地。

6.11.4　结果判定

样品的温升未超过 GB/T 11022 中表 14 和 DL/T 593 中表 3 的规定。

试验前后，试品在周围空气温度下测量回路电阻，试验后回路电阻的增加不应超过 20%。

6.11.5　注意事项

（1）试验前应检查试验设备和测量设备，确保其正常工作。

（2）试验开始前预热设备，确保其工作稳定。

（3）在试验过程中，应注意保持试验设备的工作稳定，不得出现故障。

（4）在试验结束后要及时停止试验电流，测量不记录温度数据。

（5）试验过程中应注意试验环境的安全，避免发生意外事故。

6.11.6 试验实例

6.11.6.1 温升试验示例

温升试验示例见图 2-6-12～图 2-6-14。

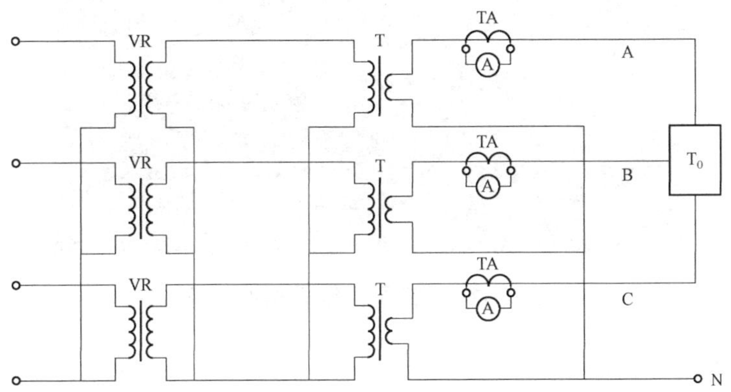

图 2-6-12 温升试验接线示意图

VR—调压器；TA—电流互感器；T—升流器；T_0—试品

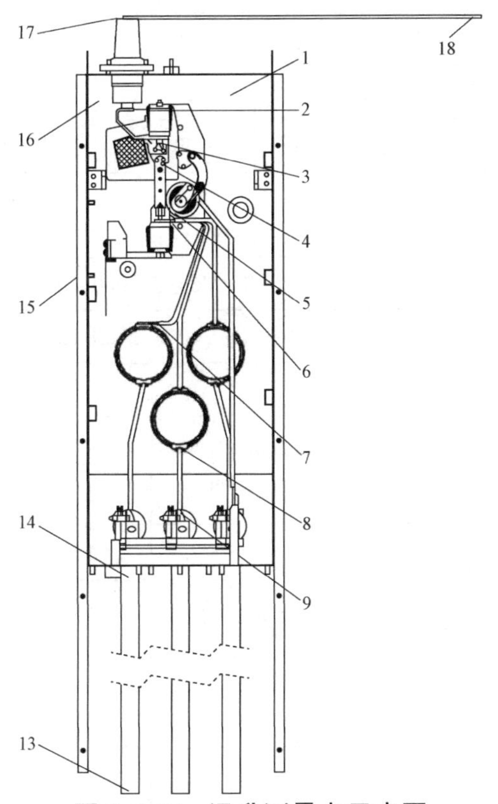

图 2-6-13 温升测量点示意图

1～18—温升测量点（10～12 未示出）

图 2-6-14 环网柜温升试验示例

6.11.6.2 试验记录

试验记录见表 2-6-21。

表 2-6-21 温升试验记录表（参考示例）

<table>
<tr><td colspan="8">试验条件：</td></tr>
<tr><td colspan="2">大气压力（kPa）</td><td>99.9</td><td>环境温度（℃）</td><td>32.8</td><td colspan="2">大气湿度（%）</td><td>60</td></tr>
<tr><td colspan="2">试验电流（A）</td><td>693</td><td>电流频率（Hz）</td><td>50</td><td colspan="2">试验相数</td><td>3</td></tr>
<tr><td colspan="2">周围风速（m/s）</td><td>0.1</td><td>充气类型</td><td>—</td><td colspan="2">充气相对压力（MPa）</td><td>—</td></tr>
<tr><td colspan="2">首端连接母线规格</td><td colspan="6">TMY60×8×2000（mm）</td></tr>
<tr><td colspan="2">末端连接母线规格</td><td colspan="6">TMY60×8×2000（mm）</td></tr>
<tr><td colspan="8">试验结果：</td></tr>
<tr><td rowspan="2">测量部位编号</td><td rowspan="2">测量部位说明</td><td rowspan="2">镀层</td><td rowspan="2">允许温升值（K）</td><td colspan="4">实测温升值（K）</td></tr>
<tr><td>A</td><td>B</td><td colspan="2">C</td></tr>
<tr><td>1</td><td>首端连接线 1m 处温升</td><td>—</td><td>—</td><td>55.3</td><td>56.0</td><td colspan="2">52.6</td></tr>
<tr><td>2</td><td>进线端子温升</td><td>镀锡</td><td>≤65</td><td>58.7</td><td>59.4</td><td colspan="2">55.9</td></tr>
<tr><td>3</td><td>出线端子温升</td><td>镀锡</td><td>≤65</td><td>56.4</td><td>57.6</td><td colspan="2">55.0</td></tr>
<tr><td>4</td><td>末端连接线 1m 处温升</td><td>—</td><td>—</td><td>52.9</td><td>54.2</td><td colspan="2">51.4</td></tr>
<tr><td>5</td><td>样品外壳温升</td><td>—</td><td>≤30</td><td colspan="4">14.0</td></tr>
<tr><td>6</td><td></td><td></td><td></td><td></td><td></td><td colspan="2"></td></tr>
</table>

续表

试验前后回路电阻的测量						
相别	试验前平均值			试验后平均值		
	A	B	C	A	B	C
回路电阻（μΩ）	209.8	193.2	191.2	214.4	198.3	195.8
试验后电阻相对试验前的变化（%）				2.2	2.6	2.4
试验前后电阻变化（%）：≤20%				符合/不符合		

6.12 防护等级检验（IP代码）

6.12.1 试验目的

验证环网柜防止异物及防水能力，保证设备、人员安全。防护等级应符合技术规范书和铭牌给出的值。

6.12.2 试验设备

试验设备配置见表2-6-22。

表2-6-22 防护等级检验（IP代码）设备配置

设备名称	设备关键参数和要求
IP试具	根据防护等级而定

6.12.3 试验方法

试验方法见第二部分3.13.3。

6.12.4 结果判定

6.12.4.1 第一位特征数字

1）第一位特征数字为1、2、3、4的试品，如果试具的直径不能通过任何开口，则试验合格；

2）第一位特征数字为5的试品，试验后，观察滑石粉沉积量及沉积地点，如果同其他灰尘一样，不足以影响设备的正常操作或安全，即认为试验合格；

3）第一位特征数字为6的试品，试验后壳内无明显的灰尘沉积，即认为试验合格。

6.12.4.2 第二位特征数字

试验后检查外壳进水情况，如果进水，应不足以影响设备的正常操作或破坏安全性；

水不积聚在可能导致沿爬电距离引起漏电起痕的绝缘部件上；水不进入带电部件，或进入不允许在潮湿状态下运行的绕组；水不积聚在电缆头附近或进入电缆。

6.12.4.3 附加字母

试具与危险运动部件之间保持足够的间隙，则认为试验合格。进行附加字母 B 的试验时，铰链试指可进入外壳 80mm 的长度，但档盘（ϕ50mm×20mm）不得通过开口。在进行附加字母 C 和 D 的试验时，试具可进入其全部长度，但档盘不得通过开口。

所有测点都符合技术规范书所规定的要求值时或铭牌宣称的值时，则认为此项试验符合。

6.12.5 注意事项

（1）在试验前应检查柜门的紧闭程度，若出现柜门未锁紧时，应先锁紧柜门再进行试验。

（2）在进行防护等级试验时，应注意所使用的力不能超过规定施加的值。

6.12.6 试验实例

6.12.6.1 环网柜防护等级试验示例

环网柜防护等级试验示例见图 2-6-15。

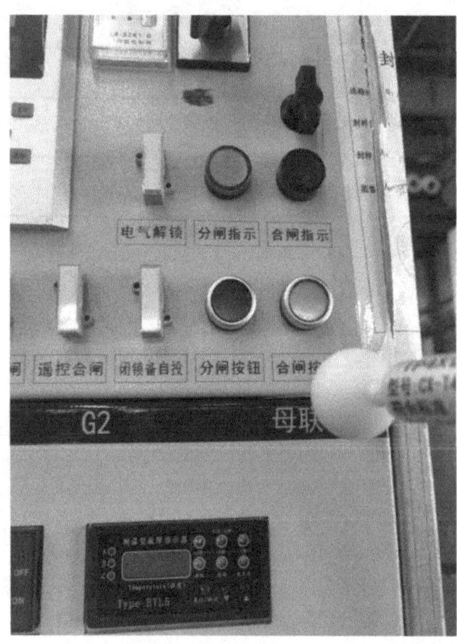

图 2-6-15 环网柜防护等级试验示例

6.12.6.2 试验记录

试验记录见表 2-6-23。

表 2-6-23 防护等级检验（IP 代码）记录表（参考示例）

防护等级检验（IP 代码）记录			
序号	测量部位	技术要求及检测方法	检测结果
1	柜体外壳	第一位特征数字：4 用直径 $1^{+0.05}$ mm 的试具，试验用力为 1±0.1 N，试验过程中试具不应进入防护壳体	符合
2	隔室间	第一位特征数字：3 用直径 $2.5^{+0.05}$ mm 的试具，试验用力为 3±0.3 N，试验过程中试具不应进入防护壳体	符合
3	—	附加字母：D 用直径 $1^{+0.05}$ mm 的试具，试验用力为 1±0.1 N，试验过程中试具不应进入防护壳体	符合
4	成套设备	第二位特征数字：/ 防 / ；向外壳各方向 / 应无有害影响（水不计入带电部件、不积聚在可能导致沿爬电距离引起漏电起痕的绝缘部件上）	符合

6.13 密封试验（适用于气体绝缘环网柜）

6.13.1 试验目的

验证环网柜密封性能，应满足以下要求：隔室不应出现气体泄漏点，年泄漏率满足设计要求。

6.13.2 试验设备

试验设备配置见表 2-6-24。

表 2-6-24 密封试验设备配置

设备名称	设备关键参数和要求
SF_6 检漏仪	测量浓度范围：（0.01～100）×10^{-6}①

注 具备 SF_6 检漏功能的气体综合测试仪，只要测量范围满足要求，也可使用。

① 浓度单位为百万分之一，即 10^{-6}，旧常用 ppm 表示。

6.13.3 试验方法

试验方法见第二部分 3.14.3。

6.13.4 结果判定

采用定性测量法时，不应出现气体泄漏点。采用定量测量法时，年泄漏率应不大于设计值。

6.13.5 注意事项

（1）检漏仪检漏时，探头移动速度以 10mm/s 左右为宜，以防探头移动过快而错过漏点。

（2）采用扣罩法测量时，应将环网柜完全置于塑料薄膜内，并做好密封，防止气体出现漏点。

（3）气体在充气和回收过程中应采取密封措施，防止出现气体泄漏。

6.13.6 试验实例

6.13.6.1 环网柜密封试验照片

环网柜密封试验示例见图 2-6-16。

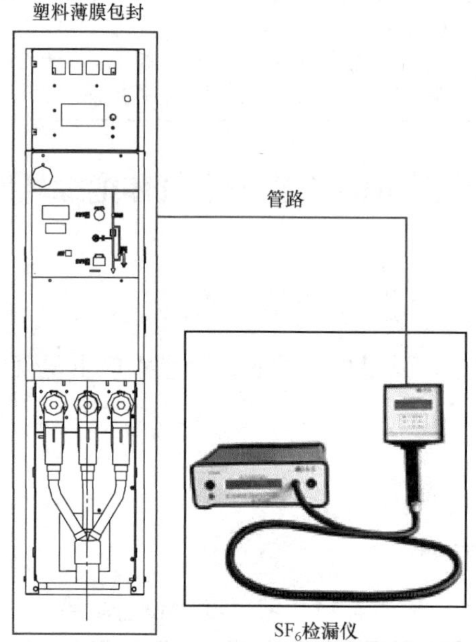

图 2-6-16 环网柜密封试验示例

6.13.6.2 试验记录

试验记录见表 2-6-25。

表 2-6-25 密封试验试验记录表（参考示例）

密封试验（定性测量）试验记录					
序号	操作状态	开关状态	技术要求	测量或观察结果	结论
1	操作前	合闸/分闸	不应检出泄漏点	□未检出泄漏点 □检出泄漏点	□符合 □不符合
2	操作后		不应检出泄漏点	□未检出泄漏点 □检出泄漏点	□符合 □不符合

续表

<table>
<tr><td colspan="10">密封试验（定量测量）试验记录</td></tr>
<tr><td>充入气体</td><td colspan="2">SF_6气体</td><td colspan="2">充气相对压力 p_{re}（MPa）</td><td colspan="5">0.3</td></tr>
<tr><td colspan="2">密封罩的体积 V_c（m^3）</td><td>0.711</td><td colspan="2">试品体积 V_1（m^3）</td><td>0.614</td><td colspan="3">试品内部气体容积 V（m^3）</td><td>0.038</td></tr>
<tr><td>试品状态</td><td colspan="4">合闸/分闸</td><td colspan="3">试验持续时间 Δt（h）</td><td colspan="2">24</td></tr>
<tr><td>试验方法</td><td colspan="9">扣罩法</td></tr>
<tr><td colspan="10">试验结果：</td></tr>
<tr><td colspan="2">测量点</td><td>1</td><td>2</td><td>3</td><td>4</td><td>5</td><td>6</td><td colspan="2">平均值</td></tr>
<tr><td rowspan="2">测量值
ΔC（μL/L）</td><td>操作前</td><td>0.2</td><td>0.4</td><td>0.3</td><td>0.2</td><td>0.2</td><td>0.3</td><td colspan="2">0.27</td></tr>
<tr><td>操作后</td><td>0.3</td><td>0.3</td><td>0.2</td><td>0.4</td><td>0.3</td><td>0.3</td><td colspan="2">0.3</td></tr>
<tr><td colspan="2">绝对漏气率 F</td><td colspan="3">3.2×10^{-8}</td><td>年泄漏率 F_y</td><td colspan="4">0.0041</td></tr>
<tr><td colspan="2">结论</td><td colspan="8">符合</td></tr>
<tr><td colspan="10">泄漏率的计算公式如下：
绝对漏气率 F
$$F=\frac{\Delta C(V_m-V_1)p_{atm}\times10^{-3}}{\Delta t}\ \text{（Pa·m}^3\text{/s）}$$
年漏气率 F_y
$$F_y=\frac{F\times31.5\times10^6}{V(p_{re}+0.1)\times10^6}\times100=\frac{31.5F}{V(p_{re}+0.1)}\times100\ \text{（\%/年）}$$</td></tr>
</table>

6.14 充气隔室的压力耐受试验（适用于气体绝缘环网柜）

6.14.1 试验目的

验证充气隔室的压力耐受能力，应满足以下要求：当相对压力为 1.3 倍时，压力释放装置不应动作。相对压力为 3 倍时，隔室可以变形，但不应破裂，操作正常。

6.14.2 试验设备

试验设备配置见表 2-6-26。

表 2-6-26 充气隔室的压力耐受试验设备配置（推荐）

设备名称	设备关键参数和要求
充气装置	压力值根据产品设计压力配置

6.14.3 试验方法

先确定试品充气隔室外壳额定设计压力，将试品充气口与充气装置连接，并充入干燥空气。将相对压力升高到设计压力的 1.3 倍并保持 1min。然后将压力升高到设计压力的 3 倍，若上升过程中环网柜有配置压力释放装置，此时压力释放装置允许动作，并应记录动作压力值。如果没有压力释放装置，相对压力升至隔室设计压力的 3.0 倍并保持 1min。

6.14.4 结果判定

当相对压力为 1.3 倍时，压力释放装置不应动作。相对压力升高到 3 倍过程中，压力释放装置可以动作，隔室可以变形，但不应破裂。

6.14.5 注意事项

试品充气口与充气装置应连接良好，并检查是否存在泄漏。充气过程中应控制好充气流量，观察显示装置压力指示，杜绝出现充气过度造成气箱意外变形等情况。

6.14.6 试验实例

6.14.6.1 压力耐受试验示例

压力耐受试验示例见图 2-6-17。

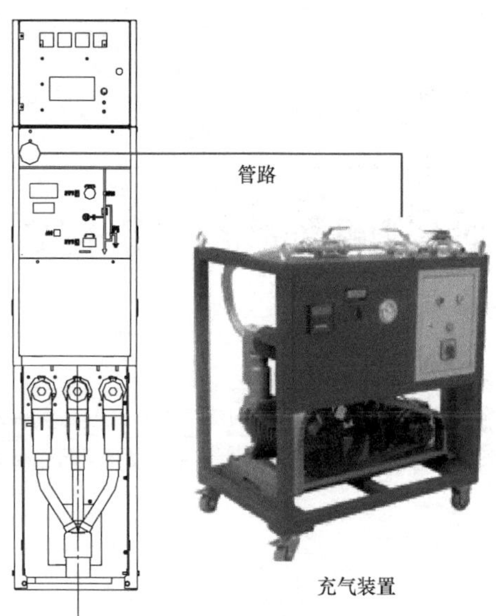

图 2-6-17 环网柜充气隔室的压力耐受试验示例

6.14.6.2 试验记录

试验记录见表 2-6-27。

表 2-6-27 充气隔室的压力耐受试验记录表（参考示例）

充气隔室的压力耐受试验记录			
序号	试验程序和技术要求	试验压力/释放压力（MPa）	检测结果
1	将隔室相对压力升高至设计压力的 1.3 倍并保持 1min，压力释放装置不应动作	0.65	符合
2	将隔室压力升至设计压力的 3.0 倍，压力释放装置应可靠动作。低于此压力时压力释放装置动作是允许的，记录压力释放装置的释放压力。 如果没有压力释放装置，相对压力升至隔室设计压力的 3.0 倍并保持 1min	1.5	符合
3	试验后，隔室允许变形，但不能破裂	—	符合

6.15 短时耐受电流和峰值耐受电流试验

短时耐受电流和峰值耐受电流试验见第二部分 3.16。

7 10kV 电缆分支箱基础

本章介绍 10kV 电缆分支箱检测的产品基础知识。

7.1 10kV 电缆分支箱术语和定义

7.1.1 开关设备和控制设备 switchgear and controlgear

开关装置及与其相关的控制、测量、保护和调节设备的组合，以及这些装置和设备同相关的电气连接、辅件、外壳和支撑件的总装的总称。

7.1.2 金属封闭开关设备和控制设备 metal-enclosed switchgear and controlgear

除进出线外，其余完全被接地金属外壳封闭的开关设备和控制设备。

7.1.3 破坏性放电 disruptive discharge

在电场作用下伴随绝缘破坏而产生的一种现象，此时放电完全跨接了被试绝缘，使电极之间的电压降到零或接近于零。

（1）该术语适用于在固体、液体和气体介质以及其组合中的放电。

（2）固体介质中的破坏性放电，会导致永久地丧失绝缘强度（非自恢复绝缘）而在液体和气体介质中可能仅是暂时丧失绝缘强度（自恢复绝缘）。

（3）破坏性放电发生在气体或液体介质中时，叫作火花放电；破坏性放电发生在气体或液体介质中的固体介质表面时，叫作闪络；破坏性放电贯穿于固体介质时，叫作击穿。

7.1.4 防护等级 degree of protection

外壳以及隔板或活门（适用时）提供的、防止接近危险部件、防止固体外物进入和/或防止水的浸入以及外壳防止机械撞击，并由标准试验方法验证过的保护程度。

7.1.5 短时耐受电流 short-time withstand current

在规定的使用和性能条件下，在规定的短时间内，回路和处于合闸位置的开关装置能够承载的电流有效值。

7.1.6 峰值耐受电流 peak withstand current

在规定的使用和性能条件下，回路和处于合闸位置的开关装置能够耐受的峰值电流。

7.2 10kV 电缆分支箱原理

电缆分支箱是配电线路中，电缆与电缆，电缆与其他电器设备连接的中间部件。电缆分支箱的主要作用是将电缆分接或转接，主要起电缆分接和转接作用。

电缆分支箱主要组成部分为箱体外壳、硅橡胶预制式电缆插头、双通套管（母线）、接地铜排、开关和带电指示器。

10kV 户外电缆分支箱柜体选用钢板；带电体为全密封绝缘结构，无需绝缘间隔，可靠保证人身安全。电缆分支箱具有全绝缘、全密封、耐腐蚀、免维护、安全可靠、体积小、结构紧凑、设备简略、便当、活络等特性。电缆分支箱作为电缆分接、转接用，不能用于主干网。

10kV 电缆分支箱包括不带开关电缆分支箱和带开关电缆分支箱两类。不带开关的电缆分支箱内没有开关设备，进线与出线在电气上连接在一起，电位相同，适宜用于分接或分支接线。通常习惯将进线回数加上出线回数称为分支数。例如三分支电缆分支箱，它的每一相上都有三个等电位连接点，可以用作一进二出或二进一出。带开关的电缆分支箱内含有开关设备，既可起分接、分支作用，又可起供电电路的控制、转换以及改变运行方式的作用。开关断口大致将电缆回路分隔为进线侧和出线侧，两侧电位可以不一样。开关设备本身有较大的体积，因此带开关的电缆分支箱的外形尺寸比较大。不带开关电缆分支箱见图 2-7-1，带开关电缆分支箱见图 2-7-2。

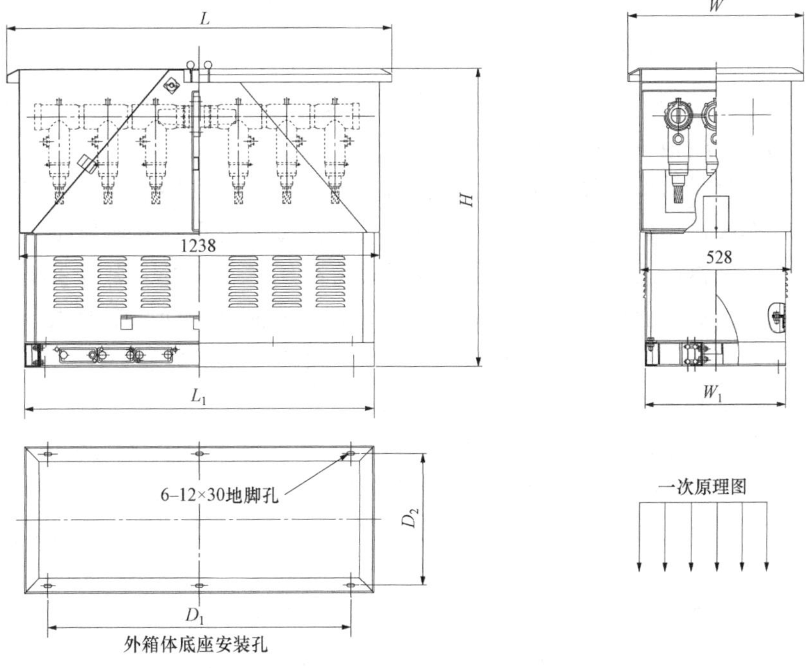

图 2-7-1 不带开关的电缆分支箱

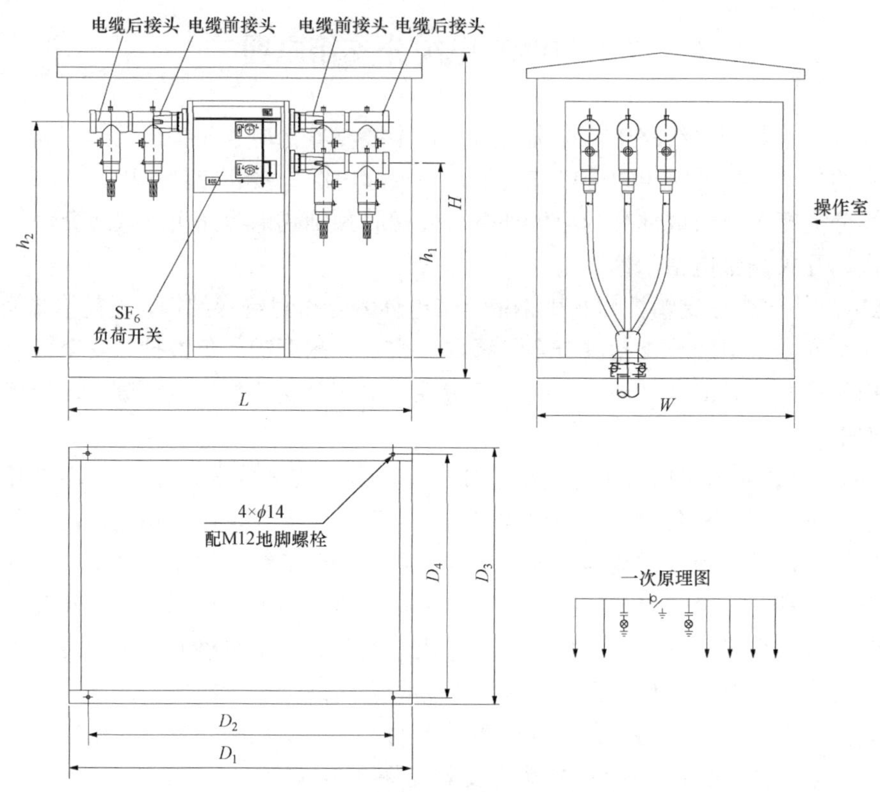

图 2-7-2 带开关的电缆分支箱

带开关电缆分支箱进线带一台三工位（分闸、合闸、接地三种工作位置）全绝缘、全密封 SF_6 负荷开关，SF_6 负荷开关必须满足高压负荷开关的国家标准要求，带多台开关的成套设备属于环网柜类产品。

箱体外壳应有足够的机械强度和耐腐蚀等性能，适用于户外运行，外壳的防护等级应达到 GB/T 4208 规定的 IP33。箱体应采用金属材质或阻燃型非金属材质；其中金属材质应选用优质冷轧钢板或不锈钢板，A 类优质设备金属材质应采用优质 304 不锈钢板；经焊接组装和表面涂装而成，厚度不应小于 2mm，并应满足表面防锈要求；非金属材质宜选用阻燃耐老化型材料，非金属外壳材料的静电屏蔽要求应符合 GB/T 3906 的规定。A 类优质设备基础应采用热镀锌，厚度≥70μm。

电缆分支箱相序按面对盘柜从左至右为 A、B、C，从上到下排列为 A、B、C。

10kV 电缆分支箱所有高压带电部件应密封在固体或气体绝缘介质中，外表采用屏蔽技术，不允许外部存在空气绝缘间隙。A 类优质设备电缆分支箱导电体应采用 T2 铜质导体，电导率≥56S/m。

电缆分支箱应选用屏蔽型可分离连接器，屏蔽层应采用预制式结构，屏蔽层厚度至少为 1.5mm。电缆分支箱应选用螺栓式或不带电插拔式可分离连接器，保证一次回路电气接触良好。屏蔽型可分离连接器应采用不小于 $2.5mm^2$ 的绝缘铜线接地。

7.3 10kV 电缆分支箱分类

（1）10kV 电缆分支箱可分为不带开关和带开关两类；

（2）常用电缆分支箱分为美式电缆分支箱和欧式电缆分支箱。

7.4 10kV 电缆分支箱结构

10kV 电缆分支箱主要由箱体、母排接板、电缆接头组成。母排接板在电缆分支系统中起到母排的作用。不带开关的 10kV 电缆分支箱外形如图 2-7-3 所示。

图 2-7-3 不带开关的 10kV 电缆分支箱外形图

7.5 10kV 电缆分支箱型号

10kV 电缆分支箱型号的型号命名规则如图 2-7-4 所示。

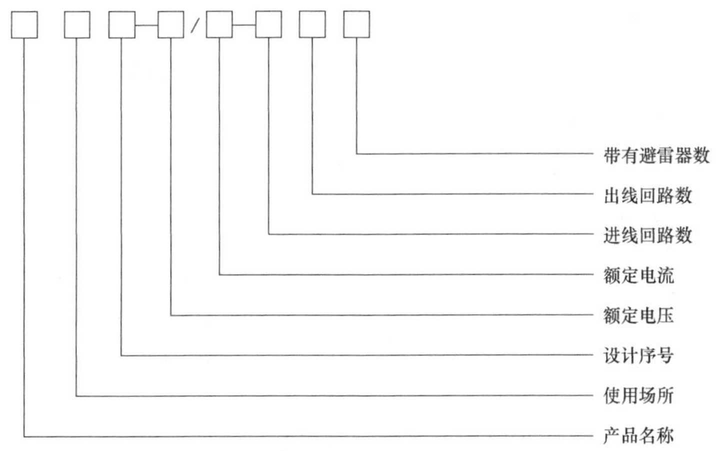

图 2-7-4 10kV 电缆分支箱型号命名规则

8 10kV 电缆分支箱试验基础

本章介绍 10kV 电缆分支箱质量检测的试验项目、类型、试验顺序和试验环境的要求。

8.1 10kV 电缆分支箱试验标准

试验参考标准如下：

GB/T 311.1 绝缘配合 第 1 部分：定义、原则和规则

GB/T 1984 高压交流断路器

GB/T 3906 3.6kV～40.5kV 交流金属封闭开关设备和控制设备

GB/T 4208 外壳防护等级（IP 代码）

GB/T 7354 高电压试验技术 局部放电测量

GB/T 11022 高压开关设备和控制设备标准的共用技术要求

GB/T 16927.1 高电压试验技术 第 1 部分：一般定义及试验要求

GB/T 16927.2 高电压试验技术 第 2 部分：测量系统

DL/T 404 3.6kV～40.5kV 交流金属封闭开关设备和控制设备

DL/T 593 高压开关设备和控制设备标准的共用技术要求

8.2 10kV 电缆分支箱试验项目、类型和试验顺序

8.2.1 试验项目

10kV 电缆分支箱试验项目、类型及主要标准见表 2-8-1。

表 2-8-1 10kV 电缆分支箱试验项目、类型及主要标准

序号	试验项目名称	试验类型	试验主要标准
1	柜体尺寸、厚度、材质检测	例行试验	GB/T 3906、DL/T 404、DL/T 593
2	结构和外观检查	例行试验	GB/T 3906、DL/T 404、DL/T 593
3	工频电压试验	型式试验	GB/T 3906、DL/T 404、DL/T 593
4	主回路电阻的测量	型式试验	GB/T 3906、DL/T 404、DL/T 593
5	雷电冲击电压试验	型式试验	GB/T 3906、DL/T 404、DL/T 593
6	局部放电试验	型式试验	GB/T 3906、DL/T 404、DL/T 593
7	温升试验	型式试验	GB/T 3906、DL/T 404、DL/T 593

续表

序号	试验项目名称	试验类型	试验主要标准
8	防护等级检验	型式试验	GB/T 4208、DL/T 404、DL/T 593
9	短时耐受电流和峰值耐受电流试验	型式试验	GB/T 3906、DL/T 404

8.2.2 试验顺序

8.2.2.1 局部放电试验顺序要求

局部放电试验应在雷电冲击电压试验和工频电压试验后进行。

8.2.2.2 短时耐受电流和峰值耐受电流试验顺序要求

短时耐受电流和峰值耐受电流试验应在其他试验完成后依次进行。

8.2.2.3 推荐的试验顺序

1）柜体尺寸、厚度、材质检测；
2）结构和外观检查；
3）工频电压试验；
4）主回路电阻的测量；
5）雷电冲击电压试验；
6）局部放电试验；
7）温升试验；
8）防护等级检验；
9）短时耐受电流和峰值耐受电流试验。

8.3 10kV 电缆分支箱试验环境要求

8.3.1 试验环境温度和湿度要求

1）如果在自然大气环境下不能保证室内气温在 10～40℃范围内，试验室宜安装供暖和/或冷风系统；

2）如果不能保证一年中相对湿度超过 85%的天数少于 45 天，相对湿度超过 80%的天数少于 60 天，试验室宜安装空气调节装置。

8.3.2 试验电源要求

温升试验和测量均应在 50Hz 频率下进行。绝缘试验电源电压的波形应接近正弦波，即峰值除以 $\sqrt{2}$ 与方均根值的偏差不大于 5%。

8.3.3 其他通用要求

1）试验室应有足够的空间和合理的布局，包括样品储存空间；

2）不同功能区域划分清晰，易于识别；

3）试验室应具备充足的光照条件，照度值宜不低于 250lx；

4）工作区域、试验台等配置必要的防静电材料；

5）试验室应具备可靠的接地系统，接地电阻不应超过 0.5Ω。

8.3.4 特殊环境要求

如果进行局部放电测量试验项目，按照GB/T 7354的要求，局部放电背景应低于 5pC。

9 10kV 电缆分支箱试验方法和要求

9.1 柜体尺寸、厚度、材质检测

柜体尺寸、厚度、材质检测见第二部分 6.1。

9.2 结构和外观检查

9.2.1 试验目的

检查 10kV 电缆分支箱的结构和外观，给使用方提供检测结果和数据参考，确保符合技术规范书要求。

9.2.2 试验设备

试验设备配置见表 2-9-1。

表 2-9-1 试验设备配置（推荐）

设备名称	设备关键参数和要求
钢卷尺	测量范围：0～3m； 准确度等级不低于 2 级

9.2.3 试验方法

9.2.3.1 接线形式检查试验方法

对样品的一次接线方案进行核对。

9.2.3.2 相序检查试验方法

检查高压导体的相序。

9.2.3.3 外观检查试验方法

对样品外观和尺寸进行检查。

9.2.4 结果判定

一次接线方案图应符合技术规范书的规定。

面对 10kV 电缆分支箱从左至右排列为 A、B、C，从上到下排列为 A、B、C，从后到前排列为 A、B、C。

样品外观无损伤痕迹，防雨檐完好，锁具开合顺利，尺寸满足技术规范书的要求。

9.2.5 注意事项

测量数据准确无误，重要部分进行相关照片记录。

9.2.6 试验实例

9.2.6.1 试验示例

检查一次接线方案图示例见图 2-9-1。

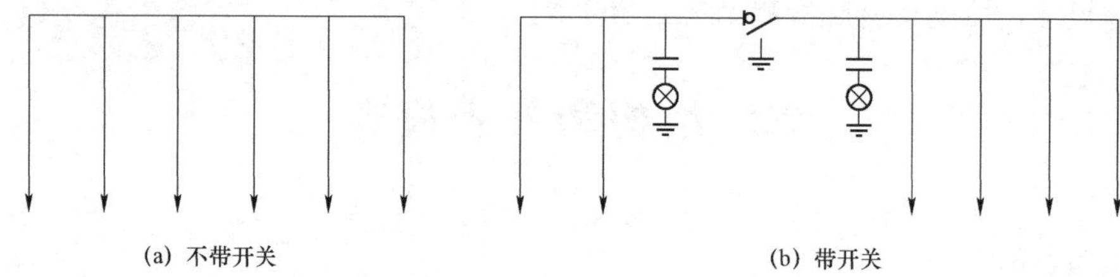

(a) 不带开关　　(b) 带开关

图 2-9-1 一次接线方案图示例

9.2.6.2 试验记录

试验记录见表 2-9-2。

表 2-9-2 外观检查记录表（参考示例）

项目	检查项目	检测结果
接线形式检查	一次接线方案图应符合技术规范书的规定	符合要求
相序检查	相序和标识正确	符合要求
外观检查	样品外观无损伤痕迹，防雨檐完好，锁具开合顺利，尺寸满足技术规范书的要求	符合要求

9.3 工频电压试验

9.3.1 试验目的

检查相间及相对地绝缘。

9.3.2 试验设备

试验设备配置见表 2-9-3。

表 2-9-3 试验设备配置（推荐）

序号	设备名称	设备关键参数和要求
1	工频电压试验系统	电压测量范围：0～150kV； 测量准确度应不低于 3%

续表

序号	设备名称	设备关键参数和要求
2	空盒气压表	大气压测量范围：80.0～106.0kPa； 准确度：0.2kPa
3	温湿度计	温度准确度不低于 1℃； 相对湿度准确度不低于 2%

9.3.3 试验方法

试验方法见第二部分 3.3.3。

9.3.4 结果判定

试验过程中，如果没有发生破坏性放电，则应认为试品通过了试验。

9.3.5 注意事项

（1）升压期间密切观察高压端、操作界面显示及被试品现象，监听被试品是否有异响，试验电压波动是否在规定范围内，出现异常情况时请及时拍下急停切断电源检查情况；如产生异响状况时，应将电压降至零位后才可放电，查明原因，方可继续试验。

（2）如果实验室中的大气条件与标准参考大气条件不同，则应计算修正系数，并选取合适的试验方法。

9.3.6 试验实例

9.3.6.1 试验示例

以下实例为使用单电源进行试验。试验示例见图 2-9-2。

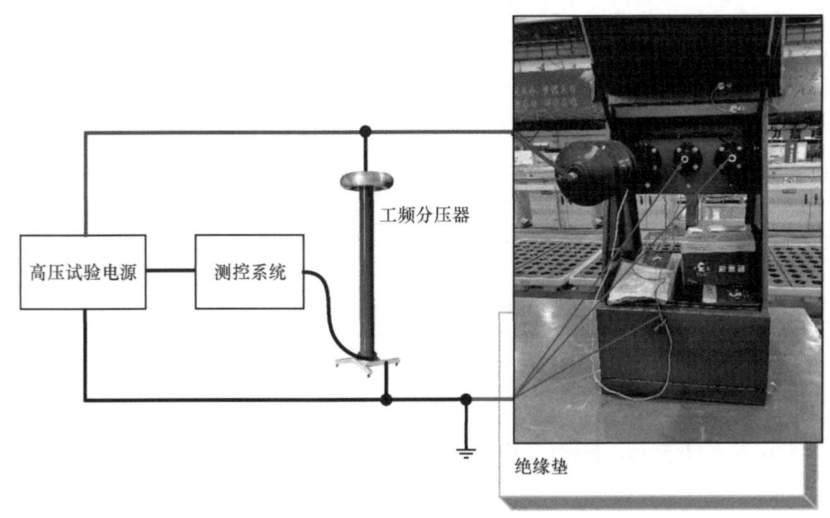

图 2-9-2 高压电缆分支箱相间及相对地示例

9.3.6.2 试验记录

试验记录见表 2-9-4、表 2-9-5。

表 2-9-4 不带开关的电缆分支箱工频电压试验记录（参考示例）

试区大气条件					
大气压力（kPa）	101.6	干球温度（℃）	11.7	实验室海拔（m）	35
大气湿度（%）	66	湿球温度（℃）	—	使用海拔（m）	—
计算修正系数	0.9786	使用修正系数	1	—	—
开关状态	加压部位	接地部位	施加电压值（kV）	加压时间（min）	是否放电
无开关	Aa	BCbcF	42	1	无破坏性放电
无开关	Bb	ACacF	42	1	无破坏性放电
无开关	Cc	ABabF	42	1	无破坏性放电

表 2-9-5 带开关的电缆分支箱工频电压试验记录（参考示例）

试区大气条件					
大气压力（kPa）	101.6	干球温度（℃）	11.7	实验室海拔（m）	35
大气湿度（%）	66	湿球温度（℃）	—	使用海拔（m）	—
计算修正系数	0.9786	使用修正系数	1	—	—
试验结果：					
开关状态	加压部位	接地部位	施加电压值（kV）	加压时间（min）	放电次数
合闸	Aa	BbCcF	42	1	0
合闸	Bb	AaCcF	42	1	0
合闸	Cc	AaBbF	42	1	0
开关断口	A	a	48	1	0
开关断口	a	A	48	1	0
开关断口	B	b	48	1	0
开关断口	b	B	48	1	0
开关断口	C	c	48	1	0
开关断口	c	C	48	1	0

9.4 主回路电阻的测量

主回路电阻的测量见第二部分 6.5。

9.5 雷电冲击电压试验

9.5.1 试验目的

检查相间及相对地是否存在缺陷。

9.5.2 试验设备

试验设备配置见表 2-9-6。

表 2-9-6 试验设备配置（推荐）

序号	设备名称	设备关键参数和要求
1	冲击电压发生装置	测量雷电波要求：1.2/50μs，0～300kV
2	空盒气压表	大气压测量范围：80.0～106.0kPa； 准确度：0.2kPa
3	温湿度计	温度准确度不低于 1℃； 相对湿度准确度不低于 2%

9.5.3 试验方法

雷电冲击电压试验方法见第二部分 3.10.3。

9.5.4 结果判定

试验过程中，如果没有发生破坏性放电，则应认为试品通过了试验。

9.5.5 注意事项

如果实验室中的大气条件与标准参考大气条件不同，则试验电压应按照 GB/T 16927.1—2011 进行修正。

9.5.6 试验实例

9.5.6.1 高压电缆分支箱相间及相对地试验示例

高压电缆分支箱相间及相对地试验示例见图 2-9-3。

9.5.6.2 试验记录

试验记录见表 2-9-7、表 2-9-8。

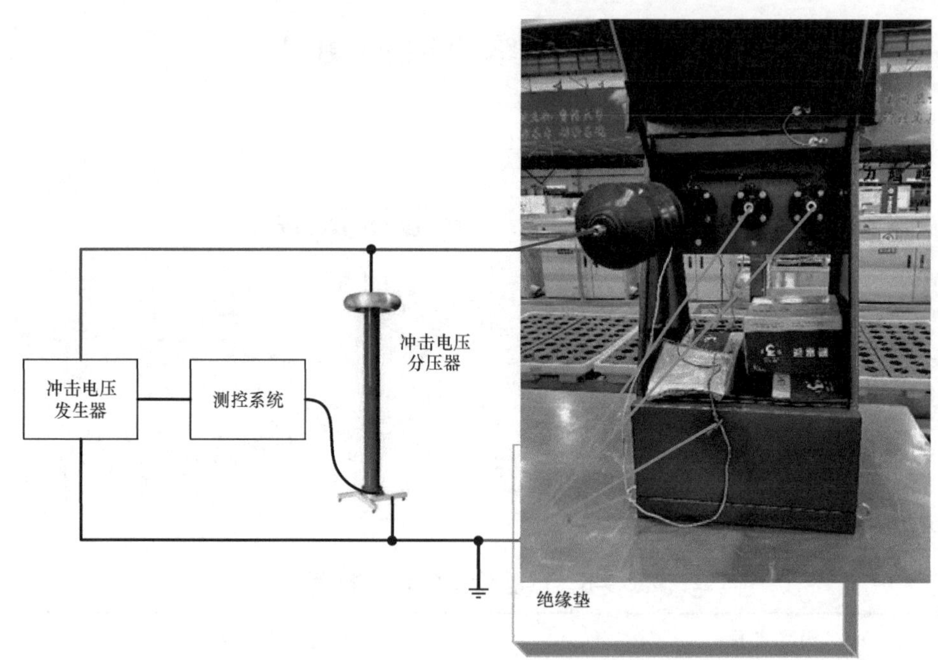

图 2-9-3 高压电缆分支箱相间及相对地示例

表 2-9-7 不带开关的电缆分支箱雷电冲击电压试验记录

试区大气条件：					
大气压力（kPa）	101.6	干球温度（℃）	11.7	实验室海拔（m）	35
大气湿度（%）	66	湿球温度（℃）	—	使用海拔（m）	—
计算修正系数	0.9875	使用修正系数	1	—	—

试验结果：							
开关状态	加压部位	接地部位	极性	试验电压峰值（kV）	加压次数	放电次数	典型示波图号
无开关	Aa	BbCcF、观察窗	正/负	75	15	0	***
无开关	Bb	AaCcF、观察窗	正/负	75	15	0	***
无开关	Cc	AaBbF、观察窗	正/负	75	15	0	***

表 2-9-8 带开关的电缆分支箱雷电冲击电压试验记录

试区大气条件：					
大气压力（kPa）	101.6	干球温度（℃）	11.7	实验室海拔（m）	35
大气湿度（%）	66	湿球温度（℃）	—	使用海拔（m）	—
计算修正系数	0.9875	使用修正系数	1	—	—

续表

试验结果：							
开关状态	加压部位	接地部位	极性	试验电压峰值（kV）	加压次数	放电次数	典型示波图号
合闸	Aa	BbCcF	正/负	75	15	0	***
合闸	Bb	AaCcF	正/负	75	15	0	***
合闸	Cc	AaBbF	正/负	75	15	0	***
开关断口	A	a	正/负	85	15	0	***
开关断口	a	A	正/负	85	15	0	***
开关断口	B	b	正/负	85	15	0	***
开关断口	b	B	正/负	85	15	0	***
开关断口	C	c	正/负	85	15	0	***
开关断口	c	C	正/负	85	15	0	***

9.6 局部放电试验

9.6.1 试验目的

通过局部放电试验能及时发现设备绝缘内部是否存在缺陷，防患于未然。

9.6.2 试验设备

试验设备配置见表 2-9-9。

表 2-9-9 试验设备配置（推荐）

序号	设备名称	设备关键参数和要求
1	工频试验变压器	电压测量范围：0～150kV
2	局部放电综合分析仪	测量范围：0～5000pC
3	温湿度计	温度准确度不低于 1℃

9.6.3 试验方法

单相试验，依次将各相接到试验电源上，其余两相和所有工作时接地的部件都接地，在试品上施加 1.3 倍额定电压作为预加试验电压，并维持 10s，然后下降到规定的 1.1 倍电压值下，在规定的电压值下测量局部放电量，测量时间大于 1min。此时需要记录施加的电压、局部放电量以及局部放电波形。记录仪器、设备的状态。试验过程中如设备或试品出现异常，应立即降压并切断电源，在试验设备上挂好接地棒，检查异常原因，确认后重新开始试验。

9.6.4 结果判定

试验结果应符合相应产品标准或技术规范书的规定。

9.6.5 注意事项

试验时应考虑实际背景噪声水平，必要时可以在屏蔽室内进行试验。

9.6.6 试验实例

9.6.6.1 局部放电试验示例

局部放电试验示例见图 2-9-4、图 2-9-5。

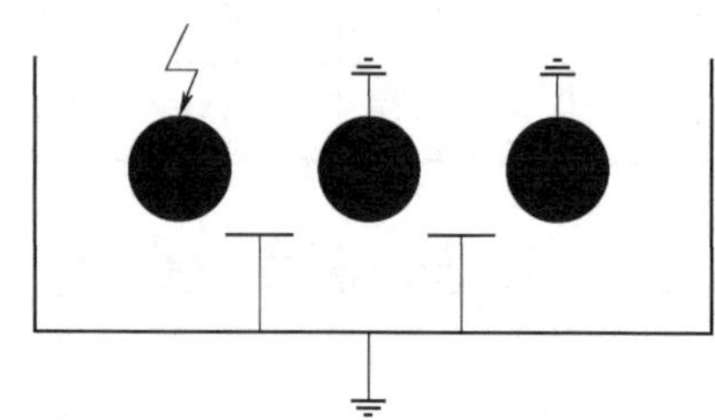

图 2-9-4 局部放电试验接线示意图

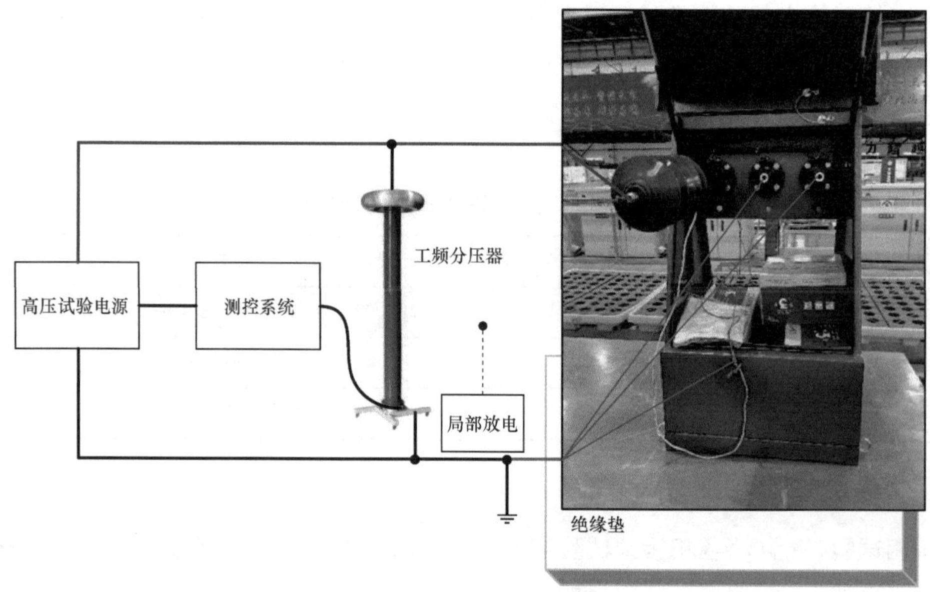

图 2-9-5 试验接线图

9.6.6.2 试验记录

试验记录见表 2-9-10。

表 2-9-10 局部放电试验表（参考示例）

试区大气条件：							
大气压力（kPa）	100.31	干球温度（℃）		45.1	实验室海拔（m）		8
大气湿度（%）	54.3	湿球温度（℃）		—	使用海拔高度（m）		＜1000
试验结果：							
开关状态	加压部位	接地部位	技术要求（pC）	预加电压（kV）	加压时间（s）	测量电压（kV）	局部放电量（pC）
合闸	Aa	BcCcF	≤10	15.6	10	13.2	0.2
合闸	Bb	AaCcF	≤10	15.6	11	13.2	0.2
合闸	Cc	AaBbF	≤10	15.6	10	13.2	0.3

9.7 温升试验

9.7.1 试验目的

开关温升试验的目的是验证开关设备及其组件的热稳定性能和温升能力，以确保电气设备能够在长时间的电流负荷下正常工作。

9.7.2 试验设备

试验设备配置见表 2-9-11。

表 2-9-11 温升试验设备配置（推荐）

序号	设备名称	设备关键参数和要求
1	温度巡回检测仪	测量温度误差范围：±1℃
2	温升试验系统（电流部分）	测量电流允许误差范围：±1.5%

9.7.3 试验方法

试验方法见第二部分 3.12.3。

9.7.4 结果判定

样品的温升未超过 GB/T 11022 中表 14 和 DL/T 593 中表 3 的规定。

9.7.5 注意事项

（1）试验前应检查试验设备和测量设备，确保其正常工作。

（2）试验开始前预热设备，确保其工作稳定。

（3）在试验过程中，应注意保持试验设备的工作稳定，不得出现故障。

（4）在试验结束后要及时停止试验电流，测量不记录温度数据。

（5）试验过程中应注意试验环境的安全，避免发生意外事故。

9.7.6 试验实例

9.7.6.1 温升试验示例

温升试验示例见图 2-9-6～图 2-9-8。

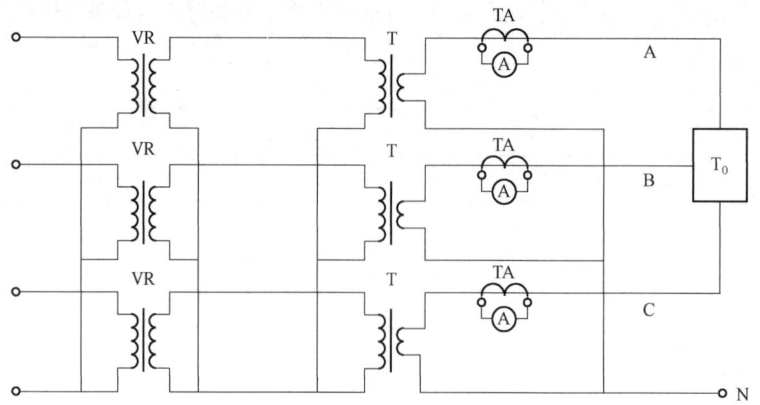

图 2-9-6 温升试验接线示意图

VR—调压器；TA—电流互感器；T—升流器；T_0—试品

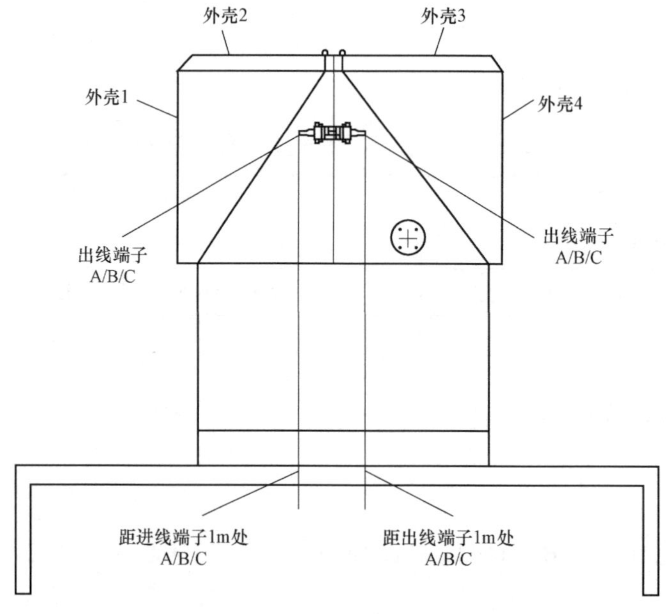

图 2-9-7 温升测量点示意图

图 2-9-8 10kV 电缆分支箱温升试验示例

9.7.6.2 试验记录

试验记录见表 2-9-12。

表 2-9-12 温升试验试验记录

试验条件：							
大气压力（kPa）	99.9	环境温度（℃）		32.8	大气湿度（%）		60
试验电流（A）	693	电流频率（Hz）		50	试验相数		3
周围风速（m/s）	0.1	充气类型		—	充气相对压力（MPa）		—
首端连接母线规格	TMY60×8×2000（mm）						
末端连接母线规格	TMY60×8×2000（mm）						
散热风机参数	—						
试验结果：							
测量部位编号	测量部位说明	镀层	允许温升值(K)	实测温升值（K）			
				A	B	C	
1	首端连接线 1m 处温升	—	—	41.0	38.9	37.8	
2	进线端子温升	镀锡	≤65	43.8	42.0	40.9	
7	出线端子温升	镀锡	≤65	42.9	44.9	41.7	
8	末端连接线 1m 处温升	—	—	39.7	41.5	38.5	
9	外壳覆板温升	—	≤30	12.7			

续表

试验前后回路电阻的测量：						
相别	试验前平均值			试验后平均值		
	A	B	C	A	B	C
回路电阻（μΩ）	23.6	23.1	21.7	24.2	23.7	22.3
试验后电阻相对试验前的变化（%）				2.5	2.6	22.3
试验前后电阻变化（%）：≤20%				符合/不符合		

9.8 防护等级检验（IP代码）

9.8.1 试验目的

验证 10kV 电缆分支箱防止异物及防水能力，保证设备、人员安全。防护等级应符合技术规范书和铭牌给出的值。

9.8.2 试验设备

试验设备配置见表 2-9-13。

表 2-9-13 防护等级检验（IP 代码）设备配置

设备名称	设备关键参数和要求
IP 试具	根据防护等级而定

9.8.3 试验方法

试验方法见第二部分 3.13.3。

9.8.4 结果判定

9.8.4.1 第一位特征数字

（1）第一位特征数字为 1、2、3、4 的试品，如果试具的直径不能通过任何开口，则试验合格。

（2）第一位特征数字为 5 的试品，试验后，观察滑石粉沉积量及沉积地点，如果同其他灰尘一样，不足以影响设备的正常操作或安全，即认为试验合格。

（3）第一位特征数字为 6 的试品，试验后壳内无明显的灰尘沉积，即认为试验合格。

9.8.4.2 第二位特征数字

试验后检查外壳进水情况，如果进水，应不足以影响设备的正常操作或破坏安全性；水不积聚在可能导致沿爬电距离引起漏电起痕的绝缘部件上；水不进入带电部件，或进入不允许在潮湿状态下运行的绕组；水不积聚在电缆头附近或进入电缆。

9.8.4.3 附加字母

试具与危险运动部件之间保持足够的间隙，则认为试验合格。进行附加字母 B 的试验时，铰链试指可进入外壳 80mm 的长度，但档盘（ϕ50mm×20mm）不得通过开口。在进行附加字母 C 和 D 的试验时，试具可进入其全部长度，但档盘不得通过开口。

所有测点都符合技术规范书所规定的要求值时或铭牌宣称的值时，则认为此项试验符合。

9.8.5 注意事项

（1）在试验前应检查柜门的紧闭程度，若出现柜门未锁紧时，应先锁紧柜门再进行试验。

（2）在进行防护等级试验时，应注意所使用的力不能超过规定施加的值。

9.8.6 试验实例

9.8.6.1 防护等级试验照片

防护等级试验示例见图 2-9-9。

图 2-9-9 10kV 电缆分支箱防护等级试验示例

9.8.6.2 试验记录

试验记录见表 2-9-14。

表 2-9-14 防护等级检验（IP 代码）记录

序号	测量部位	技术要求及检测方法	检测结果
1	柜体外壳	第一位特征数字：____ 用直径____mm 的试具，试验用力为____N，试验过程中试具不应进入防护壳体	符合/不符合
2	隔室间	第一位特征数字：____ 用直径____mm 的试具，试验用力为____N，试验过程中试具不应进入防护壳体	符合/不符合
3	—	附加字母：____ 用直径____mm 的试具，试验用力为____N，试验过程中试具不应进入防护壳体	符合/不符合
4	成套设备	第二位特征数字：____ 防____；向外壳各方向______应无有害影响（水不浸入带电部件、不积聚在可能导致沿爬电距离引起漏电起痕的绝缘部件上）	符合/不符合

9.9 短时耐受电流和峰值耐受电流试验

短时耐受电流和峰值耐受电流试验见第二部分 3.16。

10 断路器基础

本章介绍断路器（40.5kV 及以下）检测的产品基础要求。

10.1 断路器（40.5kV 及以下）术语和定义

10.1.1 开关设备和控制设备 switchgear and controlgear

开关装置及与其相关的控制、测量、保护和调节设备的组合，以及这些装置和设备同相关的电气连接、辅件、外壳和支撑件的总装的总称。

10.1.2 外绝缘 external insulation

空气间隙及设备固体绝缘的外露表面，它承受着电应力作用和大气条件以及其他外部条件诸如污秽、潮湿、虫害等的影响。

10.1.3 内绝缘 internal insulation

设备内部的固体、液体或气体绝缘，它不受大气和其他外部条件的影响。

10.1.4 触头（机械开关装置的） contact（of a mechanical switching device）

一种导电部件，接触时建立起电路的连续性；在操作期间，由于它们的相对运动使电路断开或闭合或在转动或滑动接触的情况下保持电路的连续性。

10.1.5 辅助回路（开关装置的） auxiliary circuit（of aswitching device）

包括在开关装置的主回路、接地回路和控制回路以外的回路中的开关装置的所有导电部件。

某些辅助回路实现补充功能，例如信号、联锁等，以及它们可以成为另一台开关装置的控制回路。

10.1.6 破坏性放电 disruptive discharge

在电场作用下伴随绝缘破坏而产生的一种现象，此时放电完全跨接了被试绝缘，使电极之间的电压降到零或接近于零。

（1）该术语适用于在固体、液体和气体介质以及其组合中的放电。

（2）固体介质中的破坏性放电，会导致永久地丧失绝缘强度（非自恢复绝缘），而在液体和气体介质中可能仅暂时丧失绝缘强度（自恢复绝缘）。

（3）破坏性放电发生在气体或液体介质中时，叫作火花放电；破坏性放电发生在气体或液体介质中的固体介质表面时，叫作闪络；破坏性放电贯穿于固体介质时，叫作击穿。

10.1.7 联结（用螺栓的或与其等效的） connection（bolted or the equivalent）

两个或多个导体用螺钉、螺栓或与其等效的方法连接在一起，以保证回路持久的连续性。

10.1.8 储能操作（机械开关装置的） stored energy operation（of a mechanical switching device）

通过操作前储存在操动机构本身的，且在预定的条件下足以完成操作的能量来进行的操作。

这类操作可按能量储存方式（弹簧，重锤等）、能量源（人力，电气的等）及能量释放方式（人力，电气的等）分类。

10.1.9 防护等级 degree of protection

外壳提供的、防止接近危险部件、防止固体外物进入和/或防止水的浸入以及外壳防止机械撞击，并由标准试验方法验证过的保护程度。

10.1.10 短时耐受电流 short-time withstand current

在规定的使用和性能条件下，在规定的短时间内，回路和处于合闸位置的开关装置能够承载的电流有效值。

10.1.11 峰值耐受电流 peak withstand current

在规定的使用和性能条件下，回路和处于合闸位置的开关装置能够耐受的峰值电流。

10.2 断路器（40.5kV 及以下）原理

断路器是高压开关设备中最主要、最复杂的一种器件。它既能关合、承载、开断运行回路的正常电流，又能关合、承载和开断规定的过载电流（如短路电流）。广泛用于电力系统的发电厂、变电所、开关站及用电线路上，同时承担着控制和保护双重任务。

40.5kV 及以下断路器主要指的是柱式断路器、罐式断路器。40.5kV 及以下柱式断路器灭弧介质有真空、SF_6，40.5kV 及以下罐式断路器灭弧介质有 SF_6。

真空断路器是一种常见的高压电气设备，用于隔离和切断电力系统中的故障电流以保护电力设备和电网。其原理基于真空环境中的电弧灭弧技术。

真空断路器主要由真空容器、触头、绝缘支持、驱动机构等部件组成。当电路中发生故障时，例如过载、短路等情况，断路器会迅速切断故障电流以避免设备损坏或事故发生。

在正常工作状态下，断路器的触头处于闭合状态，导电回路畅通。当有故障发生时，快速的过电流将导致触头之间产生电弧。电弧是电流在空气中产生的可导电等离子体，具有高温和高能量。

然而，真空断路器中的真空容器使环境接近于真空状态，因此电弧在这种环境中无法得到维持。当电弧发生时，真空断路器会自动启动灭弧装置，例如灭弧室或沉箱。在真空环境中，电弧的能量将被迅速吸收，从而导致电弧受限和灭弧。

具体来说，当电弧发生时，断路器的驱动机构将触头快速分离，使电弧产生间断。此时，真空容器起到了灭弧作用，通过吸收电弧的能量并在较短的时间内迅速冷却和灭除电弧。真空环境可以提供无气体介质的绝缘性能，从而有效地阻止电弧重新点燃。

启动灭弧过程后，电弧持续时间逐渐减少，最终完全灭除。随着电弧消失，触头之间恢复到闭合状态，使电力系统重新连接。

真空断路器相对于传统的空气断路器具有许多优点。首先，真空断路器具有较高的灭弧能力和断电能力，可以可靠地切断故障电流，并且具有较长的使用寿命。其次，真空断路器没有外部介质的放电故障风险，因为真空环境可以有效地防止电弧重新点燃。此外，真空断路器还具有较小的体积、轻量化、低噪声和易于维护等优势。

为了提高真空灭弧室的开断能力，可采用下列方法：

（1）使用横向磁场触头：缺点是在开断大电流时，触头表面由于烧损将出现凹凸不平的现象，并形成熔化斑点，甚至会在触头表面上出现熔融的针状金属毛刺，造成电场局部集中，使触头间的耐压下降、电磨损严重、电寿命缩短。

为克服横向磁场触头的缺点，发展了纵向磁场触头。

（2）使用纵向磁场触头：可防止弧柱内带电质点沿触头半径方向扩散，使弧柱不易弯曲变形，弧柱中带电质点密度较大，因而电弧电压降低。可防止电弧收缩，即提高了电弧由扩散型变为收缩型的临界值。

真空断路器通过利用真空环境中的灭弧特性，迅速切断电力系统中的故障电流。这种灭弧原理在高压电力系统中得到了广泛应用，以保护设备和确保稳定的电力供应。

10.3 断路器（40.5kV 及以下）分类

断路器（40.5kV 及以下）有按灭弧介质、结构形式、安装方式等多种分类方法。

按灭弧介质方式分，可分为 SF_6 断路器、真空断路器和少油断路器三类。

按结构形式分，可分为支柱式、共箱式。

按安装方式分，可分为户外和户内式。

10.4 断路器（40.5kV 及以下）结构

瓷柱式断路器外形结构见图 2-10-1。

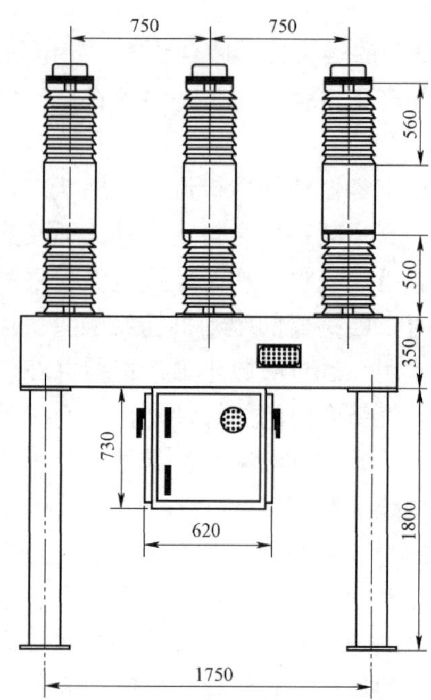

图 2-10-1 瓷柱式断路器外形结构

10.5 断路器（40.5kV 及以下）型号

断路器（40.5kV 及以下）产品型号的命名规则见图 2-10-2。

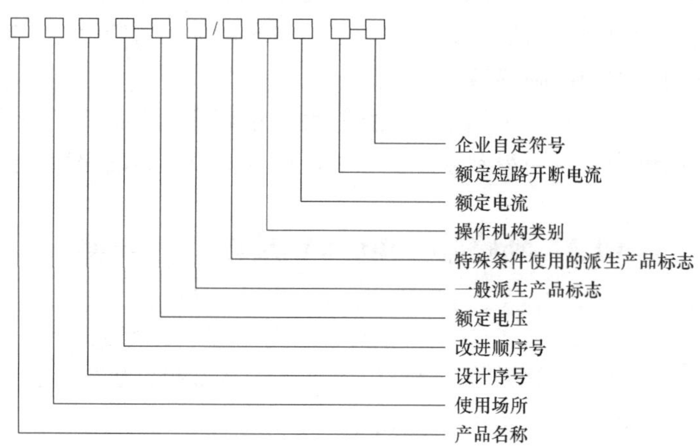

图 2-10-2 断路器（40.5kV 及以下）型号命名规则

产品名称：Z—真空断路器、L—SF_6 断路器。

使用场所：N—户内、W—户外。

设计序号：按产品鉴定的先后，由行业归口部门统一颁发，用阿拉伯数字 1、2、3…

表示。

改进顺序号：经行业归口部门确认后，以 A、B、C…表示，原型不标注。

额定电压：以设备额定电压的千伏（kV）数表示。

操动机构类别：T—弹簧操动机构、D—电磁操动机构、Q—气动操动机构、Y—液压操动机构。

额定电流：以设备的额定电流的安培（A）数标注。

额定短路开断电流：以设备短路开断电流的千安（kA）数表示。

企业自定符号：根据需要由企业自定，如无，则不标注。

例：ZW32—12/T630—20 表示：真空户外断路器，设计序号 32，额定电压 12kV、断路器弹簧操动机构、断路器额定电流 630A、额定短路开断电流 20kA。

11 断路器（40.5kV 及以下）试验基础

本章介绍断路器（40.5kV 及以下）质量检测的试验项目、类型、试验顺序和试验环境的要求。

11.1 断路器（40.5kV 及以下）试验标准

试验参考标准如下：

GB/T 311.1 绝缘配合 第 1 部分：定义、原则和规则

GB/T 1984 高压交流断路器

GB/T 2423.1 电工电子产品环境试验 第 2 部分：试验方法 试验 A：低温

GB/T 2423.2 电工电子产品环境试验 第 2 部分：试验方法 试验 B：高温

GB/T 2423.22 环境试验 第 2 部分：试验方法 试验 N：温度变化

GB/T 4208 外壳防护等级（IP 代码）

GB/T 7354 高电压试验技术 局部放电测量

GB/T 16927.1 高电压试验技术 第 1 部分：一般定义及试验要求

GB/T 16927.2 高电压试验技术 第 2 部分：测量系统

GB/T 11022 高压开关设备和控制设备标准的共用技术要求

DL/T 593 高压开关设备和控制设备标准的共用技术要求

DL/T 402 高压交流断路器

11.2 断路器（40.5kV 及以下）试验项目、类型和试验顺序

11.2.1 试验项目

断路器（40.5kV 及以下）试验项目、类型及主要标准见表 2-11-1。

表 2-11-1 断路器（40.5kV 及以下）试验项目、类型及主要标准

序号	试验项目名称	试验类型	试验主要标准
1	结构、外观检查	例行试验	GB/T 1984、DL/T 402
2	机械特性和操作试验	例行/型式试验	GB/T 1984、DL/T 402
3	机械寿命试验	型式试验	GB/T 1984、DL/T 402
4	温升试验	型式试验	GB/T 1984、GB/T 11022、DL/T 593、DL/T 402

续表

序号	试验项目名称	试验类型	试验主要标准
5	主回路电阻测量	例行/型式试验	GB/T 1984、GB/T 11022、DL/T 593、DL/T 402
6	短时耐受电流和峰值耐受电流试验	型式试验	GB/T 1984、GB/T 11022、DL/T 593、DL/T 402
7	工频电压试验	例行/型式试验	GB/T 1984、GB/T 11022、DL/T 593、DL/T 402
8	雷电冲击试验	例行/型式试验	GB/T 1984、GB/T 11022、DL/T 593、DL/T 402、GB/T 16927.1
9	防护等级验证	型式试验	DL/T 593、DL/T 402、GB/T 4208
10	密封试验	例行/型式试验	DL/T 593
11	辅助和控制回路的绝缘试验	例行/型式试验	GB/T 1984、GB/T 11022、DL/T 593、DL/T 402

11.2.2 试验顺序

11.2.2.1 主回路电阻测量试验顺序

应用直流测量每极端子间的电压降或电阻。对于直流电压降或电阻，应在温升试验前开关设备和控制设备所处的周围空气温度下进行一次测量；温升试验后，当开关设备和控制设备冷却到周围空气温度时再测量一次。

11.2.2.2 推荐的试验顺序

断路器（40.5kV 及以下）的试验可在多台试品上开展，推荐试验顺序如下：

1）结构、外观检查；

2）机械特性和操作试验；

3）辅助和控制回路的绝缘试验；

4）工频电压试验；

5）雷电冲击试验；

6）主回路电阻测量；

7）温升试验；

8）防护等级验证；

9）密封试验；

10）短时耐受电流和峰值耐受电流试验；

11）机械寿命试验。

11.3 断路器（40.5kV 及以下）试验环境要求

11.3.1 试验环境温度和湿度要求

（1）如果在自然大气环境下不能保证室内气温在 10～40℃范围内，试验室宜安装供暖和/或冷风系统。

（2）如果不能保证一年中相对湿度超过 85%的天数少于 45 天，相对湿度超过 80%的天数少于 60 天，试验室宜安装空气调节装置。

11.3.2 试验电源要求

温升试验和测量均应在 50Hz 频率下进行。绝缘试验电源电压的波形应接近正弦波，即峰值除以 $\sqrt{2}$ 与方均根值的偏差不大于 5%。

11.3.3 其他通用要求

1）试验室应有足够的空间和合理的布局，包括样品储存空间；

2）不同功能区域划分清晰，易于识别；

3）试验室应具备充足的光照条件，照度值宜不低于 250lx；

4）工作区域、试验台等配置必要的防静电材料；

5）试验室应具备可靠的接地系统，接地电阻不应超过 0.5Ω。

11.3.4 特殊环境要求

如果进行局部放电测量试验项目，按照 GB/T 7354 中的要求，局部放电背景应低于 5pC。

12 断路器（40.5kV 及以下）试验方法和要求

12.1 工频电压试验

12.1.1 试验目的

检查断路器本体各部分的绝缘性能是否良好。

12.1.2 试验设备

试验设备配置见表 2-12-1。

表 2-12-1 工频电压试验设备配置（推荐）

序号	设备名称	设备关键参数和要求
1	工频电压试验系统	电压测量范围：0～150kV； 测量准确度应不低于 3%
2	空盒气压表	大气压测量范围：80.0～106.0kPa； 准确度：0.2kPa
3	温湿度计	温度准确度不低于 1℃； 相对湿度准确度不低于 2%

12.1.3 试验方法

绝缘试验的大气条件修正见第二部分 3.3.3。

当按上述要求进行大气修正因数时，k_1 和 h/δ 应满足 GB/T 16927.1—2011 的要求，不需要考虑实验室海拔的影响。通常认为高压开关设备和控制设备既有内绝缘和外绝缘，为了正确考核高压开关设备和控制设备的内绝缘和外绝缘，可以分别对高压开关设备和控制设备的内绝缘和外绝缘进行绝缘试验，具体方法参见 NB/T 42102—2016。如果对样品的绝缘性能有信心时，当 $k_t<1$ 时，可以使用大气修正因数 $k_t=1$，这时内绝缘被正确考核，但外绝缘承受了比要求值高的电压应力；当 $k_t>1$ 时，可以使用大气修正因数 k_t，这时外绝缘被正确考核，但内绝缘承受了比要求值高的电压应力。

相间及相对地试验时，断路器处于合闸位置。断路器断口试验时，断口的开关装置处于分闸位置，其他开关装置（接地开关除外）处于合闸位置。样品开关装置状态、试验部位、加压部位、接地部位、施加电压和加压次数见表 2-12-2，应按 GB/T 16927.1—2011 的要求承受短时工频耐受电压试验。对每种试验条件，应将试验电压升至试验值后保持 1min。优选方法：双电源加压，一侧端子施加的电压为额定极对地耐受电压，其余电压施加在另一侧的端子上，其余项和底座均接地。

替代方法：单电源加压，对额定电压 72.5kV 以下的金属封闭开关设备和控制设备，和任一额定电压的其他技术的开关设备和控制设备，底座的对地电压 U_f 不需准确地调整，甚至可以把底座绝缘，把总的试验电压 U 施加在一个端子和地之间，对侧的端子接地；没有承受试验的所有端子和底座可以与地绝缘。

表 2-12-2 工频电压试验加压方式表

试品状态或试验部位	加压部位	接地部位	施加电压（有效值）	加压时间	加压次数
相间及相对地	Aa	BCbcF	42kV	1min	1
	Bb	ACacF	42kV		1
	Cc	ABabF	42kV		1
断路器断口	A	a	48kV	1min	1
	B	b	48kV		1
	C	c	48kV		1
	a	A	48kV		1
	b	B	48kV		1
	c	C	48kV		1

注 A、B、C 为开关一侧的端子，a、b、c 为开关另一侧端子，F 为外壳和底座。

试验步骤如下：

（1）确认试品安装状态及接线方式后，设置安全隔离区域，检查接地棒是否从设备上拿下，开始试验。

（2）打开控制台的电源开关，给控制台通电。

（3）调压器升压，在升压的同时观察高压输出电压和电流表指示（达到试品要求电压时停止），如有异常状况则立即停止试验。

（4）操作人员按照相应标准的要求对试品施加试验电压，1min 后试验结束，调压器回零。在试验过程中如果出现设备或者试品击穿（出现异常）情况，调压器回零且切断电源，在试验设备上挂好接地棒，检查异常原因，确认后方可重新开始试验。试验过程中记录施加的电压和发生闪络的次数，以及仪器、设备的状态。

（5）耐压结束后，切断全部电源，在试验设备上挂好接地棒，结束本次试验。

（6）需要倒换试验加压部位时，必须切断全部电源，在试验设备上挂好接地棒，才能进行倒换加压部位操作。

（7）当确认工频试验结束的时候，要分断电源开关，切断控制台电源。按高压电气操作规程进行停电、放电，清理现场等工作。

12.1.4 结果判定

试验 1min 内，如果没有发生破坏性放电，即无闪络、无破坏性击穿，则设备通过试验。湿试时，如果在外部自恢复绝缘上发生破坏性放电，该试验应该在同一试验条件下重复进行，如果没有再发生破坏性放电，则应该认为设备成功通过试验。

12.1.5 注意事项

（1）进行断口试验时，如使用替代方法，底座应绝缘。

（2）进行绝缘试验时，被试品温度应不低于 5℃。户外试验应在良好的天气进行，且空气相对湿度一般不高于 80%。

（3）升压必须从零（或接近于零）开始，切不可冲击合闸。

（4）试验过程中应密切监视高压回路、试验设备仪表指示状态，注意观察被试品有无异响、试验电压和电流有无突变。若出现异常情况，应立即降压，对被试品充分放电并可靠接地，查明原因后方可继续试验。

（5）如果实验室中的大气条件与标准参考大气条件不同，则应计算修正系数，并选取合适的试验方法。

12.1.6 试验实例

12.1.6.1 试验示例

以下示例为单电源，替代方法进行试验。试验示例见图 2-12-1、图 2-12-2。

12.1.6.2 试验记录

试验记录见表 2-12-3。

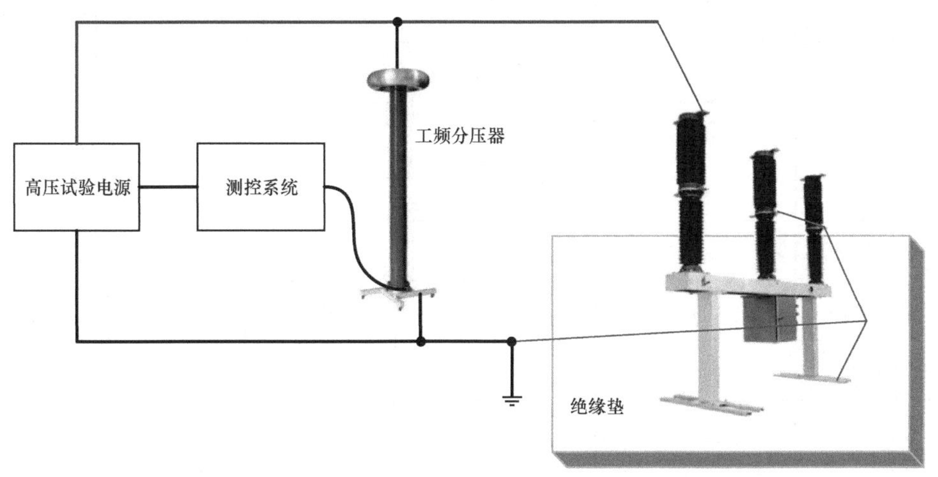

图 2-12-1　断路器相间、相对地接线示例

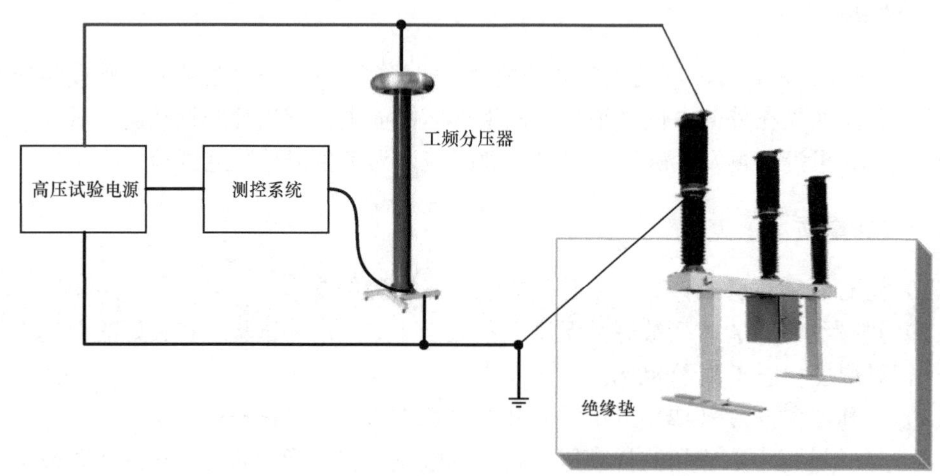

图 2-12-2 断口工频电压试验接线示例

表 2-12-3 工频电压试验记录表（参考示例）

试区大气条件					
大气压力（kPa）	101.6	干球温度（℃）	11.7	实验室海拔（m）	35
大气湿度（%）	66	湿球温度（℃）	—	使用海拔（m）	—
计算修正系数	0.9786	使用修正系数	1	—	—
试验结果：					
开关状态	加压部位	接地部位	施加电压值（kV）	加压时间（min）	放电次数
合闸	Aa	BbCcF	42	1	0
合闸	Bb	AaCcF	42	1	0
合闸	Cc	AaBbF	42	1	0
断路器断口	A	a	48	1	0
断路器断口	a	A	48	1	0
断路器断口	B	b	48	1	0
断路器断口	b	B	48	1	0
断路器断口	C	c	48	1	0
断路器断口	c	C	48	1	0

12.2 雷电冲击试验

12.2.1 试验目的

检查断路器本体各部分的绝缘性能是否良好。

12.2.2 试验设备

试验设备配置见表 2-12-4。

表 2-12-4 雷电冲击试验设备配置（推荐）

序号	设备名称	设备关键参数和要求
1	冲击电压发生装置	测量雷电波要求：1.2/50μs，（0～300）kV
2	空盒气压表	大气压测量范围：80.0～106.0kPa； 准确度：0.2kPa
3	温湿度计	温度准确度不低于 1℃； 相对湿度准确度不低于 2%

12.2.3 试验方法

绝缘试验的大气条件修正见第二部分 3.3.3。

当按上述要求进行大气修正因数时，k_1 和 h/δ 应满足 GB/T 16927.1—2011 的要求，不需要考虑实验室海拔的影响。通常认为高压开关设备和控制设备既有内绝缘和外绝缘，为了正确考核高压开关设备和控制设备的内绝缘和外绝缘，可以分别对高压开关设备和控制设备的内绝缘和外绝缘进行绝缘试验，具体方法参见 NB/T 42102—2016。如果对样品的绝缘性能有信心时，当 $k_t<1$ 时，可以使用大气修正因数 $k_t=1$，这时内绝缘被正确考核，但外绝缘承受了比要求值高的电压应力；当 $k_t>1$ 时，可以使用大气修正因数 k_t，这时外绝缘被正确考核，但内绝缘承受了比要求值高的电压应力。

相间及相对地试验时，断路器处于合闸位置。断路器断口试验时，断口的开关装置处于分闸位置，其他开关装置（接地开关除外）处于合闸位置。样品开关装置状态、试验部位、加压部位、接地部位、施加电压和加压次数见表 2-12-5，断路器只应在干燥状态下承受雷电冲击电压试验，应按 GB/T 16927.1—2011 规定的标准雷电冲击波 1.2/50μs 在两种极性的电压下进行。

优选方法：双电源加压，一侧端子施加的电压为额定极对地耐受电压，其余的电压施加在另一侧的端子上，其余项和底座均接地。

替代方法：单电源加压，对额定电压 72.5kV 以下的金属封闭开关设备和控制设备，和任一额定电压的其他技术的开关设备和控制设备，底座的对地电压 U_f 不需准确调整，甚至可以把底座绝缘，把总的试验电压 U 施加在一个端子和地之间，对侧的端子接地；

没有承受试验的所有端子和底座可以与地绝缘。

表 2-12-5 雷电冲击电压试验加压方式

试品状态或试验部位	加压部位	接地部位	施加电压（有效值）	加压次数
相间及相对地	Aa	BCbcF	75kV	正负各 15 次
	Bb	ACacF		正负各 15 次
	Cc	ABabF		正负各 15 次
断路器断口	A	a	85kV	正负各 15 次
	B	b		正负各 15 次
	C	c		正负各 15 次
	a	A		正负各 15 次
	b	B		正负各 15 次
	c	C		正负各 15 次

注 A、B、C 为开关一侧的端子，a、b、c 为开关另一侧端子，F 为外壳和底座。

试验步骤如下：

（1）检查冲击电压发生器充电回路、放电回路及接地线的接线是否正确，接触是否良好，部件是否齐全；做雷电波试验时，波前电阻阻值按试验负荷的大小选择。

（2）确认试品安装状态及接线方式，设置安全隔离区域，检查接地棒是否从设备上拿下，开始试验。

（3）打开主电源开关及控制电源开关，进行试验参数设定，设定充电电压、充电时间、放电次数、放电球距等。

（4）试验前按下“警铃”按钮，发出试验开始信号，同时观察试验区内是否还有与试验无关的人员；解除接地，本体高压警灯亮，试区安全警灯亮。

（5）试验开始，发生器本体自动充电，充电完毕后自动报警 2s 后同步触发，即自动完成了充放电整个过程，此时测量系统显示出峰值及波形，控制台计数器计数 1 次。重复本过程直至计数器计数与设定值相同。如果重新做试验，需要将计数器复位清零，重新设定好放电次数，高压冲击试验重新开始。

（6）该工况下需要完成正、负极性各 15 次雷电冲击试验，试验完毕分断高压、暂停充电、本体接地；试验全部结束时，合上安全接地开关，使金属带升至发生器本体上（若本体没有安全接地装置可不进行此项操作），将电容器对地短路放电，并关断所有电源开关。在试验设备上挂好接地棒，结束本次试验。

（7）需要改变试验加压部位时，必须切断全部电源，在试验设备上挂好接地棒，才能进行该线。冲击设备改接线时、样品改接线时应先将冲击设备接地后人员才能进入。

（8）全部试验结束后，按高压电气操作规程进行停电、放电、清理现场等工作。

12.2.4 结果判定

如果没有发生波坏性放电，即无闪络、无破坏性击穿，则设备通过试验。

12.2.5 注意事项

（1）进行断口试验时，底座应绝缘。

（2）进行绝缘试验时，被试品温度应不低于 5℃。户外试验应在良好的天气进行，且空气相对湿度一般不高于 80%。

（3）试验过程中注意观察被试品有无异响，试验电压是否满足表 2-12-5 中的要求，波形是否满足标准雷电波要求。若出现异常情况，应立即降压，对被试品充分放电并可靠接地，查明原因后方可继续试验。

12.2.6 试验实例

12.2.6.1 试验照片

以下示例为单电源，替代方法进行试验。试验示例见图 2-12-3 和图 2-12-4。

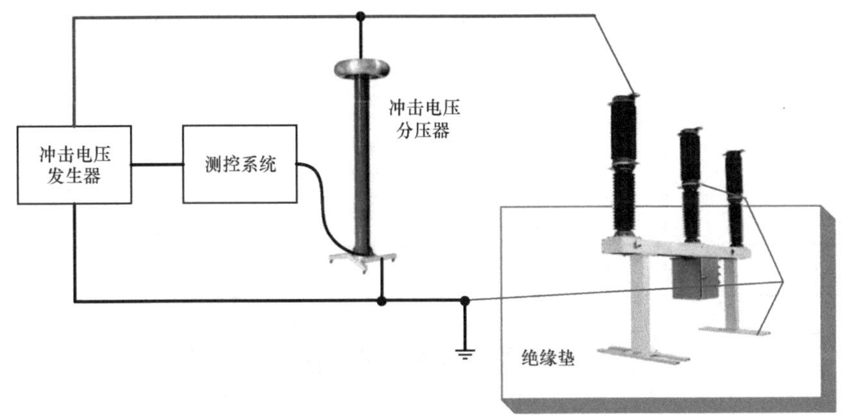

图 2-12-3 断路器相间、相对地示例

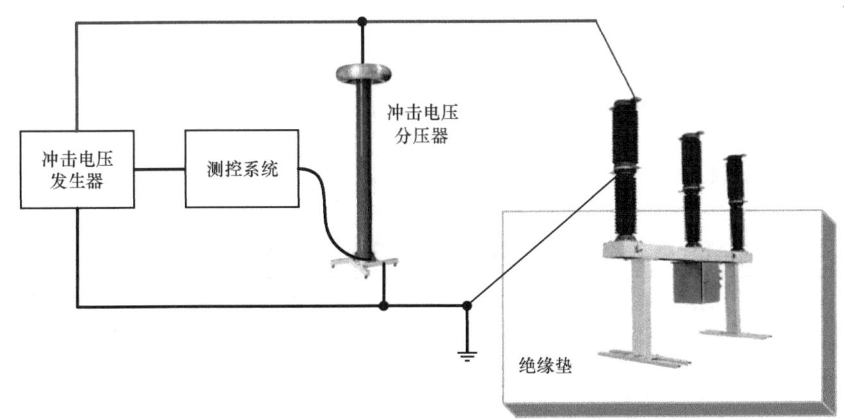

图 2-12-4 断路器断口间示例

12.2.6.2 试验记录

试验记录见表 2-12-6。

表 2-12-6 雷电冲击试验记录

试区大气条件：					
大气压力（kPa）	101.6	干球温度（℃）	11.7	实验室海拔（m）	35
大气湿度（%）	66	湿球温度（℃）	—	使用海拔（m）	—
计算修正系数	0.9875	使用修正系数	1	—	—

试验结果：

开关状态	加压部位	接地部位	极性	试验电压峰值（kV）	加压次数	放电次数	典型示波图号
合闸	Aa	BbCcF	正/负	75	15	0	***
合闸	Bb	AaCcF	正/负	75	15	0	***
合闸	Cc	AaBbF	正/负	75	15	0	***
断路器断口	A	a	正/负	85	15	0	***
断路器断口	a	A	正/负	85	15	0	***
断路器断口	B	b	正/负	85	15	0	***
断路器断口	b	B	正/负	85	15	0	***
断路器断口	C	c	正/负	85	15	0	***
断路器断口	c	C	正/负	85	15	0	***

12.3 辅助和控制回路的绝缘试验

12.3.1 试验目的

验证辅助和控制回路的绝缘性能。

12.3.2 试验设备

试验设备配置见表 2-12-7。

表 2-12-7 辅助和控制回路的绝缘试验设备配置（推荐）

序号	设备名称	设备关键参数和要求
1	耐压测试仪	输出电压有效值：0～5kV；电压测量准确度应不低于 3%；时间不确定度不低于 1%
2	空盒气压表	大气压准确度不低于 0.2kPa

续表

序号	设备名称	设备关键参数和要求
3	温湿度计	温度准确度不低于1℃； 相对湿度准确度不低于2%

12.3.3 试验方法

辅助和控制回路的绝缘试验时正常的大气条件为：

温度范围：15～35℃

气压：86～106kPa

相对湿度：25%～75%

绝对湿度：≤22g/m^3

当大气条件在此规定的范围内时，不需要根据温度、湿度和气压对试验电压进行修正；当大气条件不在此规定的范围内时，参见GB/T 17627—2019附录C提供的有关方法，对试验电压进行修正。

试验期间的实际大气条件应予以记录。

试验应按GB/T 11022进行。

施加的工频试验电压不应超过全试验电压值的50%，然后将试验电压平稳增加至全试验电压值2000V，并维持1min。在试验过程中过流继电器不应动作，且不应发生破坏性放电。

试验应在下述部位进行：

1）连接在一起的辅助和控制回路和开关装置底架之间；

2）如果可行，正常使用中可以和其他部分绝缘的辅助和控制回路的每一个部分，与连接在一起并和底架相连的其他部分之间。

12.3.4 结果判定

如果试验时没有出现破坏性放电，则认为辅助和控制回路通过了试验。

12.3.5 注意事项

试验过程中禁止触碰被试品带电部位，避免电击伤人。

12.3.6 试验实例

12.3.6.1 试验示例

辅助和控制回路绝缘试验示例见图2-12-5。

12.3.6.2 试验记录

试验记录见表2-12-8。

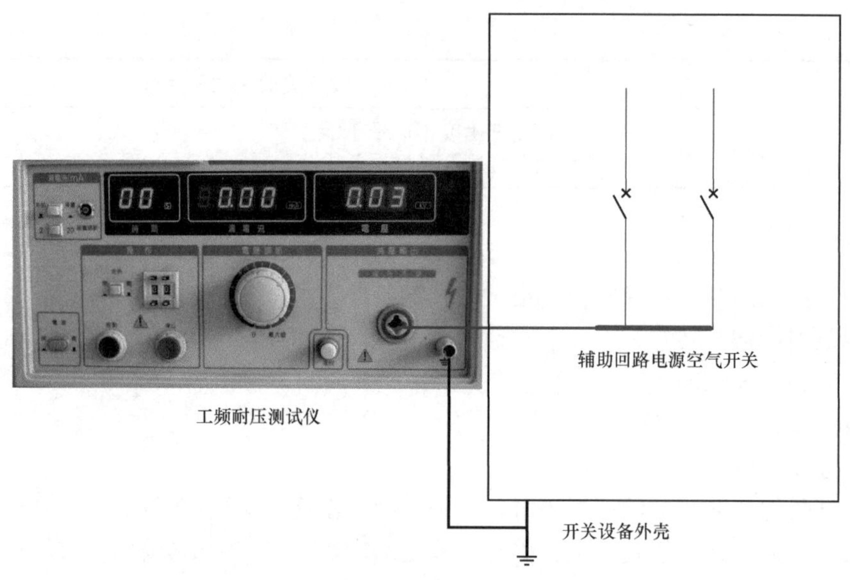

图 2-12-5　辅助和控制回路的绝缘试验示例

表 2-12-8　辅助和控制回路绝缘试验记录表（参考示例）

试区大气条件：					
温度（℃）	25.0	湿度（%）	65	大气压力（kPa）	101.6
计算大气修正因数	—	试验中大气修正因数取值	1	—	—
试验结果：					
加压部位	接地部位	应施加电压（kV）	实测电压（kV）	加压时间（s）	试验结果
连接在一起的二次回路端子	设备外壳	2.0	2.0	60	合格
各二次回路端子	与加压部分绝缘的其二次回路端子和设备外壳	2.0	2.0	60	合格

12.4　主回路电阻的测量

12.4.1　试验目的

主回路电阻是表征导电主回路连接是否良好的一个参数。

主回路电阻测量也是某些试验项目的使用判据。

12.4.2 试验设备

试验设备配置见表 2-12-9。

表 2-12-9 试验设备配置（推荐）

设备名称	设备关键参数和要求
回路电阻测试仪	测量范围：0～20mΩ； 准确度等级：0.5%±0.2μΩ

12.4.3 试验方法

对主回路电阻采用直流电压降法，用直流回路电阻测试仪来测量每一极的电阻，试验电流取不小于 100A，记录电阻值。应分别对每极进行三次测量，计算电阻的平均值。

12.4.4 结果判定

对于开关装置的关合和开断试验，试验前后电阻值增加不应超过 100%；对于不同于关合和开断试验的其他试验，试验前后电阻值增加不应超过 20%。

12.4.5 注意事项

测量点应清洁干净，测量夹应与样品测量点接触良好。

12.4.6 试验实例

12.4.6.1 试验示例

断路器主回路电阻试验示例见图 2-12-6。

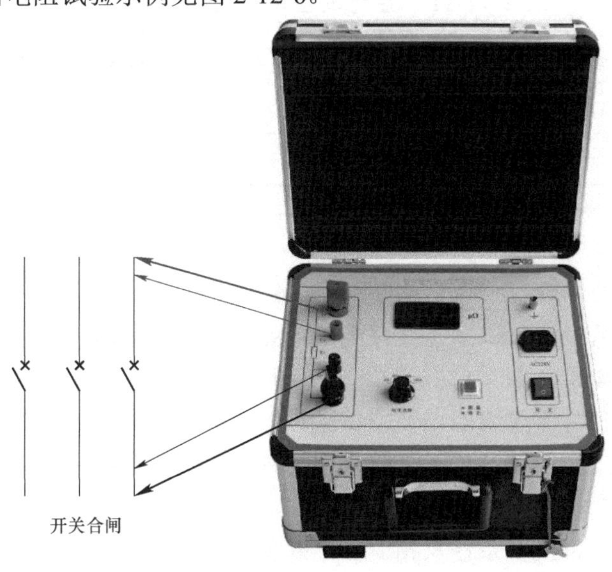

图 2-12-6 断路器主回路电阻的测量示例

12.4.6.2 试验记录

试验记录见表 2-12-10。

表 2-12-10 回路电阻测量记录表（参考示例）

<table>
<tr><td rowspan="3">测量部位</td><td rowspan="3">技术要求（μΩ）</td><td colspan="4">环境温度：20.4℃ 大气湿度：72.8%</td></tr>
<tr><td rowspan="2">测量条件</td><td colspan="3">实测值（μΩ）</td></tr>
<tr><td>A</td><td>B</td><td>C</td></tr>
<tr><td>开关端子</td><td>—</td><td>温升前</td><td>78</td><td>70</td><td>80</td></tr>
<tr><td>开关端子</td><td>—</td><td>温升后</td><td>86</td><td>79</td><td>87</td></tr>
<tr><td>—</td><td>试验前后电阻值增加不应该超过 20%</td><td>—</td><td>10%</td><td>13%</td><td>9%</td></tr>
</table>

12.5 温 升 试 验

12.5.1 试验目的

开关温升的试验目的是验证开关设备及其组件的热稳定性能和温升能力，以确保电气设备能够在长时间的电流负荷下正常工作。

12.5.2 试验设备

试验设备配置见表 2-12-11。

表 2-12-11 温升试验设备配置（推荐）

序号	设备名称	设备关键参数和要求
1	温度巡回检测仪	测量温度误差范围：±1℃
2	温升试验系统（电流部分）	测量电流允许误差范围：±1.5%

12.5.3 试验方法

试验应在采购技术规范书规定的断路器额定电流的 1.1 倍下进行，电源电流应为正弦波。温升试验前后应测量试品主回路电阻值并记录。试验应该持续足够长的时间，以使温升达到稳定，如果在 1h 内温升的增加不超过 1K，就认为达到这一状态。

接到主回路的临时连接线应该使得试验时与实际运行时的连接相比没有明显的热量从开关设备散出或向开关设备传入。应记录临时连接线的类型和尺寸。

试验步骤如下：

根据试品的结构、技术条件及相应标准的要求，埋设测温热电偶。测量试品主回路电阻。调整好试验设备和样品位置、状态，选择合适的临时连接线进行试验接线，将测量热电偶接到测温仪上。根据试品试验要求通入 1.1 倍额定电流，电源电流应为正弦波。试验应该持续足够长的时间以使温升达到稳定。当试品每小时不超过 1K 时代表达到稳定温升，此时记录相关测试点温升值。所有的测量点温升值不超过标准规定值，同时主回路端子和距端子 1m 处临时连接线，两者温升的差值不应该超过 5K。如果距离主回路端子 1m 处的临时连接线温升超过端子温升 5K 以上，试验所有判据都满足的情况下，也可以认为试验有效。温升试验结束后设备断电，拆除试验接线，待试品自然冷却到周围空气温度时，测量主回路电阻。拆除测温用热电偶，将试品移出试验场地。

常用热电偶有以下三种：

（1）铁/铜镍热电偶：分度号为 J，测温范围 –40～+750℃，具有稳定性好、热电动势大、灵敏度高、价格低廉等优点。

（2）铜/镍铜热电偶：分度号为 T，测温范围 –200～+350℃，具有热电性能好、热电势与温度关系近似线性、热电动势大、灵敏度高、复制性好等优点，是一种准确度高的廉金属热电偶。

（3）镍铬/镍硅热电偶：分度号为 K，测温范围 0～+1300℃，具有热电势与温度关系近似线性、热电动势大等优点，是适合测量高温的热电偶。

12.5.4 结果判定

断路器及其辅助设备各部分的温升（其温升限值已有规定）不应超过 GB/T 11022 中表 14 和 DL/T 593 中表 3 的规定值。且连续电流试验后测得主回路电阻值的变化不应该超过连续电流试验前的 20%。

主回路端子和距端子 1m 处临时连接线的温升，两者温升的差值不应该超过 5K。反之，如果距离主回路端子 1m 处的临时连接线温升超过端子温升 5K 以上，在试验所有判据都满足的情况下，也可以认为试验有效。

12.5.5 注意事项

（1）试验前应检查试验设备和测量设备，确保其正常工作。

（2）试验开始前预热设备，确保其工作稳定。

（3）在试验过程中，应注意保持试验设备的工作稳定，不得出现故障。

（4）在试验结束后要及时停止试验电源输出。

（5）试验验过程中应注意试验环境的安全，避免发生意外事故。

12.5.6 试验实例

12.5.6.1 温升试验示例

温升试验示例见图 2-12-7。

12.5.6.2 试验记录

试验记录见表 2-12-12。

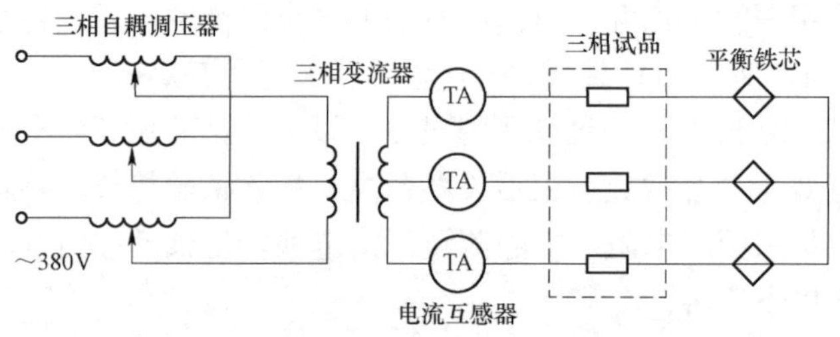

(a) 用三相设备进行三相试验

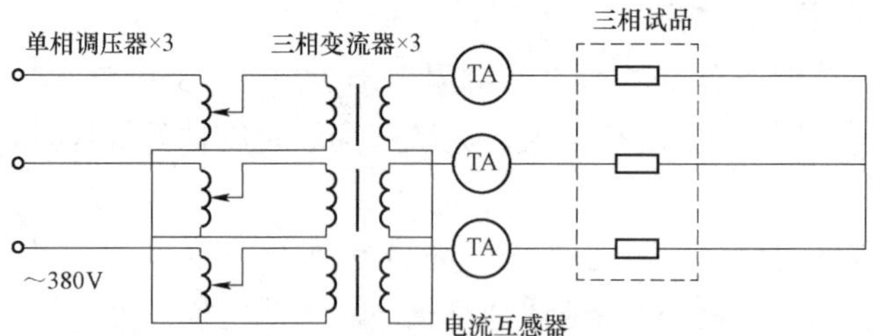

(b) 用三个单相设备进行三相试验

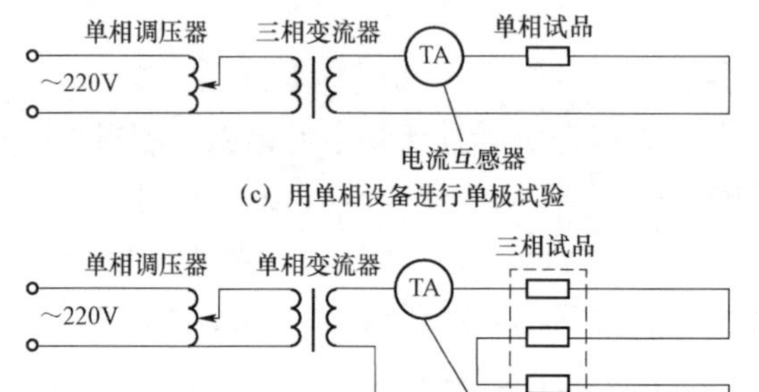

(c) 用单相设备进行单极试验

单相调压器 单相变流器 TA 三相试品 ~220V 电流互感器

(d) 用单相设备串联通单相电流进行三相试验

图 2-12-7 温升试验接线示意图

表 2-12-12 温升试验记录表（参考示例）

试验条件：					
大气压力（kPa）	99.9	环境温度（℃）	32.8	大气湿度（%）	60
试验电流（A）	1375	电流频率（Hz）	50	试验相数	3
周围风速（m/s）	0.1	充气类型	—	充气相对压力(MPa)	—
首端连接母线规格	TMY80×10×2000（mm）				
末端连接母线规格	TMY80×10×2000（mm）				

续表

试验结果：						
测量部位编号	测量部位说明	镀层	允许温升值（K）	实测温升值（K）		
				A	B	C
1	首端连接线1m处温升	—	—	28.3	26.0	25.6
2	进线端子温升	镀锡	≤65	30.3	29.3	28.2
3	出线端子温升	镀锡	≤65	29.5	29.7	28.6
4	末端连接线1m处温升	—	—	26.9	26.2	25.4

试验前后回路电阻的测量						
相别	试验前平均值			试验后平均值		
	A	B	C	A	B	C
回路电阻（μΩ）	30.8	29.9	29.5	30.9	29.7	30.1
试验后电阻相对试验前的变化（%）				0.3	0.6	2.0
试验前后电阻变化（%）：≤20%				符合/不符合		

12.6 短时耐受电流和峰值耐受电流试验

12.6.1 试验目的

短时耐受电流和峰值耐受电流试验目的是检验设备在额定短路持续时间内承载额定峰值耐受电流和额定短时耐受电流的能力。

12.6.2 试验设备

试验设备配置见表2-12-13。

表2-12-13 短时耐受电流和峰值耐受电流试验设备配置（推荐）

序号	设备名称	设备关键参数和要求	适用项目
1	大电流试验系统	电流输出范围：10～80kA； 电流输出时间：0～5s	短时耐受电流和峰值耐受电流试验
2	数据采集系统	测量范围：10～100kA； 准确度：2%	短时耐受电流和峰值耐受电流试验
3	限流电抗器	根据试验电流确定	短时耐受电流和峰值耐受电流试验

12.6.3 试验方法

12.6.3.1 试验要求

试验应在额定频率（容差为±10%）和任一合适的电压下进行。

对于额定频率为 50Hz 和/或 60Hz 的试品，只要验证了额定峰值耐受电流，试验可以在任一频率下进行。

试验可以在任何方便的周围空气温度下进行。

12.6.3.2 试验安装及布置要求

试品应安装在其自身的支架上，或者安装在等效的支架上，并且装上其自身的操动机构。尽量使试验具有代表性，以检查试验电流的机械效应和热效应。

试验电流和持续时间依据采购技术规范书的要求选取。每次试验前，应对机械开关装置（如果有）进行一次空载操作，测量主回路电阻值。

12.6.3.3 试验持续时间及要求

试验期间试品应处于合闸位置。试验三相进行，试验电流的交流分量应等于试品的额定短时耐受电流的交流分量。峰值电流（对于三相回路，在任一边相中的最大值）应不小于额定峰值耐受电流。

对于三相试验，任一相中电流的交流分量与三相电流平均值的差别不应大于 10%，试验电流交流分量有效值的平均值不应小于额定值。

试验电流 I_t 施加的时间 t_t，应等于额定短路持续时间 t_k，交流分量的容差为+5%。

试验允许将峰值耐受电流试验和短时耐受电流试验分开进行：

1）对于峰值耐受电流试验，短路电流的持续时间不应小于 0.3s；

2）对于短时耐受电流试验，短路电流的持续时间应等于额定短路持续时间，但是如果试验设备短路电流的衰减特性使得在额定短路持续时间内，不在开始时施加过大的电流就不能得到规定的有效值，则试验时允许把试验电流的有效值降低到规定值以下，并将短路持续时间适当延长，但是峰值电流不小于规定值，短路电流的持续时间不得大于 5s。

12.6.3.4 试验后检查

试验后在规定的相同条件下，应立即对机械开关装置进行空载分闸操作，检查试品及其触头的外观，并检查主回路电阻的变化。

12.6.4 结果判定

试验后，开关设备和控制设备不应有明显的损坏，应该能正常操作，连续地承载其额定连续电流而不超过规定的温升限值，试验前后的主回路电阻测量值变化不应增加 20%；且满足相应产品标准的规定，则试验结果合格。

12.6.5 注意事项

如果断路器装有直接过电流脱扣器，则应把最小动作电流的线圈整定到在最大电流和最长时延下动作时进行试验；线圈应接到试验回路的电源侧。如果断路器也可以在不装直接过电流脱扣器时使用，则也应在无过电流脱扣器时进行试验。

对于其他的自脱扣断路器，过电流脱扣器应整定在最大电流和最长延时下动作时进行试验。如果断路器可以在不带脱扣器时使用，则也应在无脱扣器时进行试验。

12.6.6 试验实例

12.6.6.1 试验照片

试验示例见图 2-12-8。

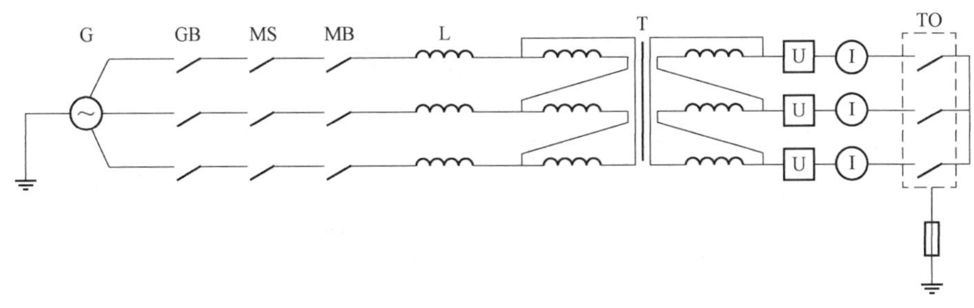

图 2-12-8 试验回路布置

G—短路发电机；L—调节电抗；TO—试品；GB—保护开关；MB—操作开关；
U—电压测量；MS—合闸开关；I—电流测量；T—变压器

12.6.6.2 试验记录

试验记录见表 2-12-14。

表 2-12-14 试验记录表（参考示例）

主回路：					
检测参数/相别	要求值	A	B	C	波形图号
峰值耐受电流（kA）	80	80.8	74.3	56.7	2023082701
短路电流持续时间（ms）	0.3	0.31			
短时耐受电流有效值（kA）	31.5	31.6	31.7	31.6	2023082702
短路电流持续时间（s）	3	3.01			
电流焦耳积分值（$kA^2·s$）	2977	3006	3025	3006	
电流平均值（kA）	—	31.6			
试验中和试验后检查内容和要求					检查结果
试验中试品未发生触头分离、部件损坏等异常情况					符合要求
试验后立即进行断路器的分闸操作，触头应在第一次操作时分开					符合要求
试验后电阻相对试验前的变化应不大于 20%					符合要求

续表

试验前后回路电阻的测量：						
相别	试验前平均值			试验后平均值		
	A	B	C	A	B	C
回路电阻（μΩ）	55.5	56.9	54.6	56.3	57.2	55.5
试验后电阻相对试验前的变化（%）				1.44%	0.53%	1.65%
试验结论：合格/不合格						

12.7 防护等级检验（IP 代码）

防护等级检验（IP 代码）见第二部分 3.12。

12.8 密 封 试 验

12.8.1 试验目的

验证断路器密封性能，应满足以下要求：气室不应出现气体泄漏点，年泄漏率满足设计要求。

12.8.2 试验设备

试验设备配置见表 2-12-15。

表 2-12-15 密封试验设备配置（推荐）

设备名称	设备关键参数和要求
SF_6检漏仪	测量浓度范围（0.01～100）ppm

注 具备 SF_6 检漏功能的气体综合测试仪，只要测量范围满足要求，也可使用。

12.8.3 试验方法

常温下的密封试验应在机械操作试验后分别在分、合闸位置进行。若机械开关主触头的位置与漏气率无关，则可在一个位置上进行。

若无定量检测需求，可采用定性检漏法验证，推荐采用检漏仪检漏法。对于有定量测量需求的，应按照标准有关要求进行，推荐采用扣罩法进行。

（1）检漏仪检漏法：试品先充入 0.01～0.02MPa 的 SF_6 气体，再充入干燥空气至额定压力，然后用灵敏度不低于 10^{-8} 的检漏仪探头沿着设备各连接口表面缓慢移动，根据仪器读数或其声光报警信号来判断是否存在气体泄漏情况。

（2）扣罩法检漏法：采用一个封闭罩（如塑料薄膜罩）对开关柜进行包裹，收集试品的泄漏气体，试品充入 SF_6 气体至额定压力6h，扣罩24h，然后用灵敏度不低于 10^{-8} 且校验合格的六氟化硫气体检漏仪测定罩内六氟化硫气体浓度，测点位置应包括罩内的上、下、左、右、前、后共六个点。根据封闭罩中泄漏气体的浓度、封闭罩的容积、试品的体积及试验场地的绝对压力，推算出漏气率 F（Pa·m³/s）。计算公式如下：

绝对漏气率 F

$$F = \frac{\Delta C\,(V_{\mathrm{m}} - V_1)\,p_{\mathrm{atm}} \times 10^{-3}}{\Delta t} \quad (\mathrm{Pa \cdot m^3/s})$$

式中：

ΔC ——试验开始到终了时泄漏气体浓度的增量，为测量值的平均值，ppm；

Δt ——测量 ΔC 的间隔时间，s；

V_{m} ——封闭罩容积，m^3；

V_1 ——试品体积，m^3；

p_{atm} ——绝对大气压，为0.1MPa。

年漏气率 F_{y}

$$F_y = \frac{F \times 31.5 \times 10^6}{V(p_{\mathrm{re}} + 0.1) \times 10^6} \times 100 = \frac{31.5F}{V(p_{\mathrm{re}} + 0.1)} \times 100 \quad (\%/年)$$

式中：

V ——试品气体密封系统容积，m^3；

p_{re} ——试品充入压力，绝对压力值，Pa。

12.8.4 结果判定

采用定性测量法时，不应出现气体泄漏点。采用定量测量法时，年泄漏率应不大于设计值。

12.8.5 注意事项

（1）检漏仪检漏时，探头移动速度以10mm/s左右为宜，以防探头移动过快而错过漏点。

（2）采用扣罩法测量时，应将开关柜完全置于塑料薄膜内，并做好密封，防止气体出现漏点。

（3）气体在充气和回收过程中应采取密封措施，防止气体出现泄漏。

12.8.6 试验实例

12.8.6.1 密封试验照片

密封试验记录见图2-12-9。

12.8.6.2 试验记录

试验记录见表2-12-16、表2-12-17。

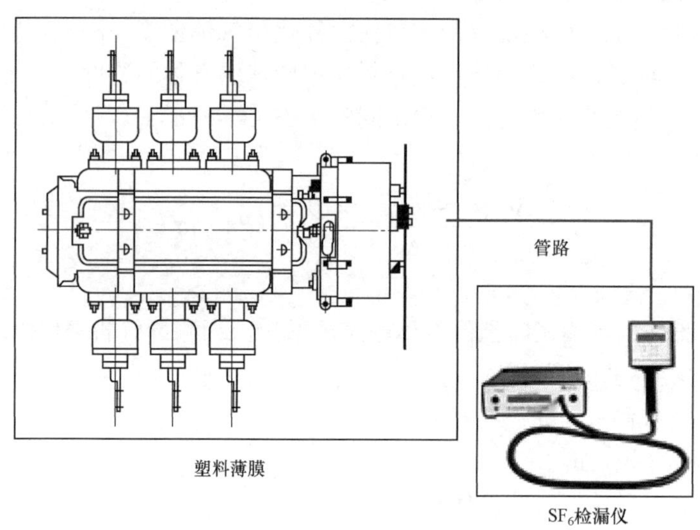

图 2-12-9 密封试验示例

表 2-12-16 密封试验（定性测量）试验记录

序号	操作状态	开关状态	技术要求	测量或观察结果	结论
1	操作前	合闸/分闸	不应检出泄漏点	未检出泄漏点 检出泄漏点	符合 不符合
2	操作后		不应检出泄漏点	未检出泄漏点 检出泄漏点	符合 不符合

表 2-12-17 密封试验（定量测量）试验记录

<table>
<tr><td>充入气体</td><td colspan="2">SF_6 气体</td><td colspan="3">充气相对压力 p_{re}(MPa)</td><td colspan="3">0.3</td></tr>
<tr><td colspan="2">密封罩的体积 V_c（m^3）</td><td>0.711</td><td colspan="2">试品体积 V_1（m^3）</td><td>0.614</td><td colspan="2">试品内部气体容积 V（m^3）</td><td>0.038</td></tr>
<tr><td>试品状态</td><td colspan="3">合闸/分闸</td><td colspan="3">试验持续时间 Δt（h）</td><td colspan="2">24</td></tr>
<tr><td>试验方法</td><td colspan="8">扣罩法</td></tr>
<tr><td colspan="9">试验结果：</td></tr>
<tr><td colspan="2">测量点</td><td>1</td><td>2</td><td>3</td><td>4</td><td>5</td><td>6</td><td>平均值</td></tr>
<tr><td rowspan="2">测量值 ΔC（μL/L）</td><td>操作前</td><td>0.2</td><td>0.4</td><td>0.3</td><td>0.2</td><td>0.2</td><td>0.3</td><td>0.27</td></tr>
<tr><td>操作后</td><td>0.3</td><td>0.3</td><td>0.2</td><td>0.4</td><td>0.3</td><td>0.3</td><td>0.3</td></tr>
<tr><td colspan="2">绝对漏气率 F</td><td colspan="3">3.2×10^{-8}</td><td>年泄漏率 F_y</td><td colspan="3">0.0041</td></tr>
<tr><td colspan="2">结论</td><td colspan="7">符合</td></tr>
</table>

续表

泄漏率的计算公式： 绝对漏气率 F： $$F=\frac{\Delta C(V_{m}-V_{1})p_{atm}\times10^{-3}}{\Delta t}\quad(\text{Pa}\cdot\text{m}^3/\text{s})$$ 年漏气率 F_y： $$F_y=\frac{F\times31.5\times10^6}{V(p_{re}+0.1)\times10^6}\times100=\frac{31.5F}{V(p_{re}+0.1)}\times100\quad(\%/年)$$

12.9 机 械 试 验

12.9.1 试验目的

检查断路器的机械特性、机械操作和机械寿命。其中，机械特性测量结果应在样品出厂试验报告数值的偏差范围内；机械操作过程中，断路器应能按指令动作，未出现误分、误合、拒分和拒合现象情况；机械寿命试验结果应满足订货技术协议及相应标准规定要求。

12.9.2 试验设备

试验设备配置见表 2-12-18。

表 2-12-18 机械特性测量和机械操作试验设备配置（推荐）

设备名称	设备关键参数和要求
机械特性测试仪	交流输出：0～380V； 直流输出：0～250V； 时间测量范围：0～4s，准确度 0.1 级； 可设定带延时的分合、OCO，次数 0～600 次可调

12.9.3 试验方法

12.9.3.1 机械特性测量试验

（1）试品应装配完整，并且经机械检查合格；试品的行程、超行程、操作电压应满足技术条件要求。

（2）选择合适的传感器，安装在机构的任一相上，根据相关标准及要求用开关特性测试仪在额定电压、最高电压和最低电压下测量试品的分触头开距、超行程、分闸时间、合闸时间、分合闸同期性、合闸弹跳、分闸反弹、分合闸速度及曲线包络线等相关参数，均应在要求值范围内。

12.9.3.2 机械操作试验

试品在进行机械特性试验合格后进行机械操作试验。应按产品标准或技术条件规定的次数和要求进行机械操作试验。

（1）配动力或手动储能操动机构的高压开关设备，应按相应产品标准或技术条件规定的次数和要求进行机械操作试验。

（2）在规定的操作电（气、液）压下，连续进行分、合闸操作。

（3）对具有自动重合闸操作的高压开关设备，在进行不成功自动重合闸操作（即“分—θ—合分）或对非自动重合闸操作的高压开关设备分闸信号，在确保被试高压开关设备达到合闸位置，经合—分时间不大于规定值的条件下，可由高压开关设备的主触头闭合发出。

（4）对兼有人力合闸的高压开关设备，还应按照相应的产品标准或技术条件用手力进行规定次数的分闸和合闸操作。

（5）对装有过电流脱扣器的高压开关设备，按脱扣电流的不同等级分别进行考核。使铁芯处于初始位置，将电流调整到可以使过流脱扣器动作的最小值，应可靠分闸，每级脱扣电流都应在规定范围内。对装有多种脱扣器的高压开关设备，每种脱扣器应在有关产品标准或技术条件规定的参数下进行 5 次分闸操作。

（6）对装有欠电压脱扣器的高压开关设备，将欠电压脱扣器线圈上的电压由额定操作电压快速降到 65%额定操作电压时，不应分闸；再缓慢降到 35%额定操作电压，必须分闸；然后再缓慢回升到 85%额定操作电压，应可靠合闸。

（7）对装有分励脱扣器的高压开关设备，在 65%、100%、120%额定操作电压下应能可靠分闸。

（8）对装有分励脱扣器的高压开关设备（对液、气操动机构应在额定液、气压下），以 30%额定操作电压连续操作 5 次，不得分闸。

（9）对具有自由脱扣器装置的高压开关设备，按产品技术条件规定进行 5 次试验，均能正常自由脱扣。

（10）对具有防跳跃装置的高压开关设备，应进行 5 次正常的防跳跃试验。

（11）对配有弹簧操动机构的高压开关设备，应使其处在合闸位置，将操动机构的合闸弹簧全部储能（另有规定者除外），做 5 次空载合闸操作试验，操动机构应无异常。

（12）对配液压操动机构的高压开关设备，应使其处在合闸位置，将操动机构压力降至零后，以手力操作分闸阀，然后重新打压到停泵压力，试验 5 次，不得出现慢分动作。

（13）在整个机械操作试验中，在辅助开关上选择不在同一组的常开常闭空余触点，至少各选一对，用声或光的信号进行监视。

（14）配人力操动机构的高压开关设备，应按产品标准、技术条件的规定。

12.9.3.3 机械寿命试验

（1）机械寿命试验的操作电（液、气）压按产品标准或技术条件的规定施加。

（2）装有多种脱扣器的高压开关设备，每种脱扣器所做的次数不应少于机械寿命总次数的 10%；而对装有直接过电流脱扣器的高压开关设备，机械寿命总次数的 10%应在主回路中施以低压动作电流来进行，其余次数的操作按产品技术条件规定。过电流脱扣器的动作电流，是规定过电流脱扣器足以动作的最小值。欠电压脱扣器的释放电压，应为 35%额定操作电压。

（3）装有辅助开关的高压开关设备，在机械寿命全过程中，对辅助开关进行监视和考核。

（4）机械寿命试验的次数和操作循环的分配按相应标准或产品技术条件规定。

（5）操作顺序及试验次序按相应标准或产品技术条件规定。

（6）操作频率按产品技术条件规定。

（7）试验过程中和试验后检查试品状态，应满足相应产品标准的规定。

（8）在机械寿命试验前后应测量试品回路电阻和机械特性。

12.9.4 结果判定

断路器的触头开距、超行程、分闸时间、合闸时间、分闸速度、合闸速度、合闸不同期、分闸不同期、合闸弹跳和弹簧储能时间位于样品出厂试验报告数值的偏差范围内。

断路器能按指令动作，未出现误分、误合、拒分和拒合现象情况。

断路器应能完成下述次数的操作：① 标准断路器（基本的机械寿命）M1 级：2000、5000 次操作；② 特殊使用要求的断路器（延长的机械寿命）M2 级：10000、20000、30000 次操作。试验中，允许按照制造厂的说明书进行润滑，但不允许进行机械调整或其他类型的维修。全部试验程序完成前后应对试品的机械特性参数进行测量，每个参数均应在制造厂给出的允差范围内。

12.9.5 注意事项

机械试验应按照 DL/T 402—2016 中第 6.101 条的规定执行。试验应在环境温度及被试品温度为 5～40℃、湿度小于 90%的条件下进行。试验时，试品安装状态应和使用中的状态一样。

12.9.6 试验实例

12.9.6.1 断路器机械特性试验照片

断路器机械特性试验示例见图 2-12-10、图 2-12-11。

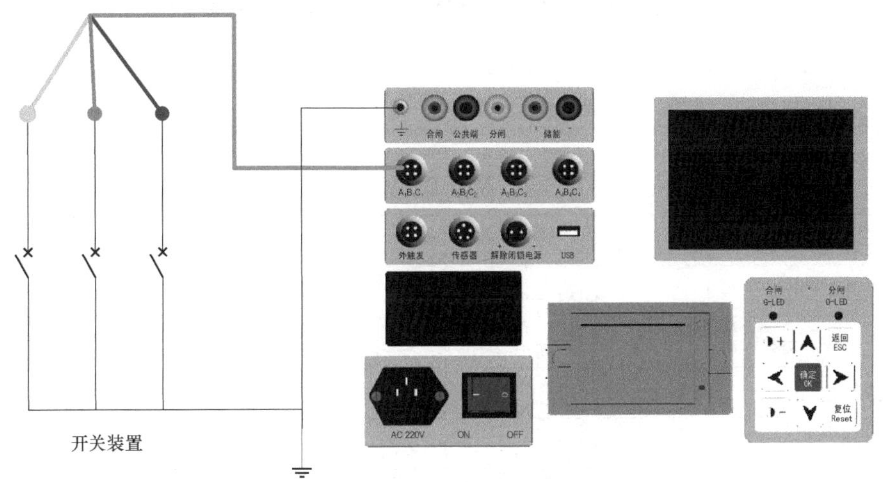

图 2-12-10 断路器机械特性测量示意图

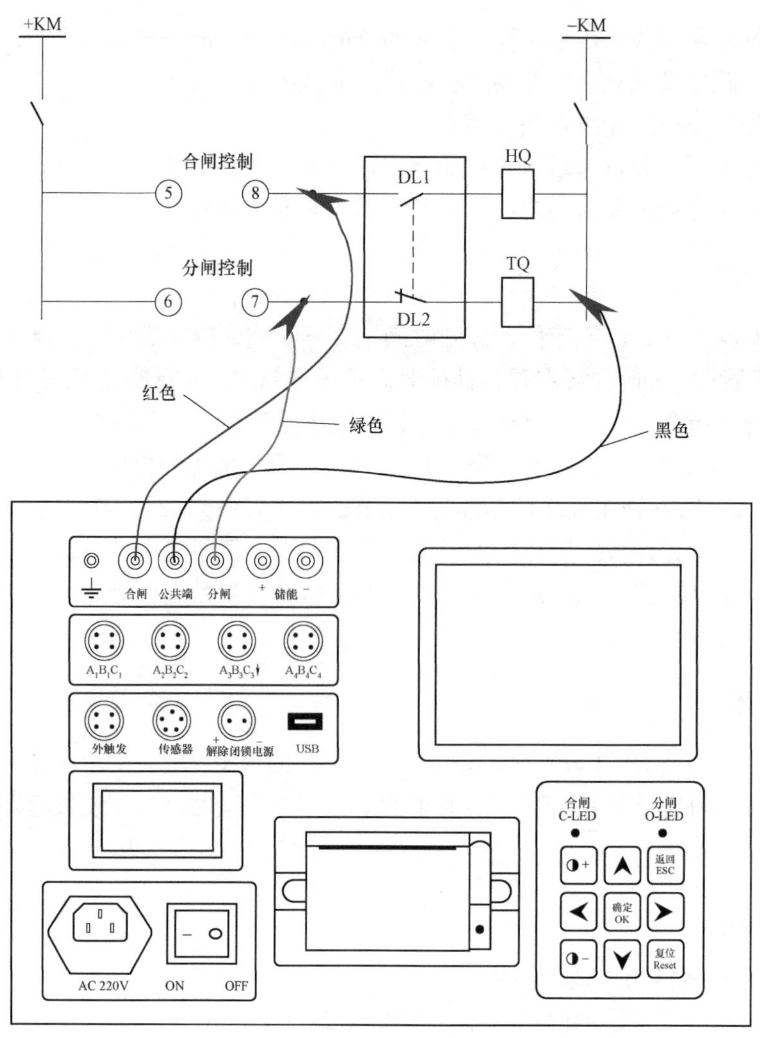

图 2-12-11 机械特性测量分合闸线圈连接图

12.9.6.2 试验记录

试验记录见表 2-12-19。

表 2-12-19 机械特性测量记录表

试验参数名称	操作电压	技术要求	测试结果
合闸时间（ms）	额定	≤60	33.2～33.9
合闸不同期（ms）	额定	≤2	0.3
合闸弹跳（ms）	额定	≤2	0
分闸时间（ms）	额定	≤40	22.1～23.1
分闸不同期（ms）	额定	≤2	0.5

续表

机械操作记录表		
序号	操作内容	试验结果
1	断路器的操作	
1.1	手动进行 5 次 C-O 操作，动作应正常	符合要求
1.2	在最高操作电源电压下，进行 5 次 C-O 操作，动作应正常	符合要求
1.3	在最低操作电源电压下，进行 5 次 C-O 操作，动作应正常	符合要求
1.4	如果具备重合闸功能，在额定操作电源电压下，进行 5 次 O-0.3s-CO-C 操作，动作应正常	符合要求
1.5	如上操作中，至少分别施以 85%和 110%储能电压，各进行 5 次储能操作，储能应正常	符合要求
1.6	在额定操作电源电压下，进行 C-O 操作，使得 C-O 操作总次数达到 50 次，动作应正常	符合要求
1.7	断路器处于分闸位置，施在 30%额定操作电源电压下，进行 3 次 C 操作，不应动作	符合要求
1.8	断路器处于合闸位置，施在 30%额定操作电源电压下，进行 3 次 O 操作，不应动作	符合要求

13 柱上开关基础

本章介绍柱上开关柜检测的产品基础要求。

13.1 柱上开关术语和定义

13.1.1 开关设备和控制设备 switchgear and controlgear

开关装置及与其相关的控制、测量、保护和调节设备的组合，以及这些装置和设备同相关的电气连接、辅件、外壳和支撑件的总装的总称。

13.1.2 外绝缘 external insulation

空气间隙及设备固体绝缘的外露表面，它承受着电应力作用和大气条件以及其他外部条件诸如污秽、潮湿、虫害等的影响。

13.1.3 内绝缘 internal insulation

设备内部的固体、液体或气体绝缘，它不受大气和其他外部条件的影响。

13.1.4 触头（机械开关装置的） contact（of a mechanical switching device）

一种导电部件，接触时建立起电路的连续性；在操作期间，由于它们的相对运动使电路断开或闭合或在转动或滑动接触的情况下保持电路的连续性。

13.1.5 辅助回路（开关装置的） auxiliary circuit（of a switching device）

包括在开关装置的主回路、接地回路和控制回路以外的回路中的开关装置的所有导电部件。

某些辅助回路实现补充功能，例如信号、联锁等，以及它们可以成为另一台开关装置的控制回路。

13.1.6 破坏性放电 disruptive discharge

在电场作用下伴随绝缘破坏而产生的一种现象，此时放电完全跨接了被试绝缘，使电极之间的电压降到零或接近于零。

（1）该术语适用于在固体、液体和气体介质以及其组合中的放电。

（2）固体介质中的破坏性放电，会导致永久地丧失绝缘强度（非自恢复绝缘），而在液体和气体介质中可能仅暂时丧失绝缘强度（自恢复绝缘）。

（3）破坏性放电发生在气体或液体介质中时，叫作火花放电；破坏性放电发生在气体或液体介质中的固体介质表面时，叫作闪络；破坏性放电贯穿于固体介质时，叫作击穿。

13.1.7 联结（用螺栓的或与其等效的） connection（bolted or the equivalent）

两个或多个导体用螺钉、螺栓或与其等效的方法连接在一起，以保证回路持久的连续性。

13.1.8 储能操作（机械开关装置的） stored energy operation（of a mechanical switching device）

通过操作前储存在操动机构本身的，且在预定的条件下足以完成操作的能量来进行的操作。

这类操作可按能量储存方式（弹簧，重锤等）、能量源（人力，电气的等）和能量释放方式（人力，电气的等）进行分类。

13.1.9 防护等级 degree of protection

外壳以及隔板或活门（适用时）提供的、防止接近危险部件、防止固体外物进入和/或防止水的浸入以及外壳防止机械撞击，并由标准试验方法验证过的保护程度。

13.1.10 短时耐受电流 short-time withstand current

在规定的使用和性能条件下，在规定的短时间内，回路和处于合闸位置的开关装置能够承载的电流有效值。

13.1.11 峰值耐受电流 peak withstand current

在规定的使用和性能条件下，回路和处于合闸位置的开关装置能够耐受的峰值电流。

13.2 柱上开关原理

柱上开关设备包括适合于电杆上安装和运行的断路器、负荷开关等不同功能类别的开关产品。

13.2.1 真空灭弧原理

真空断路器采用真空灭弧室，以真空作为灭弧和绝缘介质，具有极高的真空度。当动、静触头在操动机构作用下带电分闸时，在触头间将会产生真空电弧，同时，由于触头的特殊结构，在触头的间隙中也会产生适当的纵向磁场，促使真空电弧保持为扩散型，并使电弧均匀地分布在触头表面燃烧，维持低的电弧电压，在电流自然过零时，残留的离子、电子和金属蒸汽在微秒数量级的时间内就可复合或凝聚在触头表面和屏蔽罩上，灭弧室断口的介质绝缘强度很快被恢复，从而电弧被熄灭，达到分断的目的。由于采用纵向磁场控制真空电弧，所以真空断路器具有强而稳定的开断电流能力。

13.2.2 操动机构及其动作原理

13.2.2.1 操动机构

操动机构分为手动操作和电动操作两种，分别见图 2-13-1 和图 2-13-2，手动机构只能手动操作，电动机构为手动和电动两种操作。

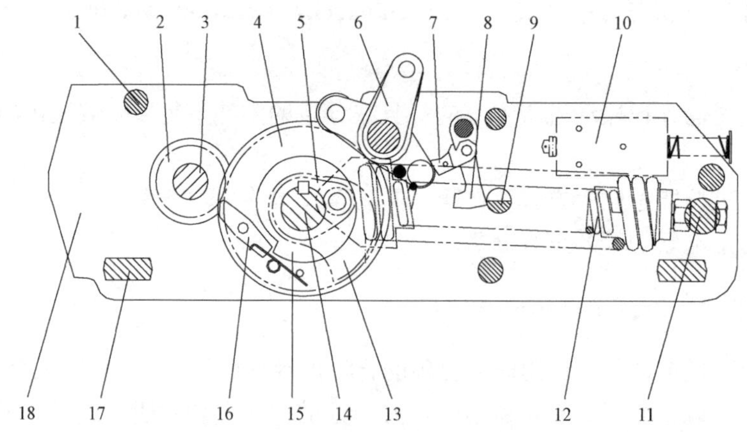

图 2-13-1 手动弹簧操动机构结构图

1—支撑杆；2—小齿轮；3—储能轴；4—大齿轮；5—挂簧拐臂；6—输出拐臂；7—止子；8—分闸扣板；9—分闸半轴；10—过流脱扣器；11—挂簧轴；12—合闸簧；13—凸轮；14—主轴；15—轮；16—离合板；17—支撑柱；18—夹板

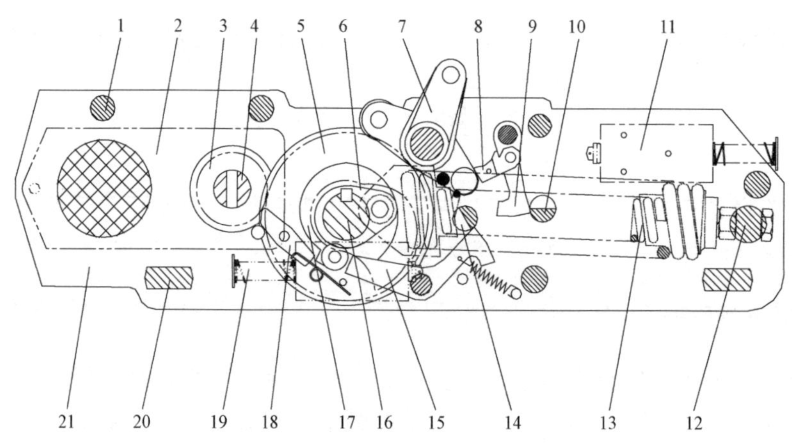

图 2-13-2 电动弹簧操动机构结构图

1—支撑杆；2—电动机；3—小齿轮；4—储能轴；5—大齿轮；6—挂簧拐臂；7—输出拐臂；8—止子；9—分闸扣板；10—分闸半轴；11—分闸脱扣器；12—挂簧轴；13—合闸簧；14—合闸半轴；15—凸轮；16—主轴；17—轮；18—离合板；19—合闸脱扣器；20—支撑柱；21—夹板

13.2.2.2 储能操作

拉动储能手柄，或电动机转动，在传动齿轮的带动下使凸轮转动，合闸弹簧被逐渐拉长，当弹簧过中后，凸轮由定位件保持不再转动，开关处于准备合闸状态，同时凸轮与传动轴脱离，使机构不能再次储能。

13.2.2.3 合闸操作

储能完毕后，拉动手动合闸手柄，或给合闸线圈施加电压，使合闸半轴转动，合闸拐臂与合闸半轴解扣，合闸弹簧释放能量，带动传动轴使开关合闸，同时分闸弹簧被储能。

13.2.2.4 分闸及过流脱扣过程

断路器合闸后，拉动分闸手柄或给分闸线圈施加电压或当线路电流超过消涌流装置的设定值时，过流线圈被驱动，使得分闸半轴转动，分闸拐臂与分闸半轴解扣，分闸弹簧释放能量，带动传动杆使开关分闸。

13.2.3 负荷开关

负荷开关是指能关合、开断及承载运行线路正常电流（包括规定的过载电流）、并能关合和承载规定的异常电流（如短路电流）的开关设备。

13.3 柱上开关分类

柱上开关设备包括适合于电杆上安装和运行的断路器、负荷开关等不同功能类别的开关产品。

13.3.1 负荷开关

负荷开关通常按灭弧介质或灭弧方式分，可分为 SF_6 负荷开关和真空负荷开关。

13.3.2 断路器

断路器按可按灭弧介质、控制方式、保持方式等分类。按灭弧介质分，可分为空气、六氟化硫、真空、其他；按控制方式分，可分为电磁式、气动式、电磁气动、其他；按保持方式分，可分为机械锁扣、无锁扣。

13.4 柱上开关结构

柱上开关主要由内装有真空灭弧室的三相极柱、电流互感器、弹簧操动机构及箱体组成。外壳采用优质不锈钢箱体，整体结构紧凑，尺寸小，便于安装。断路器极柱外包具有良好耐环境能力的硅橡胶，可在户外抗紫外线和耐Ⅳ级污秽，不易老化。根据需要断路器可以配隔离开关和电流互感器。断路器可与智能控制器配套，实现配电自动化，或与重合控制器配合组成自动重合器、分段器。断路器结构示意图见图 2-13-3。

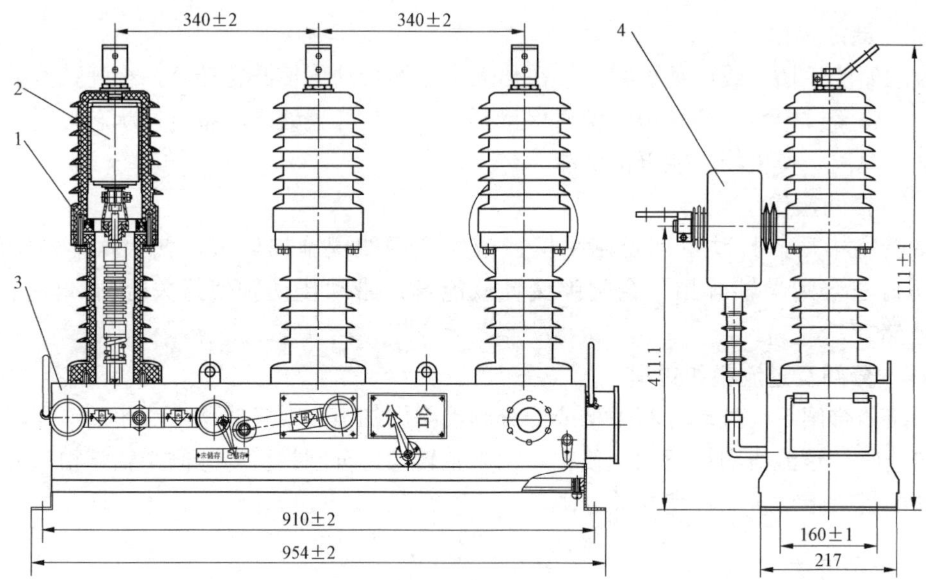

图 2-13-3 断路器结构示意图

1—绝缘支柱；2—灭弧室；3—壳体（内含机构）；4—电流互感器

13.5 柱上开关型号

柱上开关产品型号的组成型式如图 2-13-4 所示。

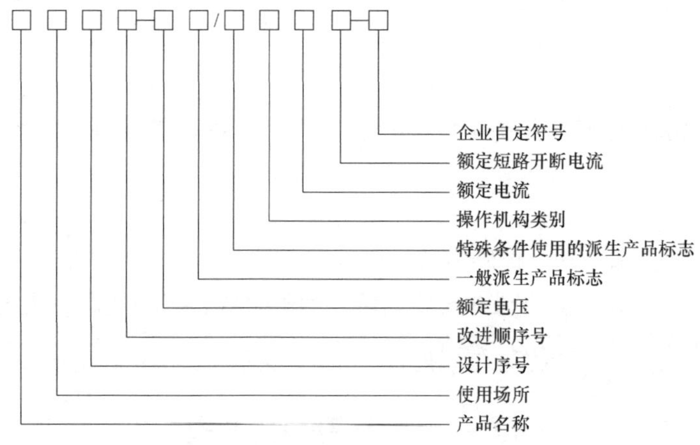

图 2-13-4 断路器（40.5kV 及以下）型号命名规则

产品名称：Z——真空断路器、L——SF_6 断路器。

使用场所：N——户内、W——户外。

设计序号：按产品鉴定的先后，由行业归口部门统一颁发，用阿拉伯数字 1、2、3…表示。

改进顺序号：经行业归口部门确认后，以 A、B、C…表示，原型不标注。

额定电压：以设备额定电压的千伏（kV）数表示。

操动机构类别：T——弹簧操动机构、D——电磁操动机构、Q——气动操动机构、Y——液压操动机构。

额定电流：以设备的额定电流的安培（A）数标注。

额定短路开断电流：以设备短路开断电流的千安（kA）数表示。

企业自定符号：根据需要，由企业自定如无，则不标注。

例：ZW32-12/T630-20 表示：真空户外断路器，设计序号 32，额定电压 12kV、断路器弹簧操动机构、断路器额定电流 630A、额定短路开断电流 20kA。

14 柱上开关试验基础

本章介绍了柱上开关质量检测的试验项目、类型和试验顺序和试验环境的要求。

14.1 柱上开关试验标准

试验参考标准如下：

GB/T 311.1　绝缘配合　第 1 部分：定义、原则和规则
GB/T 1984　高压交流断路器
GB/T 1985　高压交流隔离开关和接地开关
GB/T 4208　外壳防护等级（IP 代码）
GB/T 7354　高电压试验技术　局部放电测量
GB/T 11022　高压开关设备和控制设备标准的共用技术要求
GB/T 16927.1　高电压试验技术　第 1 部分：一般定义及试验要求
GB/T 16927.2　高电压试验技术　第 2 部分：测量系统
DL/T 593　高压开关设备和控制设备标准的共用技术要求

14.2 柱上开关试验项目、类型和试验顺序

14.2.1 试验项目

柱上开关试验项目、类型及主要标准见表 2-14-1。

表 2-14-1　柱上开关试验项目、类型及主要标准

序号	试验项目名称	试验类型	主要标准
1	结构和外观检测	例行试验	GB/T 1984、DL/T 402、DL/T 593
2	工频电压试验	型式试验	GB/T 1984、DL/T 402、DL/T 593
3	辅助和控制回路的绝缘试验	型式试验	GB/T 1984、DL/T 402、DL/T 593
4	主回路电阻的测量	型式试验	GB/T 1984、DL/T 402、DL/T 593
5	机械特性测量及机械操作试验	型式试验	GB/T 1984、DL/T 402、DL/T 593
6	联锁试验	型式试验	GB/T 1984、DL/T 402、DL/T 593
7	充气隔室的气体状态测量试验（适用于环保气体绝缘柱上开关）	型式试验	GB/T 1984、DL/T 402、DL/T 593

续表

序号	试验项目名称	试验类型	主要标准
8	雷电冲击电压试验	型式试验	GB/T 1984、DL/T 402、DL/T 593
9	局部放电试验	型式试验	GB/T 1984、DL/T 402、DL/T 593
10	温升试验	型式试验	GB/T 1984、DL/T 402、DL/T 593
11	防护等级检验	型式试验	GB/T 4208、DL/T 402、DL/T 593
12	密封试验（适用于气体绝缘柱上开关）	型式试验	GB/T 1984、DL/T 402、DL/T 593
13	充气隔室的压力耐受试验（适用于气体绝缘柱上开关）	型式试验	GB/T 1984、DL/T 402、DL/T 593
14	短时耐受电流和峰值耐受电流试验	型式试验	GB/T 1984、DL/T 402、DL/T 593

14.2.2 试验顺序

14.2.2.1 局部放电试验顺序要求

局部放电试验应在雷电冲击电压试验和工频电压试验后进行。

14.2.2.2 短时耐受电流和峰值耐受电流试验

短时耐受电流和峰值耐受电流试验应在其他试验完成后进行。

14.2.2.3 推荐的试验顺序

1）结构和外观检测；
2）机械特性测量及机械操作试验；
3）主回路电阻的测量；
4）辅助和控制回路的绝缘试验；
5）工频电压试验；
6）联锁试验；
7）充气隔室的气体状态测量试验（适用于环保气体绝缘柱上开关）；
8）雷电冲击电压试验；
9）局部放电试验；
10）温升试验；
11）防护等级检验；
12）密封试验（适用于气体绝缘开关柜）；
13）充气隔室的压力耐受试验（适用于气体绝缘柱上开关）；
14）短时耐受电流和峰值耐受电流试验。

14.3 柱上开关试验环境要求

14.3.1 试验环境温度和湿度要求

（1）如果在自然大气环境下不能保证室内气温在 10～40℃范围内，试验室宜安装供暖和/或冷风系统。

（2）如果不能保证一年中相对湿度超过 85%的天数少于 45 天，相对湿度超过 80%的天数少于 60 天，试验室宜安装空气调节装置。

14.3.2 试验电源要求

温升试验和测量均应在 50Hz 频率下进行。绝缘试验电源电压的波形应接近正弦波，即峰值除以 $\sqrt{2}$ 与方均根值的偏差不大于 5%。

14.3.3 其他要求

1）试验室应有足够的空间和合理的布局，包括样品储存空间；

2）不同功能区域划分清晰，易于识别；

3）试验室应具备充足的光照条件，照度值宜不低于 250lx；

4）工作区域、试验台等配置必要的防静电材料；

5）试验室应具备可靠的接地系统，接地电阻不应超过 0.5Ω。

14.3.4 特殊环境要求

如果进行局部放电测量试验项目，按照 GB/T 7354 中的要求，局部放电背景应低于 5pC。

15 柱上开关设备试验方法和要求

15.1 结构和外观检测

15.1.1 试验目的

检查柱上开关设备的结构和外观，给使用方提供检测结果和数据参考，确保符合技术规范书要求。

15.1.2 试验设备

试验设备配置见表 2-15-1。

表 2-15-1 试验设备配置（推荐）

设备名称	设备关键参数和要求
钢卷尺	测量范围：0～3m； 准确度等级不低于 2 级

15.1.3 试验方法

对样品的结构、外观和铭牌等进行检查。

15.1.4 结果判定

整体结构完好，外观无缺损、变形、脏污、锈蚀；绝缘支撑件无裂纹、破损；铸件应无裂纹、砂眼；铭牌、标志牌内容正确、齐全，布置规范，各项参数符合设计要求。

15.1.5 注意事项

测量数据准确无误，重要部分进行照片记录。

15.1.6 试验实例

15.1.6.1 试验照片

试验示例见图 2-15-1。

15.1.6.2 试验记录

试验记录见表 2-15-2。

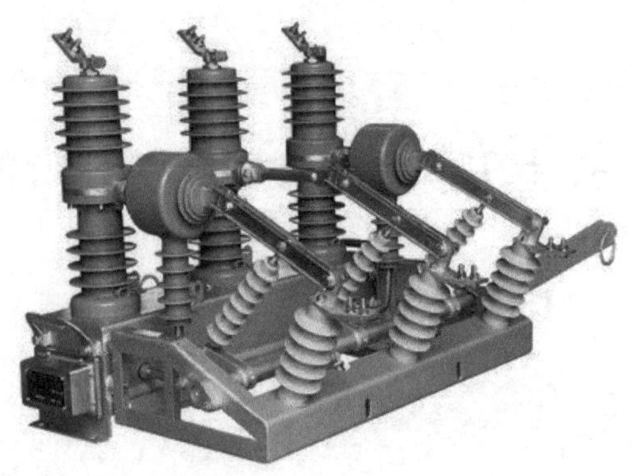

图 2-15-1　检查柱上开关的结构和外观

表 2-15-2　结构和外观检测记录表（参考示例）

项目	检查内容	检查结果
结构	整体结构完好，符合技术要求……	符合要求
外观	外观无缺损、无变形、无脏污、无锈蚀……	符合要求
安装说明书	安装使用说明书等文件齐全……	符合要求

15.2 工频电压试验

15.2.1 试验目的

检查柱上开关本体各部分的绝缘性能是否良好。

15.2.2 试验设备

试验设备要求见表 2-15-3。

表 2-15-3　工频电压试验设备配置（推荐）

序号	设备名称	设备关键参数和要求
1	工频电压试验系统	电压测量范围：0～150kV； 测量准确度应不低于 3%
2	空盒气压表	大气压测量范围：80.0～106.0kPa； 准确度：0.2kPa
3	温湿度计	温度准确度不低于 1℃； 相对湿度准确度不低于 2%

15.2.3 试验方法

绝缘试验的大气条件修正见第二部分 3.3.3。

当按上述要求进行大气修正因数时，k_1和h/δ应满足GB/T 16927.1—2011的要求，不需要考虑实验室海拔的影响。通常认为高压开关设备和控制设备既有内绝缘和外绝缘，为了正确考核高压开关设备和控制设备的内绝缘和外绝缘，可以分别对高压开关设备和控制设备的内绝缘和外绝缘进行绝缘试验，具体方法参见NB/T 42102—2016。如果对样品的绝缘性能有信心时，当$k_t<1$时，可以使用大气修正因数$k_t=1$，这时内绝缘被正确考核，但外绝缘承受了比要求值高的电压应力；当$k_t>1$时，可以使用大气修正因数k_t，这时外绝缘被正确考核，但内绝缘承受了比要求值高的电压应力。

相间及相对地试验时，开关装置（接地开关除外）处于合闸位置。断路器断口和隔离断口试验时，断口的开关装置处于分闸位置，其他开关装置（接地开关除外）处于合闸位置。样品开关装置状态、试验部位、加压部位、接地部位、施加电压和加压次数见表2-15-4。电压施加时间为1min。

优选方法：双电源加压，一侧端子施加的电压为额定极对地耐受电压，其余的电压施加在另一侧的端子上，其余相和底座均接地。

替代方法：单电源加压，对额定电压72.5kV以下的金属封闭开关设备和控制设备，和任一额定电压的其他技术的开关设备和控制设备，底座的对地电压 U_f 不需准确地调整，甚至可以把底座绝缘，把总的试验电压U施加在一个端子和地之间，对侧的端子接地；没有承受试验的所有端子和底座可以与地绝缘。

表2-15-4 工频电压试验加压方式表

试品状态或试验部位	加压部位	接地部位	施加电压（有效值）	加压时间	加压次数
相间及相对地	Aa	BCbcF	42kV	1min	1
	Bb	ACacF	42kV		1
	Cc	ABabF	42kV		1
断路器断口	A	a	48kV	1min	1
	B	b	48kV		1
	C	c	48kV		1
	a	A	48kV		1
	b	B	48kV		1
	c	C	48kV		1
隔离开关断口	A	a	48kV	1min	1
	B	b	48kV		1
	C	c	48kV		1
	a	A	48kV		1
	b	B	48kV		1
	c	C	48kV		1

注　A、B、C为开关一侧的端子，a、b、c为开关另一侧端子，F为外壳和底座。

15.2.4 结果判定

试验过程中，无闪络、无破坏性击穿。即判定通过。

15.2.5 注意事项

（1）工频电压试验前，避雷器应从主回路断开，电流互感器和故障指示器二次侧应短接接地。

（2）如果实验室中的大气条件与标准参考大气条件不同，则应计算修正系数，并选取合适的试验方法。

（3）使用替代方法进行断口试验时，底座应绝缘。如果柱上开关内部有电容分压器，使用单电源进行断口绝缘试验时应注意将柱上开关对地绝缘且保持 0.5m 以上的对地高度。

（4）进行绝缘试验时，被试品温度应不低于+5℃。户外试验应在良好的天气进行，且空气相对湿度一般不高于 80%。

（5）升压必须从零（或接近于零）开始，切不可冲击合闸。

（6）试验过程中应密切监视高压回路、试验设备仪表指示状态，注意观察被试品有无异响、试验电压和电流有无突变。若出现异常情况，应立即降压，对被试品充分放电并可靠接地，查明原因后方可继续试验。

15.2.6 试验实例

15.2.6.1 试验照片

以下实例为单电源进行试验，试验示例见图 2-15-2、图 2-15-3。

15.2.6.2 试验记录

试验记录见表 2-15-5。

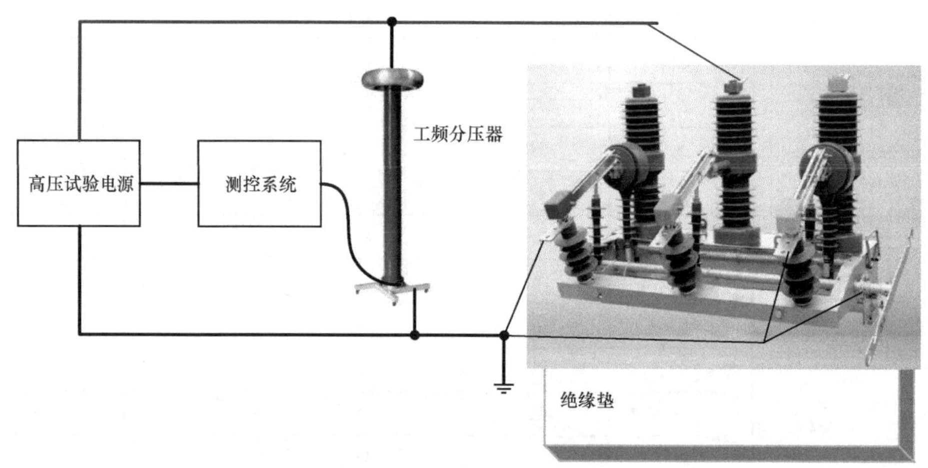

图 2-15-2 相间、相对地示例

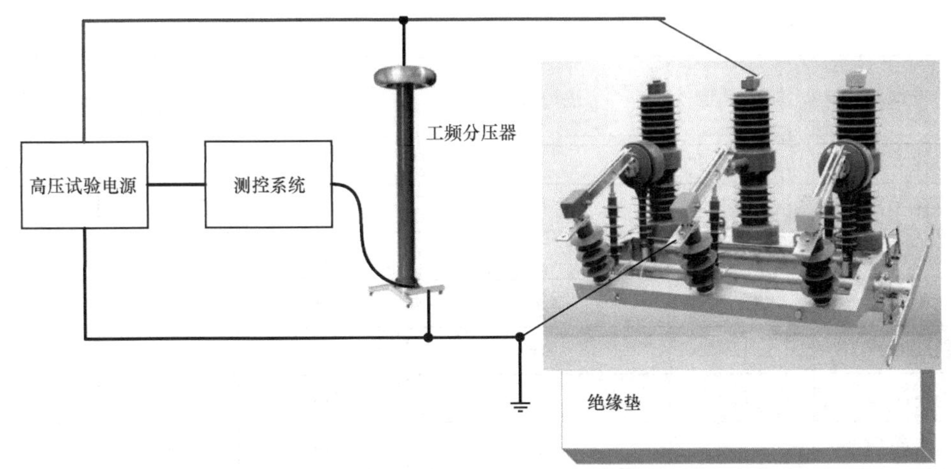

图 2-15-3　断路器断口（替代方法）示例

表 2-15-5　工频电压试验记录表（参考示例）

试区大气条件：					
大气压力（kPa）	101.6	干球温度（℃）	11.7	实验室海拔（m）	35
大气湿度（%）	66	湿球温度（℃）	—	使用海拔（m）	—
计算修正系数	0.9786	使用修正系数	1	—	—
试验结果：					
开关状态	加压部位	接地部位	施加电压值（kV）	加压时间（min）	放电次数
合闸	Aa	BbCcF、观察窗	42	1	0
合闸	Bb	AaCcF、观察窗	42	1	0
合闸	Cc	AaBbF、观察窗	42	1	0
断路器断口	A	a	48	1	0
断路器断口	a	A	48	1	0
断路器断口	B	b	48	1	0
断路器断口	b	B	48	1	0
断路器断口	C	c	48	1	0
断路器断口	c	C	48	1	0
负荷开关断口	A	a	48	1	0
负荷开关断口	a	A	48	1	0
负荷开关断口	B	b	48	1	0
负荷开关断口	b	B	48	1	0

续表

开关状态	加压部位	接地部位	施加电压值（kV）	加压时间（min）	放电次数
负荷开关断口	C	c	48	1	0
负荷开关断口	c	C	48	1	0
隔离断口	A	a	48	1	0
隔离断口	a	A	48	1	0
隔离断口	B	b	48	1	0
隔离断口	C	c	48	1	0
隔离断口	c	C	48	1	0

15.3 辅助和控制回路的绝缘试验

辅助和控制回路的绝缘试验见第二部分 12.3。

15.4 主回路电阻的测量

15.4.1 试验目的

主回路电阻是表征导电主回路的连接是否良好的一个参数。

主回路电阻测量也是某些试验项目的使用判据。

15.4.2 试验设备

试验设备配置见表 2-15-6。

表 2-15-6 试验设备配置（推荐）

设备名称	设备关键参数和要求
回路电阻测试仪	测量范围：0～20mΩ； 准确度等级：0.5%±0.2μΩ

15.4.3 试验方法

对主回路电阻采用直流电压降法，用直流回路电阻测试仪来测量每一极的电阻，试验电流取不小于 100A，记录电阻值。应分别对每极进行三次测量，计算电阻的平均值。

15.4.4 结果判定

对于开关装置的关合和开断试验，试验前后电阻值增加不应超过 100%；对于不同于关合和开断试验的其他试验，试验前后电阻值增加不应超过 20%。

15.4.5 注意事项

测量点应清洁干净，测量夹应与样品测量点接触良好。

15.4.6 试验实例

15.4.6.1 试验示例

试验示例见图 2-15-4。

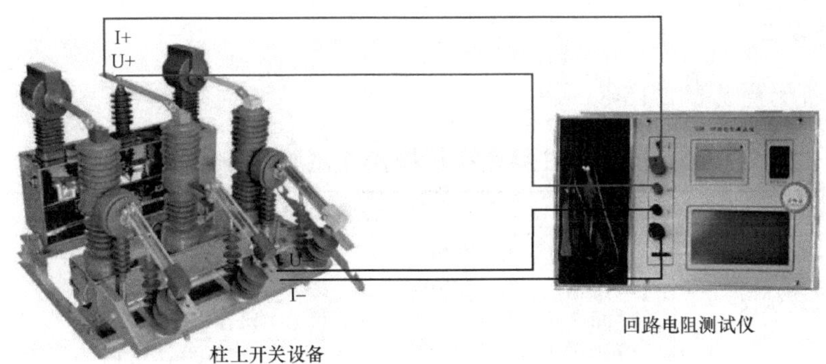

图 2-15-4 柱上开关设备主回路电阻的测量示例

注：电流钳的夹接位置应在电压钳的外侧（距离电压钳的距离无影响）或与电压钳在同一位置。

15.4.6.2 试验记录

试验记录见表 2-15-7。

表 2-15-7 回路电阻测量记录表（参考示例）

试区大气条件：					
大气压力（kPa）	101.2	环境温度（℃）	25.3	大气湿度（%）	67
试验方法	直流电压降法				
试验电流	直流 100A				
试验结果：					
测量部位	技术要求（μΩ）	实测值（μΩ）			
		次序	A	B	C
主回路（进线端子一出线端子）	—	1	65.2	59.3	59.6
		2	63.2	61.2	56.5
		3	58.5	62.3	57.1
平均值			60.3		

15.5 机械特性测量及机械操作试验

15.5.1 试验目的

检查柱上开关设备的机械特性和机械操作。其中，机械特性测量结果应在样品出厂试验报告数值的偏差范围内；机械操作过程中，断路器应能按指令动作，未出现误分、误合、拒分和拒合现象情况。

15.5.2 试验设备

试验设备配置见表 2-15-8。

表 2-15-8 机械特性测量和机械操作试验设备配置（推荐）

设备名称	设备关键参数和要求
机械特性测试仪	交流输出：0～380V； 直流输出：0～250V； 时间测量范围：0～4s，准确度 0.1 级； 可设定带延时的分合、OCO，次数 0～600 次可调

15.5.3 试验方法

15.5.3.1 机械特性测量试验

采用机械特性测试仪，连接至开关装置触头系统，直接记录机械行程特性。

15.5.3.2 机械操作试验

断路器连接到机械特性测试仪，进行下列操作：

1）额定操作电压下，进行 5 次合—分操作；

2）最高操作电压下，进行 5 次合—分操作；

3）最低操作电压下，进行 5 次合—分操作；

4）手动操作，进行 3 次合—分操作；

5）30%额定操作电压下，进行 3 次合—分操作，不得合—分；

6）储能电机在 85%和 110%的额定储能电压下，进行 5 次合—分操作；

7）额定操作电压下，进行其余次数合-分操作，达到共计 50 次。

15.5.4 结果判定

断路器的触头开距、超行程、分闸时间、合闸时间、分闸速度、合闸速度、合闸不同期、分闸不同期、合闸弹跳和弹簧储能时间位于样品出厂试验报告数值的偏差范围内。断路器能按指令动作，未出现误分、误合、拒分和拒合现象。

15.5.5 注意事项

机械试验应按照 DL/T 402—2016 中第 6.101 条的规定执行。试验应在环境温度及被试品温度为5～40℃、湿度小于90%的条件下进行。试验时，试品安装状态应和使用中的状态一样。

15.5.6 试验实例

15.5.6.1 试验示例

试验示例见图2-15-5、图2-15-6。

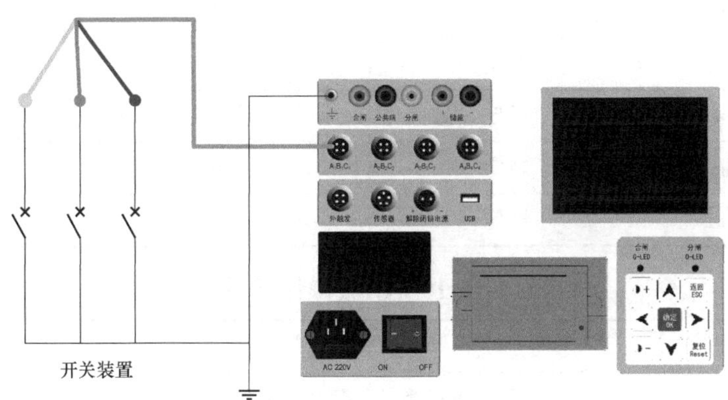

图 2-15-5 断路器机械特性示意图

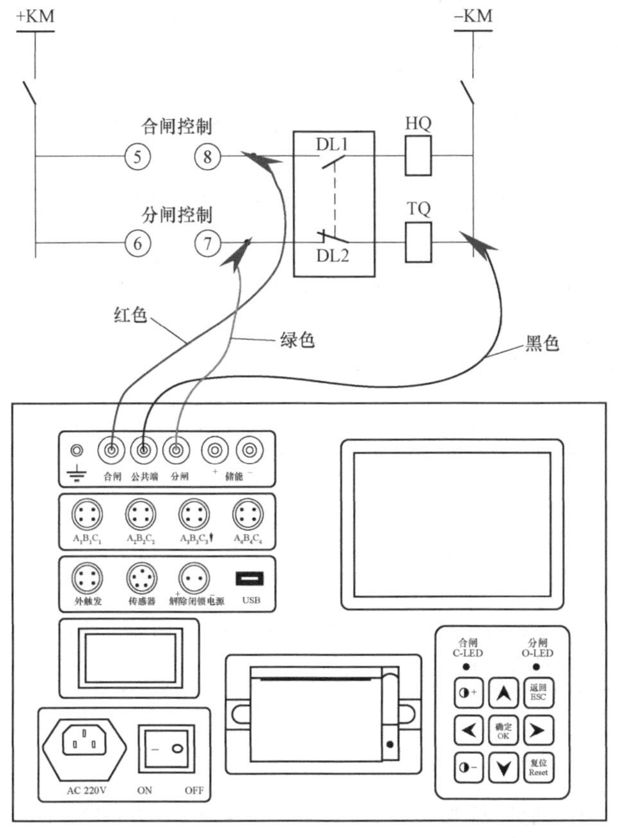

图 2-15-6 机械特性测量分合闸线圈连接图

15.5.6.2 试验记录

试验记录见表 2-15-9、表 2-15-10。

表 2-15-9 机械特性记录表

试验参数名称	操作电压	技术要求	测试结果
合闸时间（ms）	额定	≤60	33.2～33.9
合闸不同期（ms）	额定	≤2	0.3
合闸弹跳（ms）	额定	≤2	0
分闸时间（ms）	额定	≤40	22.1～23.1
分闸不同期（ms）	额定	≤2	0.5

表 2-15-10 机械操作记录表

序号	操作内容	试验结果
1	断路器（负荷开关）的操作	
1.1	手动进行 5 次 C-O 操作，动作应正常	符合要求
1.2	在最高操作电源电压下，进行 5 次 C-O 操作，动作应正常	符合要求
1.3	在最低操作电源电压下，进行 5 次 C-O 操作，动作应正常	符合要求
1.4	如果具备重合闸功能，在额定操作电源电压下，进行 5 次 O-0.3s-CO-C 操作，动作应正常	符合要求
1.5	如上操作中，至少分别施以 85%和 110%储能电压，各进行 5 次储能操作，储能应正常	符合要求
1.6	在额定操作电源电压下，进行 C-O 操作，使得 C-O 操作总次数达到 50 次，动作应正常	符合要求
1.7	断路器处于分闸位置，施在 30%额定操作电源电压下，进行 3 次 C 操作，不应动作	符合要求
1.8	断路器处于合闸位置，施在 30%额定操作电源电压下，进行 3 次 O 操作，不应动作	符合要求
2	隔离开关的操作	
2.1	进行 C-O 操作 50 次，动作应正常	符合要求
2.2	对于采用动力操作机构的隔离开关，如上操作次数中中应包括额定、最高、最低操作电压下的 C-O 操作各 10 次	符合要求
3	接地开关的操作	
3.1	进行 C-O 操作 50 次，动作应正常	符合要求
3.2	对于采用动力操动机构的隔离开关，如上操作次数中应包括额定、最高、最低操作电压下的 C-O 操作各 10 次	符合要求

15.6 充气隔室的气体状态测量试验（适用于环保气体绝缘柱上开关）

15.6.1 试验目的

验证柱上开关设备气箱内部是否含有 SF_6 气体，应满足以下要求：气箱内不应有 SF_6 气体成分。

15.6.2 试验设备

试验设备配置见表 2-15-11。

表 2-15-11　充气隔室的气体状态测量试验设备配置（推荐）

设备名称	设备关键参数和要求
SF_6 检漏仪	测量浓度范围：（0.01～100）$\times10^{-6}$

注　具备 SF_6 检漏功能的气体综合测试仪，只要测量范围满足要求，也可使用。

15.6.3 试验方法

将 SF_6 检漏仪接入柱上开关设备气箱充气口，对气箱内的 SF_6 气体成分含量进行检测。

15.6.4 结果判定

不应检出 SF_6 气体成分。

15.6.5 注意事项

SF_6 检漏仪气体管路与气箱充气接口应连接可靠，避免气体出现泄漏。接气与退出接头时，接头与接口保持水平旋转，用力适度，不可旋过紧；检测完成恢复后应做好检漏工作。

15.6.6 试验实例

15.6.6.1 试验示例

试验示例见图 2-15-7。

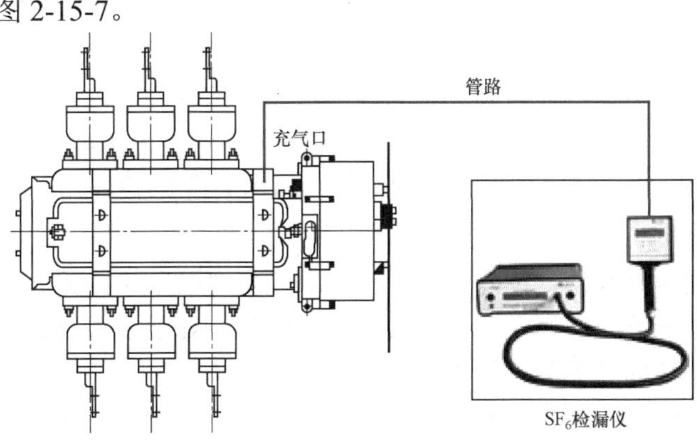

图 2-15-7　柱上开关充气隔室气体状态量试验示例

15.6.6.2 试验记录

试验记录见表 2-15-12。

表 2-15-12 充气隔室的气体状态测量试验记录

检验项目	技术要求	测量或观察结果	结论
环保气体成分	不应检出 SF_6 气体成分	未检出 SF_6 气体成分	符合
		检出 SF_6 气体成分	不符合

15.7 雷电冲击电压试验

15.7.1 试验目的

检查柱上开关本体各部分的绝缘性能是否良好。

15.7.2 试验设备

试验设备配置见表 2-15-13。

表 2-15-13 雷电冲击试验设备配置（推荐）

序号	设备名称	设备关键参数和要求
1	冲击电压发生装置	测量雷电波要求：1.2/50μs，0～300kV
2	空盒气压表	大气压测量范围：80.0～106.0kPa； 准确度：0.2kPa
3	温湿度计	温度准确度不低于 1℃； 相对湿度准确度不低于 2%

15.7.3 试验方法

绝缘试验的大气条件修正见第二部分 3.3.3。

当按上述要求进行大气修正因数时，k_1 和 h/δ 应满足 GB/T 16927.1—2011 中的要求，不需要考虑实验室海拔的影响。通常认为高压开关设备和控制设备既有内绝缘和外绝缘，为了正确考核高压开关设备和控制设备的内绝缘和外绝缘，可以分别对高压开关设备和控制设备的内绝缘和外绝缘进行绝缘试验，具体方法参见 NB/T 42102—2016。如果对样品的绝缘性能有信心时，当 $k_t<1$ 时，可以使用大气修正因数 $k_t=1$，这时内绝缘被正确考核，但外绝缘承受了比要求值高的电压应力；当 $k_t>1$ 时，可以使用大气修正因数 k_t，这时外绝缘被正确考核，但内绝缘承受了比要求值高的电压应力。

相间及相对地试验时，开关装置（接地开关除外）处于合闸位置。断路器断口和隔离断口试验时，断口的开关装置处于分闸位置，其他开关装置（接地开关除外）处于合闸位置。样品开关装置状态、试验部位、加压部位、接地部位、施加电压和加压次数见表 2-15-14。试验应按 GB/T 16927.1—2011 规定的标准雷电冲击波 1.2/50μs 在两种极性的电压下进行，额定雷电冲击耐受电压 U_p 满足通用值 75kV（峰值）和隔离断口 85kV（峰值），每个试验系列至少 15 次试验，对于非自恢复绝缘，没有发生破坏性放电。对于自恢复绝缘，每个完整系列破坏性放电次数不超过 2 次。这通过最后一次破坏性放电后 5 次连续的冲击耐受来确认，该程序导致每个系列最多可能达到 25 次冲击，被试回路无闪络击穿现象。

优选方法：双电源加压，一侧端子施加的电压为额定极对地耐受电压，其余的电压施加在另一侧的端子上，其余相和底座均接地。

替代方法：单电源加压，对额定电压 72.5kV 以下的金属封闭开关设备和控制设备，和任一额定电压的其他技术的开关设备和控制设备，底座的对地电压 U_f 不需准确地调整，甚至可以把底座绝缘，把总的试验电压 U 施加在一个端子和地之间，对侧的端子接地；没有承受试验的所有端子和底座可以与地绝缘。

表 2-15-14　雷电冲击电压试验加压方式

<table>
<tr><th>试品状态或试验部位</th><th>加压部位</th><th>接地部位</th><th>施加电压（有效值）</th><th>加压次数</th></tr>
<tr><td rowspan="3">相间及相对地</td><td>Aa</td><td>BCbcF</td><td rowspan="3">75kV</td><td>正负各 15 次</td></tr>
<tr><td>Bb</td><td>ACacF</td><td>正负各 15 次</td></tr>
<tr><td>Cc</td><td>ABabF</td><td>正负各 15 次</td></tr>
<tr><td rowspan="6">断路器断口</td><td>A</td><td>a</td><td rowspan="6">85kV</td><td>正负各 15 次</td></tr>
<tr><td>B</td><td>b</td><td>正负各 15 次</td></tr>
<tr><td>C</td><td>c</td><td>正负各 15 次</td></tr>
<tr><td>a</td><td>A</td><td>正负各 15 次</td></tr>
<tr><td>b</td><td>B</td><td>正负各 15 次</td></tr>
<tr><td>c</td><td>C</td><td>正负各 15 次</td></tr>
<tr><td rowspan="6">隔离开关断口</td><td>A</td><td>a</td><td rowspan="6">85kV</td><td>正负各 15 次</td></tr>
<tr><td>B</td><td>b</td><td>正负各 15 次</td></tr>
<tr><td>C</td><td>c</td><td>正负各 15 次</td></tr>
<tr><td>a</td><td>A</td><td>正负各 15 次</td></tr>
<tr><td>b</td><td>B</td><td>正负各 15 次</td></tr>
<tr><td>c</td><td>C</td><td>正负各 15 次</td></tr>
</table>

注　A、B、C 为开关一侧的端子，a、b、c 为开关另一侧端子，F 为外壳和底座。

15.7.4　结果判定

试验过程中，无闪络、无破坏性击穿。

15.7.5　注意事项

（1）雷电冲击电压试验前，避雷器应从主回路断开，电流互感器和故障指示器二次侧应短接接地。

（2）如果实验室中的大气条件与标准参考大气条件不同，则应计算修正系数，并选取合适的试验方法。

（3）使用替代方法进行断口试验，底座应绝缘。

（4）进行绝缘试验时，被试品温度应不低于+5℃。户外试验应在良好的天气进行，且空气相对湿度一般不高于 80%。

（5）试验过程中注意观察被试品有无异响，试验电压是否满足要求，波形是否满足标准雷电波要求。若出现异常情况，应立即降压，对被试品充分放电并可靠接地，查明原因后方可继续试验。

15.7.6 试验实例

15.7.6.1 试验照片

以下实例为单电源替代方法进行试验，试验示例见图 2-15-8、图 2-15-9。

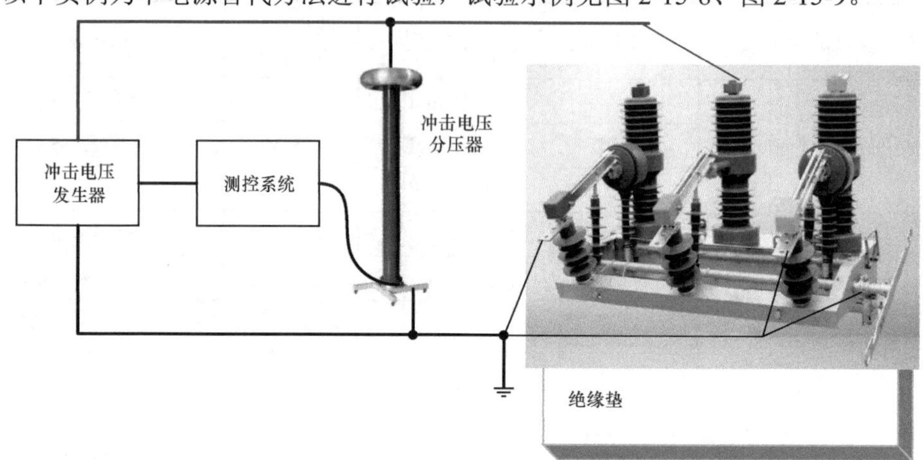

图 2-15-8 相间、相对地示例

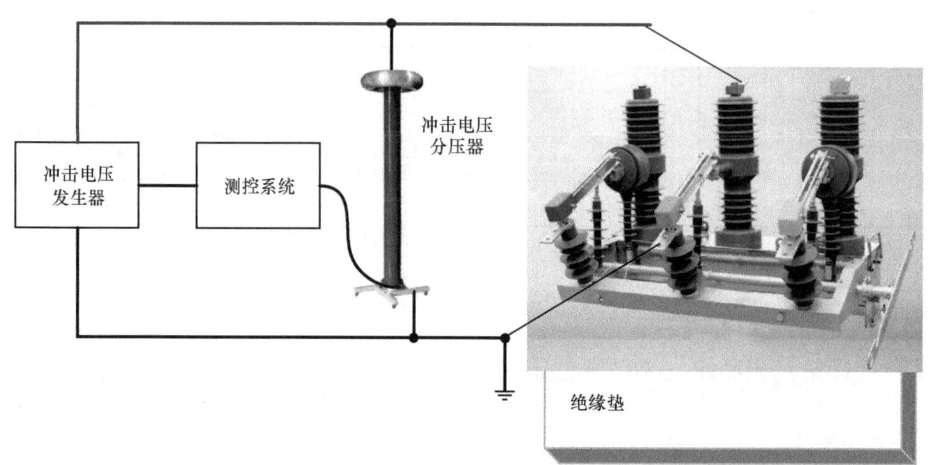

图 2-15-9 断口间示例

15.7.6.2 试验记录

试验记录见表 2-15-15。

表 2-15-15 雷电冲击电压试验记录表（参考示例）

试区大气条件：					
大气压力（kPa）	101.6	干球温度（℃）	11.7	实验室海拔（m）	35
大气湿度（%）	66	湿球温度（℃）	—	使用海拔（m）	—
计算修正系数	0.9875	使用修正系数	1	—	—

试验结果：							
开关状态	加压部位	接地部位	极性	试验电压峰值（kV）	加压次数	放电次数	典型示波图号
合闸	Aa	BbCcF	正/负	75	15	0	***
合闸	Bb	AaCcF	正/负	75	15	0	***
合闸	Cc	AaBbF	正/负	75	15	0	***
断路器断口	A	a	正/负	85	15	0	***
断路器断口	a	A	正/负	85	15	0	***
断路器断口	B	b	正/负	85	15	0	***
断路器断口	b	B	正/负	85	15	0	***
断路器断口	C	c	正/负	85	15	0	***
断路器断口	c	C	正/负	85	15	0	***
负荷开关断口	A	a	正/负	85	15	0	***
负荷开关断口	a	A	正/负	85	15	0	***
负荷开关断口	B	b	正/负	85	15	0	***
负荷开关断口	b	B	正/负	85	15	0	***
负荷开关断口	C	c	正/负	85	15	0	***
负荷开关断口	c	C	正/负	85	15	0	***
隔离开关断口	A	a	正/负	85	15	0	***
隔离开关断口	a	A	正/负	85	15	0	***
隔离开关断口	B	b	正/负	85	15	0	***
隔离开关断口	b	B	正/负	85	15	0	***
隔离开关断口	C	c	正/负	85	15	0	***
隔离开关断口	c	C	正/负	85	15	0	***

15.8 局部放电试验

局部放电试验见第二部分 3.11。

15.9 温 升 试 验

温升试验见第二部分 12.5。

15.10 防护等级检验（IP 代码）

防护等级检验（IP 代码）见第二部分 12.7。对操动机构箱进行检验。

15.11 密 封 试 验

密封试验（适用于环保气体绝缘柱上开关）见第二部分 6.13。

15.12 充气隔室的压力耐受试验

充气隔室的压力耐受试验（适用于气体绝缘柱上开关）见第二部分 6.14。

15.13 短时耐受电流和峰值耐受电流试验

15.13.1 试验目的

短时耐受电流和峰值耐受电流试验目的是检验其在额定短路持续时间内承载额定峰值耐受电流和额定短时耐受电流的能力。

15.13.2 试验设备

试验设备配置见表 2-15-16。

表 2-15-16 试验设备配置表

序号	设备名称	设备关键参数和要求	适用项目
1	大电流试验系统	电流输出范围：10～80kA； 电流输出时间：0～5s	短时耐受电流和峰值耐受电流试验
2	数据采集系统	测量范围：10～100kA； 准确度：2%	短时耐受电流和峰值耐受电流试验
3	限流电抗器	根据试验电流确定	短时耐受电流和峰值耐受电流试验

15.13.3 试验方法

试验方法见第二部分 12.6.3。

15.13.4 结果判定

试验后，柱上开关不应有明显的机械损伤与触头分离，第一次操作即能分闸，试验前后的回路电阻值增加不超过 20%，如果电阻的增加超过 20%，同时又不可能用目测检查证实触头的状态，应进行一次附加的温升试验，满足温升要求即判定合格。

15.13.5 注意事项

（1）试验过程中开关电器保持闭合状态，不应发生脱扣。

（2）如果柱上开关含有电流互感器，试验前应将电流互感器二次绕组短路。

15.13.6 试验实例

15.13.6.1 试验照片

试验示例见图 2-15-10。

图 2-15-10 短时耐受电流和峰值耐受电流试验示例

15.13.6.2 试验记录

试验记录见表 2-15-17、表 2-15-18。

表 2-15-17 试验记录表（参考示例）

主回路：

<table>
<tr><td>检测参数/相别</td><td>要求值</td><td>A</td><td>B</td><td>C</td><td>波形图号</td></tr>
<tr><td>峰值耐受电流（kA）</td><td>80</td><td>80.8</td><td>74.3</td><td>56.7</td><td rowspan="2">2023082701</td></tr>
<tr><td>短路电流持续时间（ms）</td><td>0.3</td><td colspan="3">0.31</td></tr>
<tr><td>短时耐受电流有效值（kA）</td><td>31.5</td><td>31.6</td><td>31.7</td><td>31.6</td><td rowspan="4">2023082702</td></tr>
<tr><td>短路电流持续时间（s）</td><td>3</td><td colspan="3">3.01</td></tr>
<tr><td>电流焦耳积分值（$kA^2\cdot s$）</td><td>2977</td><td>3006</td><td>3025</td><td>3006</td></tr>
<tr><td>电流平均值（kA）</td><td>—</td><td colspan="3">31.6</td></tr>
<tr><td colspan="5">试验中和试验后检查内容和要求</td><td>检查结果</td></tr>
<tr><td colspan="5">试验中试品未发生触头分离、部件损坏等异常情况</td><td>符合要求</td></tr>
<tr><td colspan="5">试验后立即进行开关装置的分闸操作，触头应在第一次操作时分开</td><td>符合要求</td></tr>
<tr><td colspan="5">试验后电阻相对试验前的变化应不大于 20%</td><td>符合要求</td></tr>
</table>

表 2-15-18 试验前后回路电阻的测量

<table>
<tr><td rowspan="2">相别</td><td colspan="3">试验前平均值</td><td colspan="3">试验后平均值</td></tr>
<tr><td>A</td><td>B</td><td>C</td><td>A</td><td>B</td><td>C</td></tr>
<tr><td>回路电阻（μΩ）</td><td>55.5</td><td>56.9</td><td>54.6</td><td>56.3</td><td>57.2</td><td>55.5</td></tr>
<tr><td colspan="4">试验后电阻相对试验前的变化（%）</td><td>1.44%</td><td>0.53%</td><td>1.65%</td></tr>
</table>

试验结论：<u>合格</u>/不合格

16 隔离开关基础

本章介绍隔离开关检测的产品基础要求。

16.1 隔离开关术语和定义

16.1.1 隔离开关 disconnector

在分闸位置时，触头间有符合规定要求的绝缘距离和明显的断开标志；在合闸位置时，能承载正常回路条件下的电流和在规定时间内异常条件（例如短路）下的电流的开关装置。

（1）当回路电流“很小”时，或者当隔离开关每极的两接线端子间的电压在关合和开断前后无显著变化时，隔离开关应具有关合和开断回路的能力。

（2）所谓回路电流“很小”，是指像套管、母线、连接线、非常短的电缆的容性电流，断路器上永久性连接的均压阻抗的电流以及电压互感和分压器的电流。按此定义，额定电压 363KV 及以下时，不超过 0.5A 的电流是“很小”的电流，额定电压 550kV 及以上且电流超过 0.5A 时，应向制造厂咨询。“电压无显著变化”是指感应式电压调节装置或断路器被旁路或母线转换的情况。

16.1.2 （开关装置的）主回路 main circuit（of a switching device）

传送电能的开关回路中的所有导电部分。

16.1.3 开关装置的极 pole of a switching device

仅与开关装置的主回路的一个单独导电路径相连的电器部件，不包括用来将所有极固定在一起和使各极一起动作的部件。

如果开关装置只有一极，则称为单极开关装置；如果多于一极，只要这些极可以一起操作，则称为多极（两极、三极等）开关装置。

16.1.4 （机械开关装置）触头 contact（of a mechanical switching device）

两个或两个以上导体，以其接触使导电回路连续，其相对运动可分、合导电回路，而在较链或滑动接触情况下还能维持导电回路的连续性。

16.1.5 主触头 main contact

开关装置主回路中的触头，在合闸位置时承载主回路的电流。

16.1.6 破坏性放电 disruptive discharge

在电场作用下伴随绝缘破坏而产生的一种现象，此时放电完全跨接了被试绝缘，使电极之间的电压降到零或接近于零。

（1）该术语适用于在固体、液体和气体介质以及其组合中的放电。

（2）固体介质中的破坏性放电，会导致永久地丧失绝缘强度（非自恢复绝缘），而在液体和气体介质中可能仅是暂时丧失绝缘强度（自恢复绝缘）。

（3）破坏性放电发生在气体或液体介质中时，叫作火花放电；破坏性放电发生在气体或液体介质中的固体介质表面时，叫作闪络；破坏性放电贯穿于固体介质时，叫作击穿。

16.1.7 端子（作为一个元件） terminal（as a component）

装置、电路或电网的导电部件，用于把装置、电路或电网连接到一个或多个外部导体。

16.1.8 短时耐受电流 short-time withstand current

在规定的使用和性能条件下，在规定的短时间内，回路和处于合闸位置的开关装置能够承载的电流有效值。

16.1.9 峰值耐受电流 peak withstand current

在规定的使用和性能条件下，回路和处于合闸位置的开关装置能够耐受的峰值电流。

16.1.10 防护等级 degree of protection

外壳以及隔板或活门（适用时）提供的、防止接近危险部件、防止固体外物进入和/或防止水的浸入以及外壳防止机械撞击，并由标准试验方法验证过的保护程度。

16.2 隔离开关原理

隔离开关在分闸位置时，被分离的触头之间有可靠绝缘的明显断口；在合闸位置时，能可靠地承载正常工作电流和短路故障电流，它不是用以开断和关合所承载的电流，而是主要为满足检修和改变线路连接的需要，用来对线路设置一种可以开闭的断口。

（1）检修与分段隔离：利用隔离开关断口的可靠绝缘能力，使需要检修或分段的线路与带电的线路相互隔离。为确保检修工作的安全，由接地开关供检修对接。

（2）倒换母线：在断口两端接近等电位的条件下带负荷进行分闸、合闸，变换双母线或其他不长的并联线路的接线。

（3）分、合带电电路：用隔离开关断口分开时在空气中自然熄弧的能力，用来分合很小的电流。

（4）自动快速隔离：快速隔离开关具有自动快速分开断口的性能。在一定条件下，与快速接地开关、上一级断路器联合使用，能迅速地隔开已发生故障的设备，起到防止故障扩大和节省断路器用量的作用。

16.3 隔离开关分类

隔离开关有按附装接地开关状况、结构形式、安装方式等多种分类方法。按附装接地开关状况分类，可分为不接地、一端接地、两端接地三类；按结构形式分类，可分为水平断口、垂直断口两类；按安装方式分类，可分为户外和户内两类。

16.4 双柱式隔离开关结构

双柱式隔离开关外形结构见图 2-16-1。

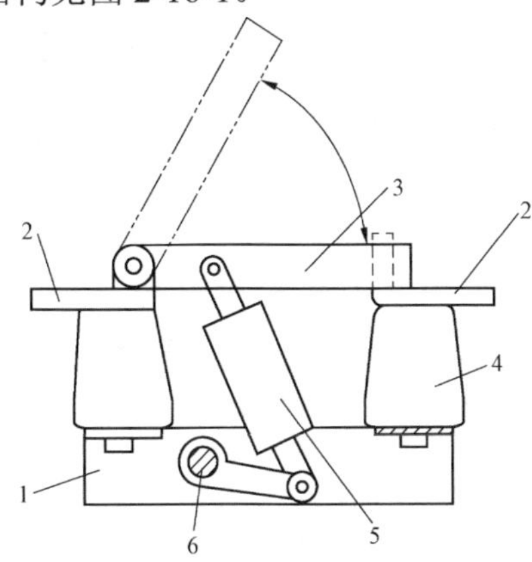

图 2-16-1　双柱式隔离开关外形结构

1—底座；2—接线端；3—主闸刀；4—支柱绝缘子；5—操作绝缘子；6—操作轴

16.5 隔离开关型号

隔离开关产品型号的命名规则见图 2-16-2。

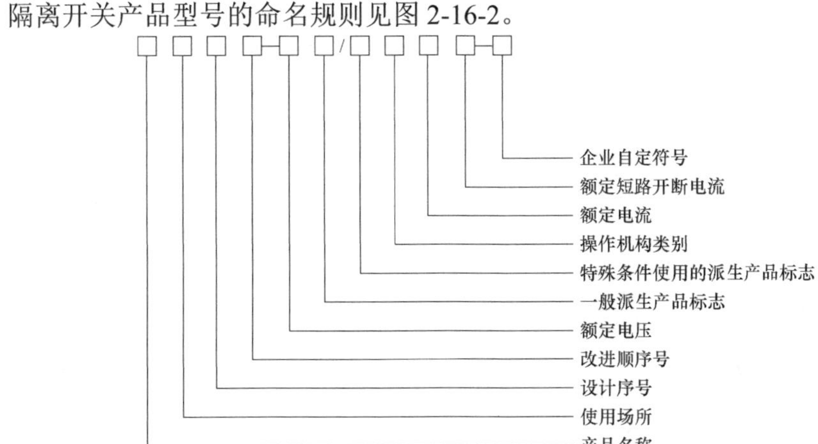

图 2-16-2　隔离开关型号命名规则

产品名称："隔离开关"用第一个汉字汉语拼音的第一个字母（即"G"）表示。

使用场所：N——户内、W——户外。

设计序号：按产品鉴定的先后，由行业归口部门统一颁发，用阿拉伯数字 1、2、3…表示。

改进顺序号：经行业归口部门确认后，以 A、B、C…表示，原型不标注。

额定电压：以设备额定电压的千伏（kV）数表示。

操动机构类别：T——弹簧操动机构、S——手力操动机构、J——电动机操动机构。

额定电流：以额定电流的安培（A）数表示。

额定短时耐受电流：以额定短时受电流的千安（kA）数表示。

企业自定符号：根据需要，由企业自定如无，则不标注。

例：GW9-12/630-20 表示：户外隔离开关，设计序号 9，额定电压 12kV、额定电流 630A、额定短时耐受电流 20kA。

17 隔离开关试验基础

本章介绍隔离开关质量检测的试验项目、类型、试验顺序和试验环境的要求。

17.1 隔离开关试验标准

试验参考标准如下：

GB/T 311.1 绝缘配合 第 1 部分：定义、原则和规则

GB/T 772 高压绝缘子瓷件 技术条件

GB/T 1985 高压交流隔离开关和接地开关

GB/T 4208 外壳防护等级（IP 代码）

GB/T 7354 高电压试验技术 局部放电测量

GB/T 8287.1 标称电压高于 1000V 系统用支柱绝缘子 第 1 部分：瓷和玻璃绝缘子试验

GB/T 8287.2 标称电压高于 1000V 系统用支柱绝缘子 第 2 部分：尺寸和特性

GB/T 11022 高压开关设备和控制设备标准的共用技术要求

GB/T 16927.1 高电压试验技术 第 1 部分：一般定义及试验要求

GB/T 16927.2 高电压试验技术 第 2 部分：测量系统

DL/T 593 高压开关设备和控制设备标准的共用技术要求

17.2 隔离开关试验项目、类型和试验顺序

17.2.1 试验项目

隔离开关试验项目、类型及主要标准见表 2-17-1。

表 2-17-1 隔离开关试验项目、类型及主要标准

序号	试验项目名称	试验类型	主要标准
1	外观及结构检查	抽样试验	Q/GDW 11259—2014
2	绝缘试验	型式试验、抽样试验	GB/T 16927.1—2011、DL/T 486—2021、DL/T 593—2016
3	回路电阻测量	型式试验、抽样试验	GB/T 11022—2020
4	机械操作及机械寿命试验	型式试验、抽样试验	GB/T 1985—2023、DL/T 486—2021、DL/T 593—2016

续表

序号	试验项目名称	试验类型	主要标准
5	温升试验	型式试验、抽样试验	DL/T 486—2021、DL/T 593—2016
6	短时耐受电流和峰值耐受电流试验	型式试验、抽样试验	GB/T 1985—2023、GB/T 11022—2020、DL/T 486—2021、DL/T 593—2016
7	严重冰冻条件下的操作	型式试验、抽样试验	GB/T 1985—2023、GB/T 11022—2020、DL/T 486—2021
8	隔离开关触头镀银层厚度检测	抽样试验	GB/T 1985—2023、DL/T 486—2021

17.2.2 试验顺序

推荐的试验顺序：

1）外观及结构检查；

2）回路电阻测量；

3）机械操作及机械寿命试验；

4）绝缘试验；

5）温升试验；

6）短时耐受电流和峰值耐受电流试验；

7）严重冰冻条件下的操作；

8）极限温度下的操作。

17.3 隔离开关试验环境要求

17.3.1 试验环境温度和湿度要求

（1）如果在自然大气环境下不能保证室内气温在10～40℃范围内，试验室宜安装供暖和/或冷风系统。

（2）如果不能保证一年中相对湿度超过85%的天数少于45天，相对湿度超过80%的天数少于60天，试验室宜安装空气调节装置。

17.3.2 试验电源要求

温升试验和测量均应在50Hz频率下进行。绝缘试验电源电压的波形应接近正弦波，即峰值除以$\sqrt{2}$与方均根值的偏差不大于5%。

17.3.3 其他通用要求

（1）试验室应有足够的空间和合理的布局，包括样品储存空间。

（2）不同功能区域划分清晰，易于识别。

（3）试验室应具备充足的光照条件，照度值宜不低于 250lx。

（4）工作区域、试验台等配置必要的防静电材料。

（5）试验室应具备可靠的接地系统，接地电阻不应超过 0.5Ω。

18 隔离开关试验方法和要求

18.1 外观及结构检查

18.1.1 试验目的

检查隔离开关设备的结构和外观，给使用方提供检测结果和数据参考，确保符合技术规范书要求。

18.1.2 试验设备

无。

18.1.3 试验方法

对样品的结构、外观、铭牌、绝缘件等进行检查：

1）整体结构完好，外观无缺损、变形、脏污、锈蚀；

2）支撑绝缘件无裂纹、破损；

3）铸件无裂纹、砂眼；

4）铭牌、标志牌内容正确、齐全，布置规范，各项参数符合设计要求；

5）安装使用说明书的内容齐全、详尽，可操作性强。

18.1.4 结果判定

整体结构完好，外观无缺损、变形、脏污、锈蚀；绝缘支撑件无裂纹、破损；铸件应无裂纹、砂眼；铭牌、标志牌内容正确、齐全，布置规范，各项参数符合设计要求。

18.1.5 注意事项

测量数据准确无误，重要部分进行照片记录。

18.1.6 试验实例

18.1.6.1 试验示例

试验示例见图 2-18-1。

图 2-18-1 隔离开关外观检查示例

18.1.6.2 试验记录

试验记录见表 2-18-1。

表 2-18-1 隔离开关外观检查记录表（参考示例）

序号	检查内容	检查结果
1	相间最小距离（mm）	460
2	断口最小距离（mm）	600
3	对地最小距离（mm）	350
4	整体结构完好，符合技术要求	符合
5	外观无缺损、变形、脏污、锈蚀	符合
6	安装使用说明书等文件齐全	符合

18.2 绝缘实验

18.2.1 试验目的

检查隔离开关本体各部分的绝缘性能是否良好。

18.2.2 试验设备

试验设备配置见表 2-18-2、表 2-18-3。

表 2-18-2 工频电压试验设备配置（推荐）

序号	设备名称	设备关键参数和要求
1	工频电压试验系统	最高电压不小于 150kV，配有保护电阻
2	工频电压测量系统	具备峰值、有效值测量功能，最高测量电压不小于 100kV，最大允差不超过±3%
3	空盒气压表	大气压：80.0～106.0kPa； 准确度：0.2kPa
4	温湿度计	温度准确度不低于 1℃； 相对湿度准确度不低于 2%

表 2-18-3 雷电冲击试验设备配置（推荐）

序号	设备名称	设备关键参数和要求
1	冲击电压发生装置	测量雷电波要求：1.2/50μs，0～300kV
2	空盒气压表	大气压测量范围：80.0～106.0kPa； 准确度：0.2kPa
3	温湿度计	温度准确度不低于 1℃； 相对湿度准确度不低于 2%

18.2.3 试验方法

绝缘试验的大气条件修正见第二部分 3.3.3。

当按上述要求进行大气修正因数时，k_1 和 h/δ应满足 GB/T 16927.1—2011 中的要求，不需要考虑实验室海拔的影响。通常认为高压开关设备和控制设备既有内绝缘和外绝缘，为了正确考核高压开关设备和控制设备的内绝缘和外绝缘，可以分别对高压开关设备和控制设备的内绝缘和外绝缘进行绝缘试验，具体方法参见 NB/T 42102—2016。如果对样品的绝缘性能有信心时，当 $k_t<1$ 时，可以使用大气修正因数 $k_t=1$，这时内绝缘被正确考核，但外绝缘承受了比要求值高的电压应力；当 $k_t>1$ 时，可以使用大气修正因数 k_t，这时外绝缘被正确考核，但内绝缘承受了比要求值高的电压应力。

18.2.3.1 工频电压试验

相间及相对地试验时，开关装置（接地开关除外）处于合闸位置。隔离开关隔离断口试验时，隔离开关处于分闸位置。样品开关装置状态、试验部位、加压部位、接地部位、施加电压和加压次数见表 2-18-4。电压施加时间为 1min。

优选方法：双电源加压，一侧端子施加的电压为额定极对地耐受电压，其余的电压施加在另一侧的端子上，其余相和底座均接地。

替代方法：单电源加压，对额定电压 72.5kV 以下的金属封闭开关设备和控制设备，和任一额定电压的其他技术的开关设备和控制设备，底座的对地电压 U_f 不需准确地调整，甚至可以把底座绝缘，把总的试验电压 U 施加在一个端子和地之间，对侧的端子接地；没有承受试验的所有端子和底座可以与地绝缘。

表 2-18-4 工频电压试验加压方式表

试品状态或试验部位	加压部位	接地部位	施加电压（有效值）	加压时间	加压次数
相间及相对地	Aa	BCbcF	42kV	1min	1
	Bb	ACacF	42kV		1
	Cc	ABabF	42kV		1
隔离开关断口	A	a	48kV	1min	1
	B	b	48kV		1
	C	c	48kV		1
	a	A	48kV		1
	b	B	48kV		1
	c	C	48kV		1

注 A、B、C 为开关一侧的端子，a、b、c 为开关另一侧端子，F 为辅助回路、外壳和底座。

18.2.3.2 雷电冲击电压试验

相间及相对地试验时，开关装置（接地开关除外）处于合闸位置。断路器断口和隔离断口试验时，断口的开关装置处于分闸位置，其他开关装置（接地开关除外）处于合闸位置。样品开关装置状态、试验部位、加压部位、接地部位、施加电压和加压次数见表 2-18-5。试验应按 GB/T 16927.1—2011 规定的标准雷电冲击波 1.2/50μs 在两种极性的电压下进行，额定雷电冲击耐受电压 U_p 满足通用值 75kV（峰值）和隔离断口 85kV（峰值），每个试验系列至少 15 次试验，对于非自恢复绝缘，没有发生破坏性放电。对于自恢复绝缘，每个完整系列破坏性放电次数不超过 2 次。这通过最后一次破坏性放电后 5 次连续的冲击耐受来确认，该程序导致每个系列最多可能达到 25 次冲击，被试回路无闪络击穿现象。

优选方法：双电源加压，一侧端子施加的电压为额定极对地耐受电压，其余的电压施加在另一侧的端子上，其余相和底座均接地。

替代方法：单电源加压，对额定电压 72.5kV 以下的金属封闭开关设备和控制设备，和任一额定电压的其他技术的开关设备和控制设备，底座的对地电压 U_f 不需准确地调整，甚至可以把底座绝缘，把总的试验电压 U 施加在一个端子和地之间，对侧的端子接地；没有承受试验的所有端子和底座可以与地绝缘。

表 2-18-5 雷电冲击电压试验加压方式

试品状态或试验部位	加压部位	接地部位	施加电压（有效值）	加压次数
相间及相对地	Aa	BCbcF	75kV	正负各 15 次
	Bb	ACacF		正负各 15 次
	Cc	ABabF		正负各 15 次
隔离开关断口	A	a	85kV	正负各 15 次
	B	b		正负各 15 次
	C	c		正负各 15 次
	a	A		正负各 15 次
	b	B		正负各 15 次
	c	C		正负各 15 次

注 A、B、C 为开关一侧的端子，a、b、c 为开关另一侧端子，F 为辅助回路、外壳和底座。

18.2.4 结果判定

试验过程中，无闪络、无破坏性击穿。

18.2.5 注意事项

（1）工频电压试验、雷电冲击电压试验前，避雷器应从主回路断开，电流互感器和故障指示器二次侧应短接接地。

（2）如果实验室中的大气条件与标准参考大气条件不同，则应计算修正系数，并选取合适的试验方法。

（3）使用替代方法进行断口试验，底座应绝缘。

（4）进行绝缘试验时，被试品温度应不低于+5℃。户外试验应在良好的天气进行，且空气相对湿度一般不高于 80%。

（5）升压必须从零（或接近于零）开始，切不可冲击合闸。

（6）试验过程中应密切监视高压回路、试验设备仪表指示状态，注意观察被试品有无异响、试验电压和电流有无突变。若出现异常情况，应立即降压，对被试品充分放电并可靠接地，查明原因后方可继续试验。

18.2.6 试验实例

18.2.6.1 试验示例

试验示例见图 2-18-2～图 2-18-5。

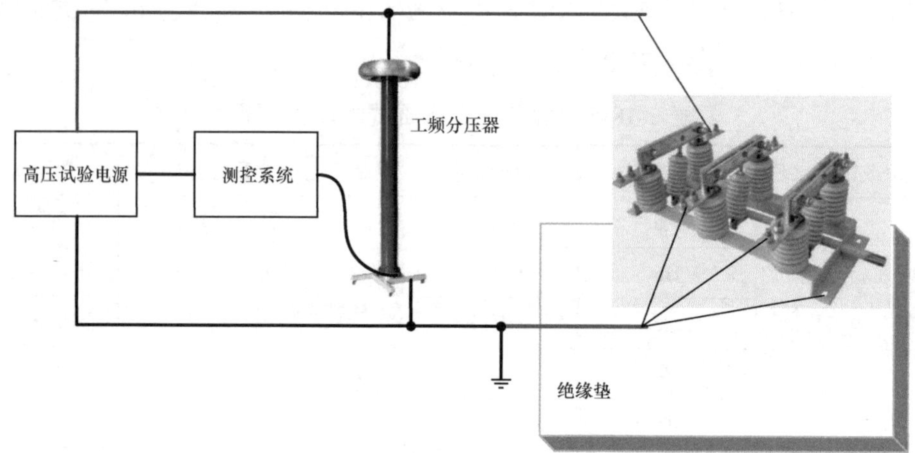

图 2-18-2 相间及相对地工频电压试验

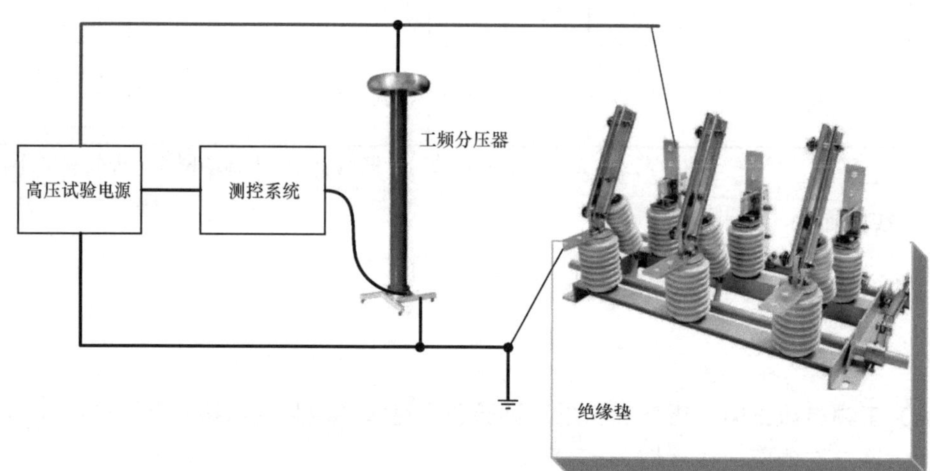

图 2-18-3 断口工频电压试验

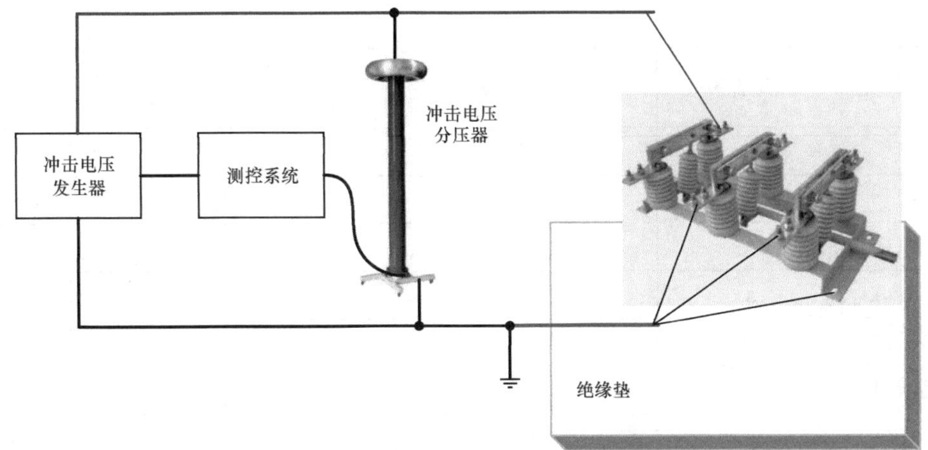

图 2-18-4 相间及相对地雷电冲击电压试验

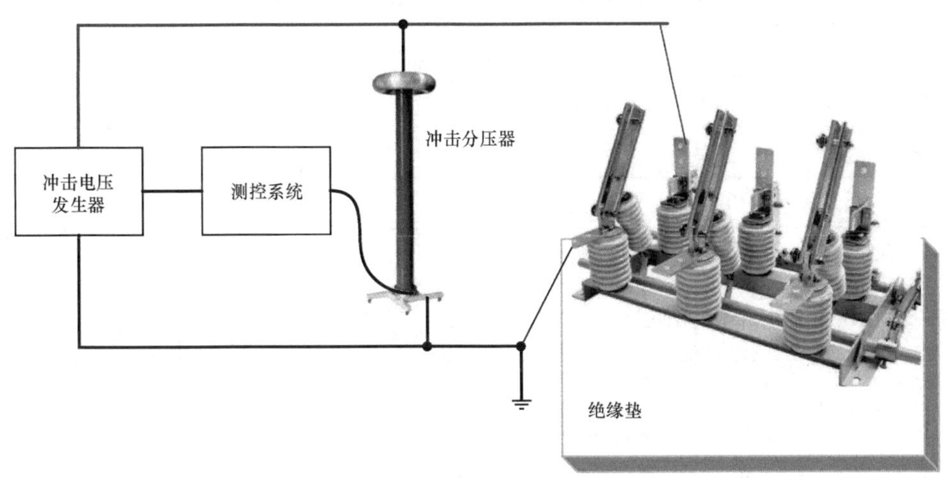

图 2-18-5 断口雷电冲击电压试验

18.2.6.2 试验记录

工频电压试验记录、雷电冲击电压试验记录见表 2-18-6、表 2-18-7。

表 2-18-6 工频电压试验记录表（参考示例）

<table>
<tr><td colspan="6">试区大气条件：</td></tr>
<tr><td>大气压力（kPa）</td><td>101.6</td><td>干球温度（℃）</td><td>11.7</td><td>实验室海拔（m）</td><td>35</td></tr>
<tr><td>大气湿度（%）</td><td>66</td><td>湿球温度（℃）</td><td>—</td><td>使用海拔（m）</td><td>—</td></tr>
<tr><td>计算修正系数</td><td>0.9786</td><td>使用修正系数</td><td>1</td><td>—</td><td>—</td></tr>
<tr><td colspan="6">试验结果：</td></tr>
<tr><td>开关状态</td><td>加压部位</td><td>接地部位</td><td>施加电压值（kV）</td><td>加压时间（min）</td><td>放电次数</td></tr>
<tr><td>合闸</td><td>Aa</td><td>BbCcF</td><td>42</td><td>1</td><td>0</td></tr>
</table>

续表

开关状态	加压部位	接地部位	施加电压值（kV）	加压时间（min）	放电次数
合闸	Bb	AaCcF	42	1	0
合闸	Cc	AaBbF	42	1	0
隔离断口	A	a	48	1	0
隔离断口	a	A	48	1	0
隔离断口	B	b	48	1	0
隔离断口	C	c	48	1	0
隔离断口	c	C	48	1	0

表 2-18-7 雷电冲击电压试验记录表（参考示例）

试区大气条件：					
大气压力（kPa）	101.6	干球温度（℃）	11.7	实验室海拔（m）	35
大气湿度（%）	66	湿球温度（℃）	—	使用海拔（m）	—
计算修正系数	0.9875	使用修正系数	1	—	—

试验结果：

开关状态	加压部位	接地部位	极性	试验电压峰值（kV）	加压次数	放电次数	典型示波图号
合闸	Aa	BbCcF	正/负	75	15	0	***
合闸	Bb	AaCcF	正/负	75	15	0	***
合闸	Cc	AaBbF	正/负	75	15	0	***
隔离开关断口	A	a	正/负	85	15	0	***
隔离开关断口	a	A	正/负	85	15	0	***
隔离开关断口	B	b	正/负	85	15	0	***
隔离开关断口	b	B	正/负	85	15	0	***
隔离开关断口	C	c	正/负	85	15	0	***
隔离开关断口	c	C	正/负	85	15	0	***

18.3 主回路电阻测量

18.3.1 试验目的

回路电阻是表征导电主回路的连接是否良好的一个参数。

主回路电阻测量也是某些试验项目的使用判据。

18.3.2 试验设备

试验设备配置见表 2-18-8。

表 2-18-8 试验设备配置（推荐）

设备名称	设备关键参数和要求
回路电阻测试仪	测量范围：0～20mΩ； 准确度等级：0.5%±0.2μΩ

18.3.3 试验方法

对主回路电阻采用直流电压降法，用直流回路电阻测试仪来测量每一极的电阻，试验电流取不小于 100A，记录电阻值。应分别对每极进行三次测量，计算电阻的平均值。

18.3.4 结果判定

试验前后电阻值增加不应超过 20%。

18.3.5 注意事项

测量点应清洁干净，测量夹应与样品测量点接触良好。

18.3.6 试验实例

18.3.6.1 试验照片

隔离开关主回路电阻的测试示例见图 2-18-6。

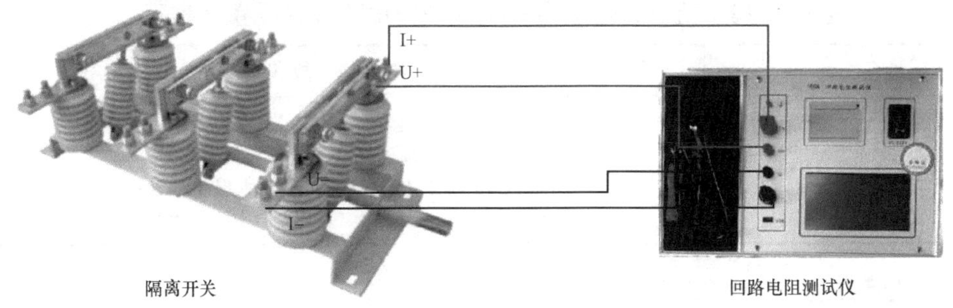

图 2-18-6 隔离开关主回路电阻的测试示例

注：电流钳的夹接位置应在电压钳的外侧（距离电压钳的距离无影响）或与电压钳在同一位置。

18.3.6.2 试验记录

隔离开关主回路电阻测量记录见表 2-18-9。

表 2-18-9 隔离开关主回路电阻测量记录表（参考示例）

环境条件：				
环境温度	18.0℃	大气湿度		50%
测量部位	技术要求（μΩ）	实测值（μΩ）		
		A 相	B 相	C 相
开关端子	—	65.2	59.3	59.6
开关端子	—	63.2	61.2	56.5
开关端子	—	58.5	62.3	57.1
平均值（μΩ）		62.3	60.9	57.7

18.4 机械操作及机械寿命试验

18.4.1 试验目的

检测隔离开关的机械操作和机械寿命。验证接触区试验中隔离开关能够满意地操作，机械寿命满足相关标准和技术规范中的要求，在施加额定机械端子静态机械负荷时能够满足操作试验，以及延长的机械寿命试验（如适用）结束后进行成功操作验证且验证通过。机械联锁装置试验后测得的操作力的平均值在试验前测得的最小值和最大值的范围内。隔离开关支持绝缘子整体抗弯强度试验过程中，支持绝缘子不发生损伤或断裂。

18.4.2 试验设备

机械特性测量和机械操作试验设备配置见表 2-18-10。

表 2-18-10 机械特性测量和机械操作试验设备配置（推荐）

设备名称	设备关键参数和要求
机械特性测试仪	交流输出：0～380V； 直流输出：0～250V； 时间测量范围：0～4s，准确度 0.1 级； 可设定带延时的分合、OCO，次数 0～600 次可调

18.4.3 试验方法

18.4.3.1 接触区试验

接触区试验是为了验证静触头在 DL/T 486—2021 中 4.103 以及图 2-18-7 和/或图 2-18-8 中规定的额定接触区限值范围内的各种位置时，单柱式隔离开关应能够满意地操作。

处于分闸位置的开关设备，静触头应放置在下列位置：

1）在总装的垂直轴上的高度 h 处；

2）在同一轴上的高度 $h-z_r$ 处；

3）在高度等于 h 处，并从该轴水平移动 $+y_r/2$；

4）在高度等于 h 处，并从该轴水平移动 $-y_r/2$；

5）从位置 1）到 4），在距离等于 $+x_r/2$；

6）从位置 1）到 4），在距离等于 $-x_r/2$。

其中：

h 是静触头高出安装平面的最高位置（由制造厂规定）；

x_r 是静触头沿 x 方向位移的总幅度；

y_r 是静触头沿 y 方向位移的总幅度；

下标 r 表示由制造厂规定的隔离开关接触区的额定值。

在每个位置，开关设备应能正确地合闸和分闸。

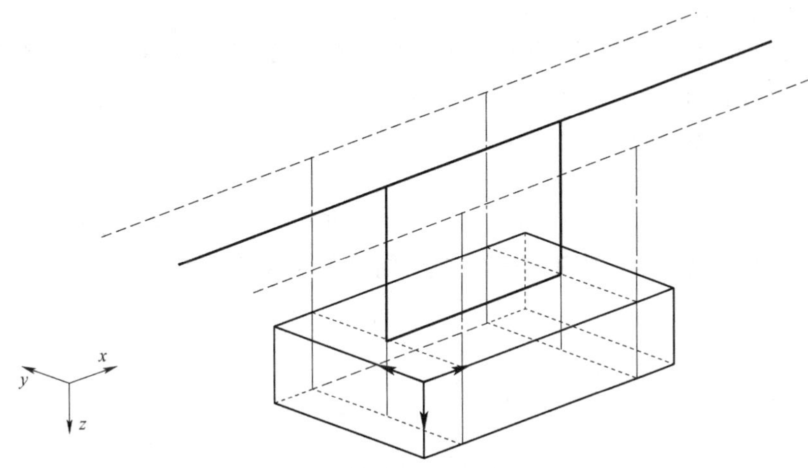

图 2-18-7　静触头方向与支承导线平行

x—支承导线的纵向（温度的影响）；y—支承导线的横向（风的影响）；z—垂直偏移（温度和冰的影响）

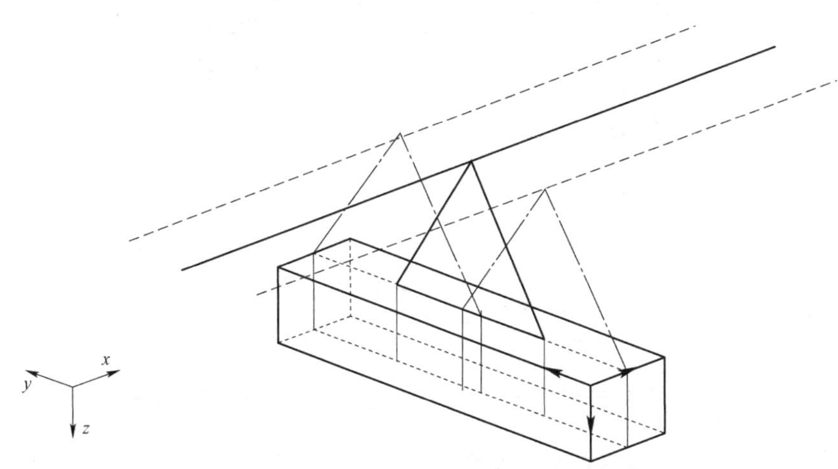

图 2-18-8　静触头方向与支承导线垂直

x—支承导线的纵向（温度的影响）；y—支承导线的横向（风的影响）；z—垂直偏移（温度和冰的影响）

18.4.3.2 机械寿命试验

1. 试验程序

机械寿命试验应由1000次操作循环组成。对具有额定端子机械负荷的隔离开关，应在图2-18-9所示的F_{a1}或F_{a2}的方向上施加50%额定端子静态机械负荷，并且主回路中没有电压和电流。对有两个或三个绝缘子柱并且通常是水平隔离断口的隔离开关，50%额定端子静态机械负荷应施加在隔离开关的两侧，而且方向相反。对单柱式（操作用绝缘子柱不计入）隔离开关，端子负荷只施加在隔离开关的一侧。在施加50%额定端子静态负荷后且在进行试验前，可以调整隔离开关。施加额定端子静态机械负荷时的操作。

在每次操作循环中，均应到达合闸位置和分闸位置。试验时，控制和辅助触头及位置指示装置（如果有）的动作应满足DL/T 486—2021中5.104和DL/T 593—2016中5.4的要求。如果在一次合—分操作循环中任一控制和辅助触头及位置指示装置（如果有）不动作，则认为试验失败。

试验应在装有自身的操动机构的隔离开关上进行。试验过程中，允许按制造厂说明书的要求进行润滑，但不允许进行机械调整或其他维护。

对于配有动力操动机构的隔离开关：

1）在额定电源电压和/或压缩气源的额定压力下进行900次合—分操作循环；

2）在规定的最低电源电压和/或压缩气源的最低压力下进行50次合—分操作循环；

3）在规定的最高电源电压和/或压缩气源的最高压力下进行50次合—分操作循环。

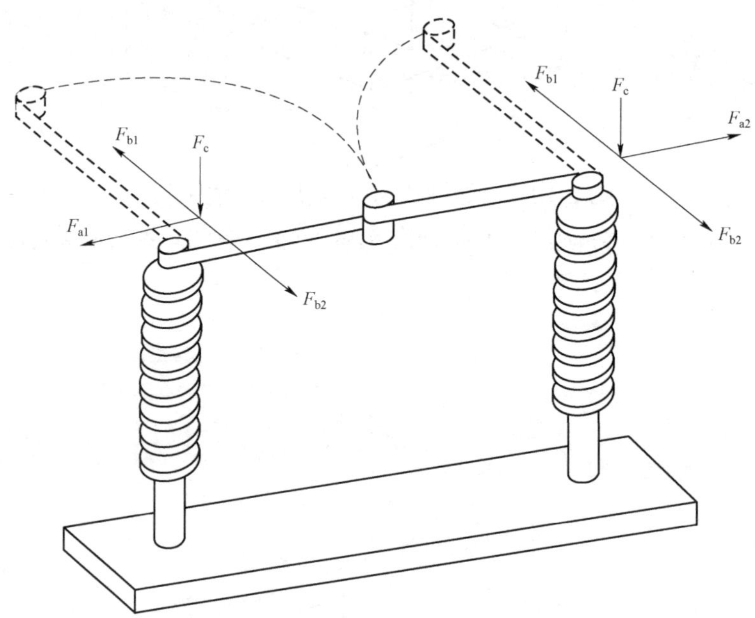

图2-18-9 双柱式隔离开关施加额定端子静态机械负荷的例子

没有规定操作循环之间或合闸和分闸之间的时间间隔，但是，这些操作应以通电的电气控制元件的温度不超其规定值的时间间隔进行。出于同样目的，试验期间可以采用外部冷却。

对配用人力操作的隔离开关，为方便试验，操作手柄可以用外部的动力操作装置代替，在此情况下，不必改变电源电压。按 DL/T 486—2021 中 5.105 的要求，作为对直接测量的替代方法，操作力可以根据输入功率并计及动作速度来计算。

2. 成功操作的验证

为了评估动作特性，进行机械寿命试验程序前后，应在不施加端子静态机械负荷的条件下进行下列操作：

1）在额定电源电压和/或压力（适用时）下进行 5 次合—分操作循环；

2）在最低电源电压和/或压力（适用时）下进行 5 次合—分操作循环；

3）在最高电源电压和/或压力（适用时）下进行 5 次合—分操作循环；

4）如果隔离开关能够进行人力操作，用人力进行 5 次合—分操作循环。

在这些操作循环期间，应记录隔离开关的动作特性，如动作时间、能耗、人力操作的最大操作力。应验证控制和辅助触头以及位置指示装置（如果有）能满意动作。型式试验报告中不需要包括记录的所有示波图。

机械寿命试验前后，测得的每个参数的变化应在制造厂规定的公差范围内。

试验后，通过外观检查，所有部件（包括触头）都应处于良好状态，并且没有过度的磨损，亦可见 DL/T 593—2016 的 4.5.3 的说明 6。机械寿命试验前后应尽可能靠近触头测量隔离开关的主回路电阻，电阻的变化不应超过试验前测量值的20%。如果超过 20%的限值，应进行温升试验，通过监测尽可能靠近触头位置的温度来验证隔离开关触头的温升不超过 DL/T 593—2016 表 3 给出的温升。

3. 施加额定机械端子静态机械负荷时的操作

应在每一端子上按照制造厂规定的方向施加额定端子静态机械负荷的情况下，以额定动力源进行 20 次操作循环。当制造厂规定了更多的负荷布置时，应对每一种布置重复进行 20 次操作循环。对于每一端子负荷的三个分量，可以采用在三个向量合成方向上的牵引导体并施加三个向量的合成力。

注：施加在端子上的合成力的任一可能组合相当于一种负荷布置。

双柱式隔离开关施加额定端子静态机械负荷的例子见图 2-18-9。

（1）对双柱式隔离开关，可能的布置实例如下：

1）水平纵向负荷：在一个端子上按 F_{a1} 方向施加，在对面的端子上按 F_{a2} 方向施加。

2）水平横向负荷：按 F_{b1} 或 F_{b2} 方向施加在两个端子上，且方向相同。

3）垂直负荷：按 F_c 方向施加在两个端子上（规定与软导线连接的隔离开关除外）。

（2）对仅由人力操作的隔离开关，操作循环次数可减少到 10 次。

（3）负荷应同时施加在两个端子上。

（4）在试验前且施加了 50%额定纵向或横向端子机械力后，隔离开关可以调整。

（5）在每次操作期间，隔离开关应正确地合闸和分闸。

（6）为了进行验证，在整个操作循环序列的前后，上述“2. 成功操作的验证”适用（即未施加端子静态机械负荷时）。

4. 延长的机械寿命试验

M1 级和 M2 级隔离开关应进行机械寿命试验。

试验应按如下规定进行：

（1）延长的机械寿命试验的试验要求和注意事项参照“1. 试验程序”，试验步骤基本相同，不同之处在于：

1）根据规定的等级，应进行下列次数的操作循环：3000 或 5000（M1 级），或 10000（M2 级）；

2）在第一组 1000 次操作循环系列之后，允许按制造厂的说明书进行某些维护，例如润滑和机械调整，并将参考文件记录在试验报告中，主回路和传动链中的部件不允许更换；

3）在第二组及之后的每组 1000 次操作循环系列之后，应在额定操作电压或压力下（如果是动力操作）记录并评估动作特性。制造厂应在试验前规定维护程序，并应记录在试验报告中。

（2）在整个试验程序的前、后，应按要求进行“2. 成功操作的验证”。

（3）此外，在整个试验程序结束之后，应进行下列检查和试验：

1）如果适用，接触区试验；

2）如果适用，施加定端子静态机械负荷时操作的验证；

3）在制造厂规定的操作信号的最短持续时间下满意动作的验证；

4）机械行程限位装置的良好状况的验证；

5）机被应力限制装置（如果有）动作的验证。

5. 机械联锁装置的试验

为了验证符合 DL/T 486—2021 中 5.11 的要求，对隔离开关的任一联锁位置，所有联锁装置都应进行 5 次合闸和/或分闸试操作。

每一次试操作前，联锁装置应整定在试图阻止开关装置操作的位置上，然后进行一次试操作来操作被联锁的开关设备。应使用 DL/T 486—2021 中 5.11 规定的操作力，并且不应调整开关设备和联锁装置。

如果被联锁的开关设备和联锁装置处于正常的工作次序，并且在试验前后操作开关设备需要的力基本相同，则认为试验是满意的。

如果试验后测得的操作力的平均值在试验前测得的最小值和最大值的范围内，认为操作力是相同的。为了试验后合闸或分闸操作的验收，在试验前至少应进行 3 次合闸/分闸操作来确认操作力的最小值和最大值。

6. 隔离开关支持绝缘子整体抗弯强度试验

试验应在完全装配好的、与运行状态相同的隔离开关的一个或一组绝缘子柱上进行，隔离开关处于分闸位置，在其端子上施加 2.75 倍额定端子静态机械负荷，保持 5min，支持绝缘子不应发生损伤或断裂。

18.4.4 结果判定

（1）接触区试验中隔离开关能够满意地操作。

（2）机械寿命试验、施加额定机械端子静态机械负荷时的操作试验、延长的机械寿命试验（如适用）结束后进行成功操作验证且验证通过。

（3）机械联锁装置的试验后测得的操作力的平均值在试验前测得的最小值和最大值的范围内。

（4）隔离开关支持绝缘子整体抗弯强度试验过程中，支持绝缘子不发生损伤或断裂。

18.4.5 注意事项

（1）试验可在试验场所周围空气温度下进行。应记录试验期间周围空气温度，最高值和最低值应包含在试验报告中。

（2）电源电压应在操动机构流过全电流的情况下，在操动机构的端子上测量。应包括操动机构组成部分的辅助设备。

（3）由一台操动机构操作的单极隔离开关应进行单相操作试验。三相隔离开关共用一个机构时，应进行三相操作试验。如果要求，端子负荷应同时施加在所有端子上。

18.4.6 试验实例

18.4.6.1 试验示例

试验示例见图 2-18-10。

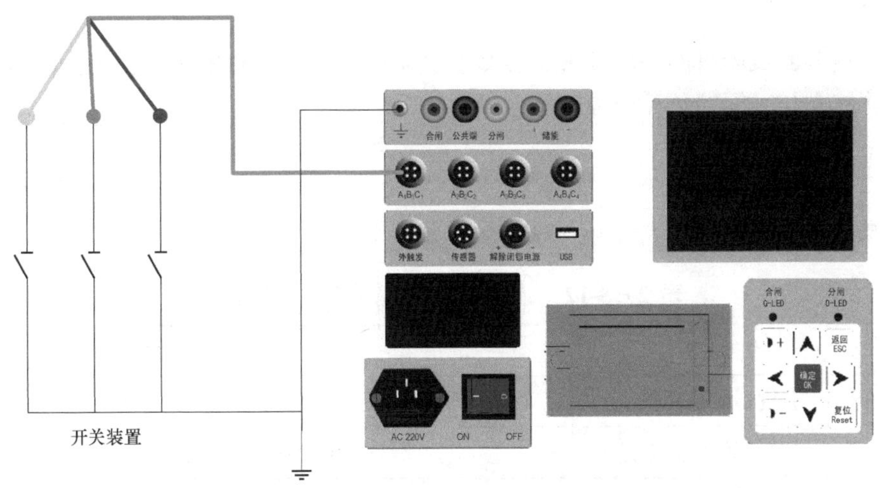

图 2-18-10　隔离开关机械特性测量示意图

18.4.6.2 试验记录

试验记录见表 2-18-11。

表 2-18-11 试验记录表（参考示例）

机械特性试验记录表				
机械特性试验使用的仪器和设备：				
操作电压：AC380V 操动机构液压：				
试验参数名称	技术要求	测试结果		
		A 相	B 相	C 相
合分时间（ms）				
合闸时间（s）	≤10	8.06	8.05	8.04
合闸同期性（ms）				
分闸时间（s）	≤2	1.08	1.09	1.11
分闸同期性（ms）				
最大操作力（N）	≤250	202		
断口开距（mm）				
试验结论：合格/不合格				

18.5 温 升 试 验

18.5.1 试验目的

开关温升的试验目的是验证开关设备及其组件的热稳定性能和温升能力，以确保电气设备能够在长时间的负荷电流下正常工作。

18.5.2 试验设备

温升试验设备配置见表 2-18-12。

表 2-18-12 温升试验设备配置（推荐）

序号	设备名称	设备关键参数和要求
1	温度巡回检测仪	测量温度误差范围：±1℃
2	温升试验系统（电流部分）	测量电流允许误差范围：±1.5%

18.5.3 试验方法

18.5.3.1 设备的布置

试验应在基本没有空气流动的户内环境下进行，受试开关装置因自身发热而引起的气流除外。实际试验时，空气流速不超过 0.5m/s 即满足条件。

温升试验时，除辅助设备，开关设备和控制设备及其附件的所有重要部分均应安装得和运行时一样，包括正常运行时的所有外罩（包括为进行试验而附加的所有外罩，如母排延长段的外罩），并应防止来自外部的过度加热和冷却。温升试验应在最不利的位置上。

原则上，温升试验应在三级开关设备和控制设备上进行。

试验时接到主回路的临时连接线应不会明显地将开关设备和控制设备的热量到处或是向开关设备和控制设备传入热量。试验时应测量主回路端子和距端子 1m 处临时连接线的温度，两者温差不应超过 5K。试验报告中应注明临时连接线的类型和尺寸。

温升试验的电源电流应是正弦波，流过开关电流和控制设备的试验电流应为额定电流的 1.1 倍。

除直流辅助设备外，开关设备和控制设备应在额定频率下进行试验，频率允许偏差为-5%～+2%，试验时的频率应在试验报告中写明。

为了使温升达到稳定状态，温升试验必须持续足够长的时间，当在 1h 内温升的增加不超过 1K 时，则认为达到了稳定状态。

除了要求测量热时间常数的情况外，可以采用较大的试验电流来预热回路的方法缩短整个试验时间。

18.5.3.2 温度和温升的测量

应该采取预防措施以减小由于周围空气温度的变化时间滞后于开关装置的温度变化而引起的变化和误差。

对于线圈，通常利用电阻的变化来测量温升，只有使用电阻法不可行时才允许使用其他方法。

使用温度计或热电偶时，应采取以下预防措施：

（1）温度计的球泡或热电偶应防止来自外界的冷却（用干燥洁净的毛织品等保护）。然而，被保护的面积与受试电器的冷却面积相比应该可以忽略。

（2）应保证温度计或热电偶与受试部分的表面具有良好的导热性。

（3）在变化的磁场中使用酒精温度计比使用汞温度计好，因为后者更易受变化磁场的影响。

18.5.3.3 周围空气温度

周围空气温度指开关设备和控制设备（对于封闭开关设备和控制设备是指外壳）周围空气的平均温度。周围空气温度应该在试验期间，至少用 3 只均匀布置在开关设备和控制设备周围的温度计、热电偶或其他温度检测仪器，在载流部件的平均高度且距开关装置和控制装置 1m 处进行测量。应该防止温度计或热电偶受气流以及热的过度影响。

为避免温度快速变化而造成的读数误差，可将温度计或热电偶放在装有 0.5L 油的小罐中。

在试验的最后 1/4 期间，周围空气温度的变化每小时内不应超过 1K。如果试验室的温度条件不能满足要求，可以用在相同的条件下不通过电流的一台相同的开关设备和控制设备的温度代替周围空气温度。这台附加的开关设备和控制设备不应受到过度的热影响。

试验时周围空气温度应该高于10℃且低于40℃，在这一范围内不用进行温度值的修正。

18.5.3.4 辅助设备和控制设备的温升试验

抽检试验不需要进行。

18.5.4 结果判定

各部分的温升（其温升极限已有规定）不应超过DL/T 593—2016表3的规定值，否则认为开关设备和控制设备没有通过试验。

如果线圈的绝缘由几种不同的绝缘材料组成，线圈的允许温升应为温升极限最低的绝缘材料的值。如果开关设备和控制设备装有各种符合各自标准的设备（如整流器、电动机、低压开关等），这些设备的温升不应超过相应标准中规定的极限值。

18.5.5 注意事项

（1）试验前应检查试验设备和测量设备，确保其正常工作。

（2）试验开始前预热设备，确保其工作稳定。

（3）在试验过程中，应注意保持试验设备的工作稳定，不得出现故障。

（4）在试验结束后要及时停止试验电流，测量不记录温度数据。

（5）试验验过程中应注意试验环境的安全，避免发生意外事故。

18.5.6 试验实例

18.5.6.1 试验照片

试验示例见图2-18-11～图2-18-13。

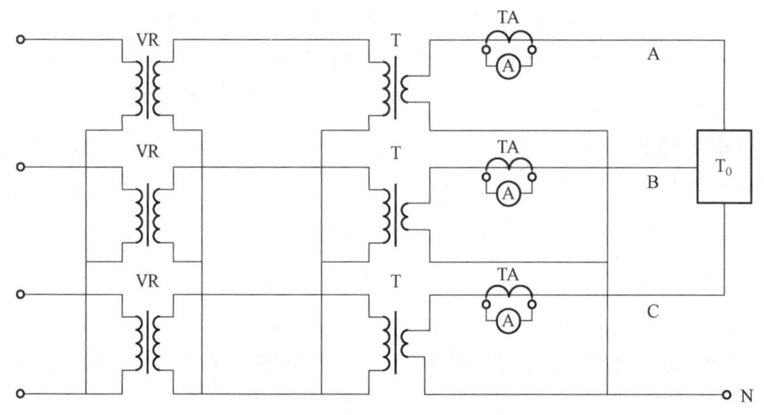

图2-18-11 温升试验接线示意图

VR—调压器；TA—电流互感器；T—升流器；T_0—试品

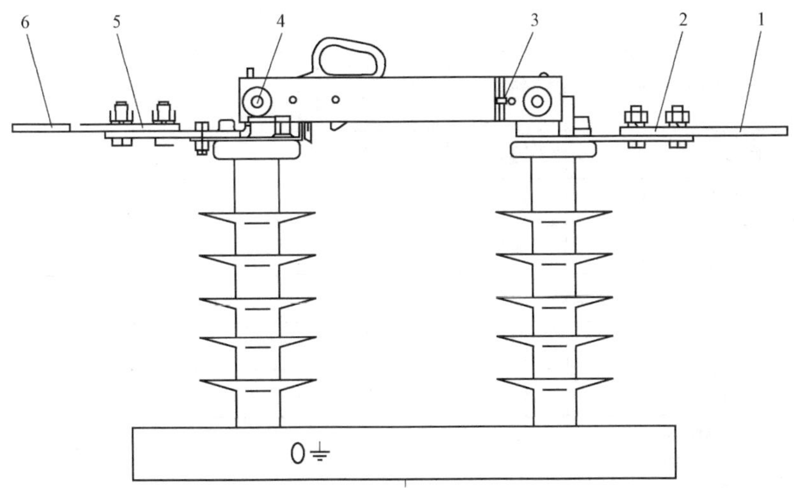

图 2-18-12　温升测量点示意图

1、6—临时连接线；2、5—接线端子；3、4—导电部件

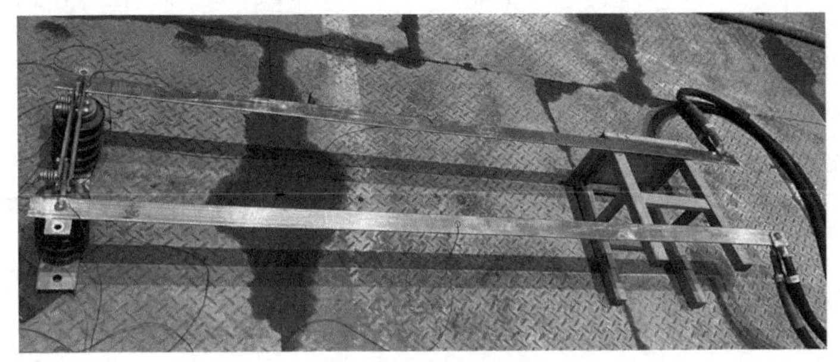

图 2-18-13　隔离开关温升试验示例

18.5.6.2　试验记录

温升试验记录见表 2-18-13。

表 2-18-13　温升试验记录表（参考示例）

<table>
<tr><td colspan="6">试验条件：</td></tr>
<tr><td>大气压力（kPa）</td><td>99.9</td><td>环境温度（℃）</td><td>32.8</td><td>大气湿度（%）</td><td>60</td></tr>
<tr><td>试验电流（A）</td><td>693</td><td>电流频率（Hz）</td><td>50</td><td>试验相数</td><td>1</td></tr>
<tr><td>周围风速（m/s）</td><td>0.1</td><td>充气类型</td><td>—</td><td>充气相对压力（MPa）</td><td>—</td></tr>
<tr><td>首端连接母线规格</td><td colspan="5">TMY60×5×2000（mm）</td></tr>
<tr><td>末端连接母线规格</td><td colspan="5">TMY60×5×2000（mm）</td></tr>
</table>

<table>
<tr><td colspan="5">试验结果：</td></tr>
<tr><td>测量部位编号</td><td>测量部位说明</td><td>镀层</td><td>允许温升值（K）</td><td>实测温升值（K）</td></tr>
<tr><td>1</td><td>首端连接线 1m 处温升</td><td>—</td><td>—</td><td>36.5</td></tr>
</table>

续表

<table>
<tr><td>测量部位编号</td><td>测量部位说明</td><td>镀层</td><td>允许温升值（K）</td><td colspan="2">实测温升值（K）</td></tr>
<tr><td>2</td><td>接线端子温升</td><td>镀锡</td><td>≤65</td><td colspan="2">39.7</td></tr>
<tr><td>3</td><td>静触头温升</td><td>镀银</td><td>≤65</td><td colspan="2">32.9</td></tr>
<tr><td>4</td><td>动触头温升</td><td>镀银</td><td>≤65</td><td colspan="2">30.9</td></tr>
<tr><td>5</td><td>导体温升</td><td>镀锡</td><td>—</td><td colspan="2">29.7</td></tr>
<tr><td>6</td><td>动触头温升</td><td>镀锡</td><td>≤65</td><td colspan="2">31.5</td></tr>
<tr><td>7</td><td>静触头温升</td><td>镀锡</td><td>≤65</td><td colspan="2">33.8</td></tr>
<tr><td>8</td><td>接线端子温升</td><td>镀锡</td><td>≤65</td><td colspan="2">39.2</td></tr>
<tr><td>9</td><td>末端连接线 1m 处温升</td><td>—</td><td>—</td><td colspan="2">35.7</td></tr>
<tr><td colspan="6">试验前后回路电阻的测量：</td></tr>
<tr><td colspan="2">相别</td><td colspan="2">试验前平均值</td><td colspan="2">试验后平均值</td></tr>
<tr><td colspan="2">回路电阻（μΩ）</td><td colspan="2">65.3</td><td colspan="2">37.8</td></tr>
<tr><td colspan="4">试验后电阻相对试验前的变化（%）</td><td colspan="2">3.8</td></tr>
<tr><td colspan="4">试验前后电阻变化（%）：≤20%</td><td colspan="2">符合/不符合</td></tr>
</table>

18.6 短时耐受电流和峰值耐受电流试验

18.6.1 试验目的

短时耐受电流和峰值耐受电流试验目的是检验其在额定短路持续时间内承载额定峰值耐受电流和额定短时耐受电流的能力。

18.6.2 试验设备

试验设备配置见表 2-18-14。

表 2-18-14 试验设备配置（推荐）

序号	设备名称	设备关键参数和要求	适用项目
1	大电流试验系统	电流输出范围：10～80kA； 电流输出时间：0～5s	短时耐受电流和峰值耐受电流试验
2	数据采集系统	测量范围：10～100kA； 准确度：2%	短时耐受电流和峰值耐受电流试验
3	限流电抗器	根据试验电流确定	短时耐受电流和峰值耐受电流试验

18.6.3 试验方法

试验方法见第二部分 12.6.3。

18.6.4 结果判定

按照 DL/T 593—2016 中 6.6.4 的规定，并做如下补充：

（1）处于合闸位置的隔离开关和接地开关，在额定短路持续时间内承受额定峰值和额定短时耐受电流时，不能产生：

1）隔离开关或接地开关任何部件的机械损伤；

2）触头分离；

3）电弧。

（2）在短路试验期间，触头系统的状况应通过记录隔离开关主电流路径两端的电压降来证明。

一般认为，在试验过程中，机械开关装置的载流部分和与其相邻的部件的温升可能会超过规定的极限。对于短时耐受电流试验不规定温升极限，但达到的最高温度应不会引起相邻部件发生明显的损伤。

试验后，开关设备和控制设备不应有明显的损坏，应能正常地操作：

1）对于不依赖的动力操动机构，应在电源的额定值下进行空载操作，触头应该在第一次操作即可分开；

2）对于依赖的动力操动机构，应在电源的最低值下进行空载操作，触头应该在第一次操作即可分开。

对于人力操动机构，应在操作力不大于 DL/T 486—2021 中 5.105 规定的人力操动机构的操作力下进行空载操作，触头应该在第一次操作即可分开。

空载操作后，应验证开关的载流能力、测量回路电阻、进行绝缘检查（如果可能）：

1）为了验证承载电流的能力，应尽可能靠近触头测量回路电阻。试验后电阻增加不应超过试验前测得值的 20%。

2）如果回路电阻超过 20%，应进行补充温升试验，应通过监测距离触头最近位置的温度来验证触头的温升不超过给出的温升限值。

3）应进行外观检查（如果可能）。如果对绝缘性能有怀疑，或者如果不拆解就不可能进行外观检查，为了验证隔离断口和对地的绝缘状态，DL/T 486—2021 中 6.2.12 适用。

18.6.5 注意事项

试验应清楚安装布置的细节或者隔离开关牢固地固定到基础上。试验时，应避免引入因与电源的连接而产生的不代表运行条件的力，并且施加的端子静态机械负荷不应大于试品的额定端子静态机械负荷。

18.6.6 试验实例

18.6.6.1 试验照片

隔离开关试验布置、短路试验示例见图 2-18-14、图 2-18-15。

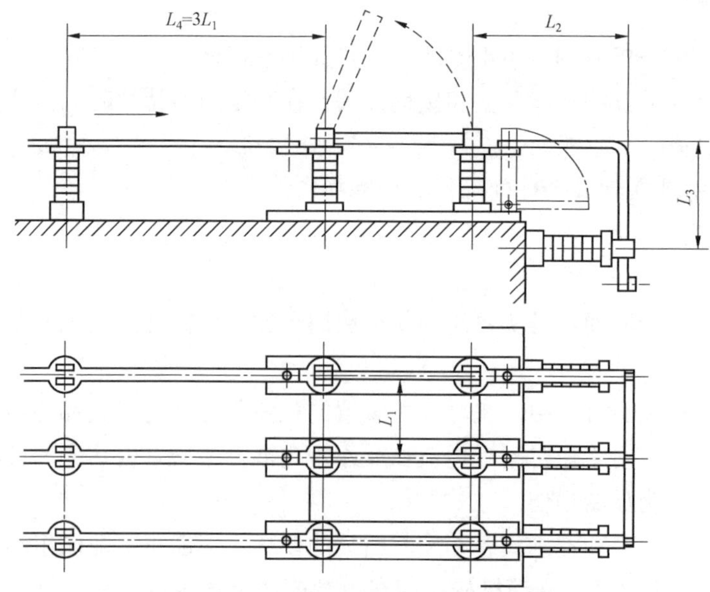

图 2-18-14 隔离开关试验布置图

图 2-18-15 隔离开关短路试验图

18.6.6.2 试验记录

试验记录见表 2-18-15。

表 2-18-15 试验记录表（参考示例）

<table>
<tr><td colspan="7">主回路：</td></tr>
<tr><td colspan="2">检测参数/相别</td><td>要求值</td><td>A</td><td>B</td><td>C</td><td>波形图号</td></tr>
<tr><td colspan="2">峰值耐受电流（kA）</td><td>80</td><td>80.8</td><td>74.3</td><td>56.7</td><td rowspan="2">2023082701</td></tr>
<tr><td colspan="2">短路电流持续时间（ms）</td><td>0.3</td><td colspan="3">0.31</td></tr>
<tr><td colspan="2">短时耐受电流有效值（kA）</td><td>31.5</td><td>31.6</td><td>31.7</td><td>31.6</td><td rowspan="4">2023082702</td></tr>
<tr><td colspan="2">短路电流持续时间（s）</td><td>3</td><td colspan="3">3.01</td></tr>
<tr><td colspan="2">电流焦耳积分值（$kA^2 \cdot s$）</td><td>2977</td><td>3006</td><td>3025</td><td>3006</td></tr>
<tr><td colspan="2">电流平均值（kA）</td><td>—</td><td colspan="3">31.6</td></tr>
<tr><td colspan="6">试验中和试验后检查内容和要求</td><td>检查结果</td></tr>
<tr><td colspan="6">试验中试品未发生触头分离、部件损坏等异常情况</td><td>符合要求</td></tr>
<tr><td colspan="6">试验后立即进行隔离开关的分闸操作，触头应在第一次操作时分开</td><td>符合要求</td></tr>
<tr><td colspan="6">试验后电阻相对试验前的变化应不大于 20%</td><td>符合要求</td></tr>
<tr><td colspan="7">试验前后回路电阻的测量：</td></tr>
<tr><td rowspan="2">相别</td><td colspan="3">试验前平均值</td><td colspan="3">试验后平均值</td></tr>
<tr><td>A</td><td>B</td><td>C</td><td>A</td><td>B</td><td>C</td></tr>
<tr><td>回路电阻（μΩ）</td><td>55.5</td><td>56.9</td><td>54.6</td><td>56.3</td><td>57.2</td><td>55.5</td></tr>
<tr><td colspan="4">试验后电阻相对试验前的变化（%）</td><td>1.44</td><td>0.53</td><td>1.65</td></tr>
</table>

试验结论：合格/不合格

18.7 严重冰冻条件下的操作

18.7.1 试验目的

检验覆冰时隔离开关的操作性能。

18.7.2 试验设备

试验设备配置见表 2-18-16。

表 2-18-16 试验设备配置表（推荐）

设备名称	设备关键参数和要求
高低温交变湿热试验箱	-30～+150℃温度偏差：≤±2℃； （75%～98%）湿度偏差：≤±2℃； （25%～75%）湿度偏差：≤±5℃； 箱体能容纳隔离开关

18.7.3 试验方法

18.7.3.1 冰层形成前的检查

试验前，应对受试隔离开关进行：

1）在额定电源电压和/或压力（如果有）下进行 5 次合—分操作循环：

2）如果开关装置仅能手动操作，人力进行 5 次合—分操作；

3）测量主回路电阻。

操作循环期间，应记录动作特性（如果适用），例如动作时间、能耗、人力操作的最大操作力。应验证控制和辅助触头、位置指示装置（如果有）的满意动作。

18.7.3.2 冰层的形成

自然形成的覆冰一般可分为透明的冰和冰霜两类。透明的冰通常是由于降雨通过温度稍低于水的冰点的空气而生成。冰霜则由大气中的潮气在冷的表面上凝结形成，具有白色的外观。

应按照下述程序产生具有要求厚度的固态透明的冰层：

（1）受试隔离开关分别处于分闸和合闸位置，将室温空气温度降低到 2℃，并开始喷淋预先冷却过的水，连续喷淋至少 1h，在此期间保持室温在 0.5～3℃。

（2）连续喷水期间，将室温降低到–7～–3℃。温度变化的速度没有严格要求，因此可用任一种现有制冷设备来实现。

（3）保持室温在–7～–3℃，并继续喷水，直到在试棒的上表面能测得规定的冰层厚度为止，应控制水量，使每冰层厚度以大约 6mm/h 的速率增加。

1）如果试棒和被试设备上每单位表面积的热容量明显不同，相同的喷淋条件可能产生非常不同的厚冰，可以通过短的喷淋时间代替长时间冷却来缩小冰层厚度的不同。

2）为了使结冰的沉积速度大约 6mm/h，要求在每平方米面积上每小时喷水 20～80L。

（4）中止喷水，并保持室温在–7～–3℃至少 4h。这样可保证隔离开关的所有部件和覆冰都达到一个恒定的温度。

18.7.3.3 结冰后操作的检查

冰层形成后，应检查隔离开关是否能满意地操作：

1）对人力操作的隔离开关，如果施加正常的操作力能操作开关设备到其最终的合闸位置或分闸位置（允许去除手柄插入位置的覆冰），则以为操作是满意的：

2）对电动、气动或液压操作的隔离开关，如果给其操动机构施加额定电压或压力时，在第一次操作时就能达到其最终的合闸位置或分闸位置，则认为操作是满意的。

合闸操作后立刻检查触头间的电气连续性，并用一个最高电压 100V 的电池和灯泡线路来检查电接触情况。

随着室温恢复到正常环境温度（10℃以上），当隔离开关解冻时，应进行“18.7.3.1 冰层形成前的检查”中要求的检查。如果开关设备的机械性能和电气性能未受影响，认为它们通过了试验。如果符合下述要求，就认为满足了这些条件：

1）与覆冰形成前测得的电阻相比，电阻的增加没有超过 20%；

2）与冰层形成前相比，测得的每一个参数的平均值的变化在制造厂规定的公差范围内。

18.7.4 结果判定

对隔离开关的每一个位置（即合闸/分闸位置）执行全部的覆冰程序和随后的检查。每次覆冰后的检查应按照标准执行，隔离开关能够满意地进行机械操作且电气试验全部合格。

18.7.5 注意事项

（1）只有在制造厂声称隔离开关适合于在严重结冰的条件下（即 10mm 及以上覆冰）操作时才进行本节规定的试验。按 GB/T 11022—2020 中 4.1.3 e）的规定，认为 10mm 和 20mm 覆冰是严重冰冻条件的情况。

（2）装有适应母线转换电流开合能力的辅助装置的隔离开关，应安装上这些装置进行试验。

（3）被试隔离开关的所有部件及其操动机构均应一起安装在能将温度降至要求的场所。试验期间，允许给控制机构的加热元件通电。为了适应现有的试验设施，只要受影响的部件的旋转角度和驱动连杆的弯曲度保持不变，可以缩短支持绝缘子和操作绝缘子及其他操作部件的长度来降低总装配的高度。在选择所要求的制冷能力时，应考虑用来喷淋被试设备的水的热容量。

（4）如果每极都有独立的操动机构，可以对三极开关设备的单极进行试验；对于三极共用一台操动机构的三极开关设备，应对完整的三极开关设备进行试验。

（5）隔离开关应从分闸位置和合闸位置开始操作进行试验。

（6）试验前，应用适当的溶剂除去运行中不用润滑的部件上的油或润滑脂的痕迹，因为油或润滑脂的薄膜会阻碍冰的黏附并明显改变试验结果。

（7）为了测量冰层厚度，应在能接收到和被试开关设备大致相同降雨量的地方，水平地放置一根长为 1m、直径为 30mm 的铜棒或铜管。试验布置应使整个开关设备能用人工降雨从上面由垂线到 45° 的各种角度进行喷淋，喷淋所用的水应冷却到 0～3℃，并且降落到试品上时应为液态。

（8）应对隔离开关的每一个位置（即合闸/分闸位置）执行全部的覆冰程序和随后的检查。试验之间，覆冰应自然融化，例如开关设备在合适的室内温度下保持足够的时间。

18.7.6 试验实例

18.7.6.1 试验照片

严重冰冻条件下的操作见图 2-18-16。

图 2-18-16 严重冰冻条件下的操作

18.7.6.2 试验记录

严重冰冻条件下的操作见表 2-18-17。

表 2-18-17 严重冰冻条件下的操作（参考示例）

试验日期：
试验要求：
试验情况：
试验结论：合格/不合格

18.8 隔离开关触头镀银层厚度检测

18.8.1 试验目的

镀银层厚度质量直接影响开关触头的载流量和使用寿命。触头镀银不好，将直接导致触头接触电阻增大、触头发热、触头加速氧化等后果。

开关触头镀银层厚度检测的目的是验证开关触头镀银层厚度是否满足技术规范书要求。

18.8.2 试验设备

开关触头镀银层厚度检测试验设备配置见表 2-18-18。

表 2-18-18 开关触头镀银层厚度检测试验设备配置（推荐）

序号	设备名称	设备关键参数和要求
1	X 射线荧光分析仪	测量范围：0～100μm，±5%
2	镀银层测厚仪	0～50μm，≤±10%

18.8.3 试验方法

对断路器或隔离小车的触头镀银层厚度进行检测。

镀银层厚度测量一般按如下程序进行：

（1）样品的摆放：采用固定式镀层厚度测量仪进行检测时，试样在测量仪器中的摆放应符合 X 光路不受干扰的原则，包括不受阻挡和散射，且保证样品倾斜角度与标定时试片倾斜角度一致。采用便携式镀层厚度测量仪进行检测时，仪器的 X 射线窗口应与被检测的样品表面垂直接触。

（2）测点数量及位置：每个样品应检测不少于 3 个部位，各检测部位应均匀分布，测点之间的距离应根据样品大小以及仪器设备准直器孔径进行确定。当检测样品表面积不能满足上述距离要求时，可以只在同一部位进行测量。测点不宜选择靠近试件边缘或孔洞以及曲率较大部位。

（3）测量：根据镀层和基层的类型，选定仪器程序进行测量。测量时，每个测点检测时间一般应不少于 10s，推荐设置为 15～20s，具体根据不同仪器的检测要求设定，且同一部位应测量不少于 3 次。

（4）数据的处理：同一部位测量的 3 次测量结果，取算术平均值作为该部位的测量结果，试验结果应按照 GB/T 8170 进行修约，数值保留一位小数。但要求任一测量值与平均值之间的偏差不得大于平均值的 10%或 1μm（以小值为准），否则该组测量结果无效，需要校正仪器或对样品表面进行清洁及调整摆放位置来消除测量偏差。

18.8.4 结果判定

镀层厚度测量检测结果为所有测量部位测量结果的最小值，应满足招标技术规范书的要求。

18.8.5 注意事项

（1）样品应清洁干净。测量前，测量仪器必须校准。

（2）被检试件镀银层不应该用刷涂工艺。

（3）被检试件表面不应有硬伤、碰伤、大小 0.5mm^2 漏镀斑点、凹坑以及长度大于 5mm 的划痕等缺陷存在。

18.8.6 试验实例

18.8.6.1 试验照片

开关触头金属镀层厚度测试图见图 2-18-17。

图 2-18-17 开关触头金属镀层厚度测试图

18.8.6.2 试验记录

开关触头金属镀层厚度试验记录见表 2-18-19。

表 2-18-19 开关触头金属镀层厚度试验记录表（参考示例）

测试部位编号	测试部位	测试要求	测试结果
1	静接触部位	＞20μm	22.2
2	静接触部位	＞20μm	22.7
3	静接触部位	＞20μm	23.7
4	静接触部位	＞20μm	23.7
5	静接触部位	＞20μm	23.7
…			
试验结论：合格/不合格			

19 箱式变电站基础

本章介绍箱式变电站的基础知识。

19.1 箱式变电站术语和定义

GB/T 1094.1—2013、GB/T 2900.20—2016、GB/T 7251.1—2013、GB/T 17467—2020、界定的术语和定义适用于本书。

19.1.1 箱式变电站 European prefabricated substation

预装的、并经过型式试验验证的、安装在一个外壳中的包括电力变压器、高压和低压开关设备和控制设备、高压和低压内部连接、辅助设备和回路等的成套设备。

19.1.2 高压连接 high voltage interconnection

高压开关设备和控制设备端子与电力变压器的高压端子之间的电气连接。

19.1.3 油浸式变压器 oil-immersed type transformer

铁芯和绕组都浸入绝缘油中的变压器。

19.1.4 干式变压器 dry-type transformer

磁路和绕组均不浸在绝缘液体中的变压器。

19.1.5 高压试验 high voltage test

采用高于 1000V 的工频、直流和冲击电压对电器设备、绝缘材料（件）、空气间隙等进行的电气特性试验。

19.2 箱式变电站原理

箱式变电站（简称箱变）是一种把高压开关设备、配电变压器、低压开关设备、电能计量设备和无功补偿装置等按一定的接线方案组合在一个或几个箱体内的紧凑型成套配电装置。它适用于额定电压 12/0.4kV 三相交流系统中，作为线路和分配电能之用。箱式变电站在工厂完成设计、制造、装配，并完成其内部电气接线，经过规定的型式试验考核，经过出厂试验的验证。

箱式变电站的高压回路由电缆终端接头、负荷开关、熔断器等组成。高压供电方式有终端接线、环网供电方式，见图 2-19-1、图 2-19-2。

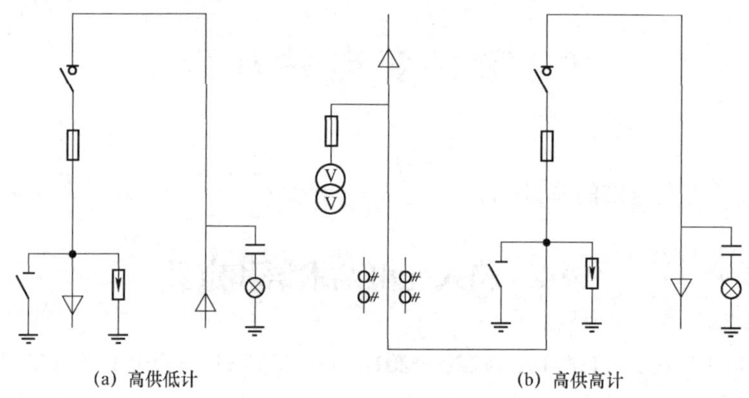

图 2-19-1　终端接线供电方式

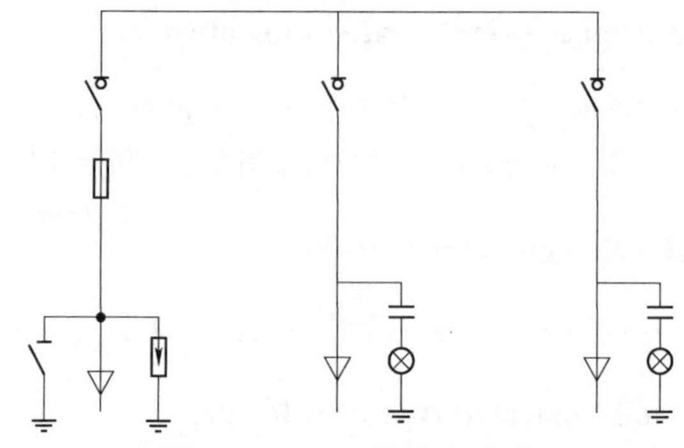

图 2-19-2　环网供电方式

配电变压器器身为三相三柱或三相五柱结构，采用 Dyn11 或 Yyn0 联结。配电变压器中 Dyn11 联结应用较多。

壳体材质可用普通钢板、热镀锌钢板、水泥预制板、玻璃纤维增强塑料板及铝合金板，还有彩色板。普通钢板造价较低，热镀锌钢板及铝合金板耐腐蚀好，而玻璃纤维增强塑料板则轻巧。

箱式变电站是适应高压受电一变压器降压一低压配电供电格局的最经济、方便和有效的配电设备。典型的系统图见图 2-19-3。

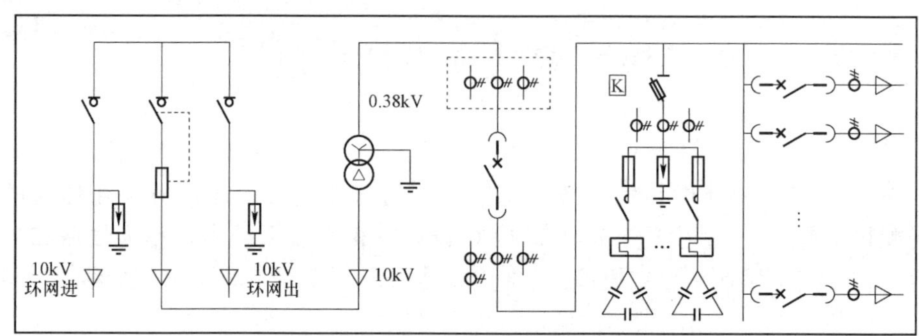

图 2-19-3　箱式变电站典型系统图

19.3 箱式变电站分类

箱式变电站分为欧式箱变和美式箱变。

19.3.1 欧式箱变

欧式箱变将高压开关设备、配电变压器、低压配电装置分别布置在三个不同的隔室中，通过电缆和母线等进行电气连接，是生活中很常见的箱式变电站。欧式箱变见图 2-19-4。

19.3.2 美式箱变

美式箱变也称为一体式箱变，与欧式箱变从外观上就能看出明显不同。美变一般由变压器、10kV 环网开关柜、电缆插头、低压桩头、箱体等组成。美式箱变见图 2-19-5。

图 2-19-4 欧式箱变外观图片

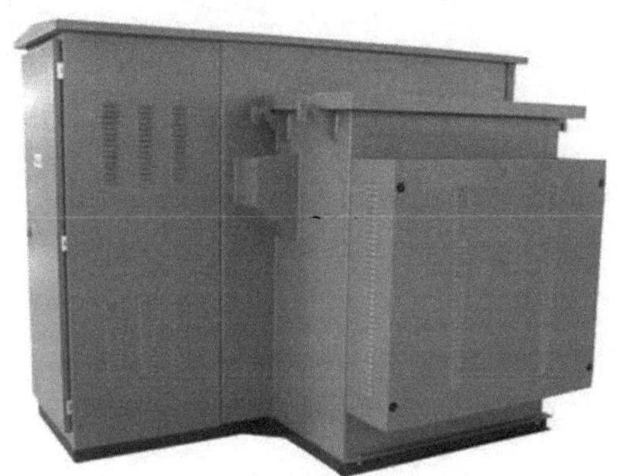

图 2-19-5 美式箱变外观图片

19.4 箱式变电站结构

19.4.1 低压室

低压室一般有低压进线柜、低压出线柜、低压补偿柜，其柜里配电装置由低压隔离开关、电压互感器、电流计、电流表等构成。

19.4.2 高压室

箱式变电站的高压室一般有高压进线柜、高压出线柜、高压计量检定柜或高压充气柜，其配电装置有高压负荷开关、高压断路器和高压避雷器等，能够开展停合闸实际操作而且经历负载和过流保护。高压配电装置具备避免误拉、合开关柜，带负载拉、合闸刀开关，感应起电挂地线、带地线重合闸和工作人员误进感应起电间距的“五防”对策。

19.4.3 变压器室

变压器室包括变压器及其附件。变压器有油浸式或干式。

19.4.4 箱式变电站结构

箱式变电站的总体结构包括：高压开关设备、变压器及低压配电装置三个主要部分。箱式变电站的布置有品字形和目字形，见图 2-19-6～图 2-19-8。

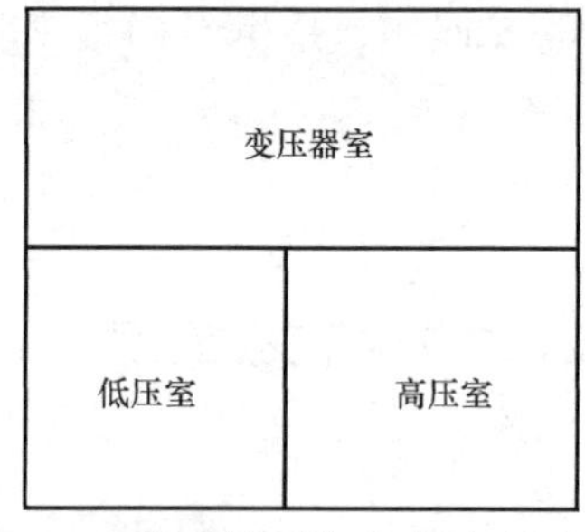

图 2-19-6 品字形箱式变电站布置一

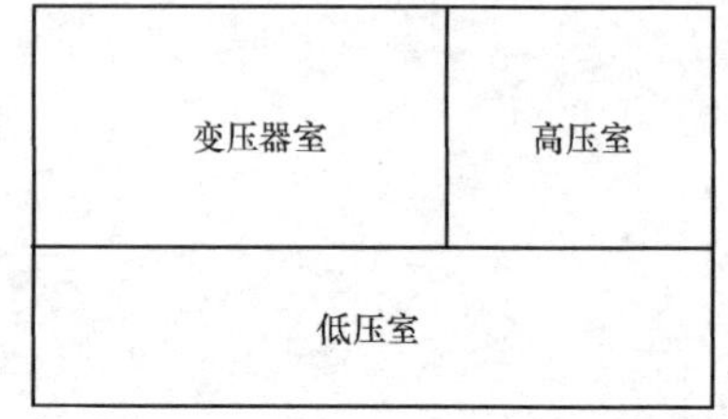

图 2-19-7 品字形箱式变电站布置二

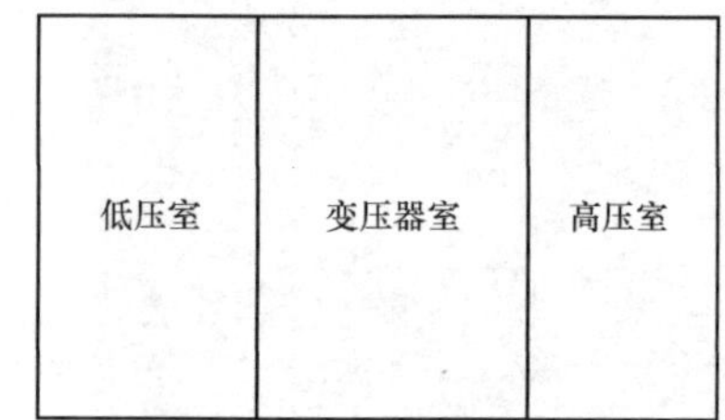

图 2-19-8 目字形箱式变电站布置

19.5 箱式变电站型号

箱式变电站型号及含义见图 2-19-9。

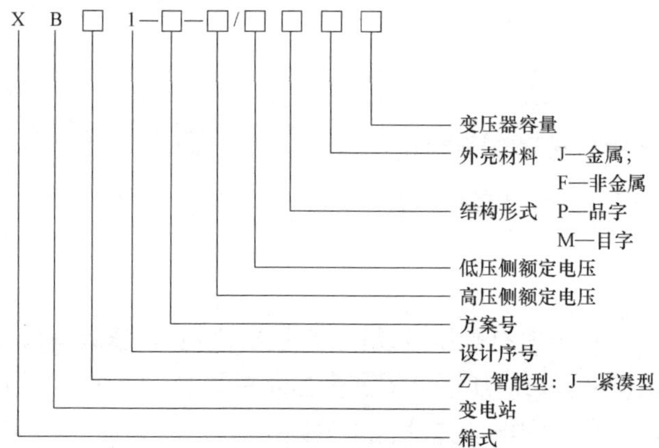

图 2-19-9 箱式变电站型号及含义

20 箱式变电站试验基础

本章介绍 12～40.5kV 箱式变电站质量检测的试验项目、类型、顺序和试验环境的要求。

20.1 箱式变电站试验标准

试验参考标准如下：

GB/T 1094.1 电力变压器 第 1 部分：总则

GB/T 2900.20 电工术语 高压开关设备和控制设备

GB/T 7251.1 低压成套开关设备和控制设备 第 1 部分：总则

GB/T 11022 高压开关设备和控制设备标准的共用技术要求

GB/T 17467 高压/低压预装式变电站

20.2 箱式变电站试验项目、类型和试验顺序

20.2.1 试验项目

箱式变电站试验项目、类型及主要标准见表 2-20-1。

表 2-20-1 箱式变电站试验项目、类型及主要标准

序号	试验项目名称	试验类型	主要标准
1	接线正确性检查	例行试验	GB/T 17467—2020、GB/T 11022
2	绝缘试验—工频电压耐受试验（高压连接线）	型式试验	GB/T 17467—2020、GB/T 11022、GB/T 16927.1、NB/T 42102—2016
3	绝缘试验—雷电冲击电压试验（高压连接线）	型式试验	GB/T 17467—2020、GB/T 11022、GB/T 16927.1、NB/T 42102—2016
4	绝缘试验—辅助和控制回路的绝缘试验	型式试验	GB/T 17467—2020、GB/T 11022、GB/T 17627—2019
5	绝缘试验—雷电冲击电压试验（低压连接线）	型式试验	GB/T 17467—2020、GB/T 7251.1、GB/T 17627—2019
6	绝缘试验—工频电压耐受试验（低压连接线）	型式试验	GB/T 17467—2020、GB/T 7251.1、GB/T 17627—2019

续表

序号	试验项目名称	试验类型	主要标准
7	绝缘试验—爬电距离的验证（低压连接线）	型式试验	GB/T 17467—2020、GB/T 7251.1
8	温升试验	型式试验	GB/T 17467—2020
9	短时耐受电流和峰值耐受电流试验	型式试验	GB/T 17467—2020、GB/T 11022
10	防护等级验证（IP 代码）	型式试验	GB/T 17467—2020、GB/T 11022、GB/T 4208
11	防护等级验证（IK 代码）	型式试验	GB/T 17467—2020、GB/T 11022、GB/T 20138
12	辅助和控制回路的附加试验—接地金属部件的电气连续性试验	型式试验	GB/T 17467—2020、GB/T 11022
13	检验能满意操作的功能试验	型式试验	GB/T 17467—2020
14	预装式变电站声级的验证试验	型式试验	GB/T 17467—2020、GB/T 1094.10

20.2.2 试验顺序

20.2.3 绝缘试验顺序要求

绝缘试验前至少应完成以下试验项目：接线正确性检查、辅助和控制回路的附加试验、接地金属部件的电气连续性试验。

绝缘试验应按照以下顺序进行：

1）绝缘试验—工频电压耐受试验（高压连接线）；

2）绝缘试验—辅助和控制回路的绝缘试验；

3）绝缘试验—工频电压耐受试验（低压连接线）；

4）绝缘试验—爬电距离的验证（低压连接线）；

5）绝缘试验—雷电冲击电压试验（高压连接线）；

6）绝缘试验—雷电冲击电压试验（低压连接线）。

需要进行箱式变电站中主要元件的绝缘试验时，高压开关柜和高压连接线同时进行，低压开关柜和低压连接线同时进行，最后进行电力变压器绝缘试验。

20.2.4 短时耐受电流和峰值耐受电流试验顺序要求

如果需要进行短时耐受电流和峰值耐受电流试验，辅助和控制回路的附加试验—接地金属部件的电气连续性试验、绝缘试验应在短时耐受电流和峰值耐受电流前进行。试验按照低压连接线、高压连接线（需要做时）、接地回路的顺序进行。接地回路试验后对接地回路性能有怀疑时，可进行接地回路电阻测量。

20.2.5 试验环境温度和湿度要求

（1）如果在自然大气环境下不能保证室内气温在 10～40℃范围内，试验室宜安装供暖和/或冷风系统。

（2）如果不能保证一年中相对湿度超过 85%的天数少于 45 天，相对湿度超过 80%的天数少于 60 天，试验室宜安装空气调节装置。

20.2.6 试验电源要求

如果没有其他规定，则无论隔离开关的额定频率如何，交流试验和测量均应在 50Hz 频率下进行。电压的波形应接近正弦波，即峰值除以 $\sqrt{2}$ 与方均根值的偏差不大于 5%。

20.2.7 其他通用要求

（1）试验室应有足够的空间和合理的布局，包括样品储存空间。

（2）不同功能区域划分清晰，易于识别。

（3）试验室应具备充足的光照条件，照度值宜不低于 250lx。

（4）工作区域、试验台等配置必要的防静电材料。

（5）试验室应具备可靠的接地系统，接地电阻不应超过 0.5Ω。

20.2.8 特殊环境要求

（1）如果进行声级测定试验项目，则宜具备半消声室或消声室以满足 GB/T 1094.10 中关于背景噪声的要求。背景噪声声压级宜不大于 30dB。

（2）如果在室内进行防护等级验证（IP 代码）试验项目，试验区域宜有合适的排水设施。

（3）如果在室内进行短时耐受电流和峰值耐受电流试验项目，试验区域宜有通风设施。

（4）如果进行温升试验项目，应在室内进行，试验区域不应有明显的空气流动，不受阳光辐射、暖气、通风管道的影响。

21 箱式变电站试验方法和要求

21.1 接线正确性检查

21.1.1 试验目的

检查样品的接线和接线图是否一致。

21.1.2 试验设备

无。

21.1.3 试验方法

试验应在环境温度及被试品温度为10～40℃、湿度小于85%的条件下进行。

目测检查样品的接线与接线图是否一致。

21.1.4 结果判定

样品的接线与接线图应一致。

21.1.5 注意事项

重要部分进行照片记录。

21.1.6 试验实例

21.1.6.1 试验照片

样品接线图示例见图2-21-1。

21.1.6.2 试验记录

接线正确性检查记录表见表2-21-1。

表2-21-1 接线正确性检查记录表（参考示例）

检查要求	结果
应验证接线与接线图相符	符合要求

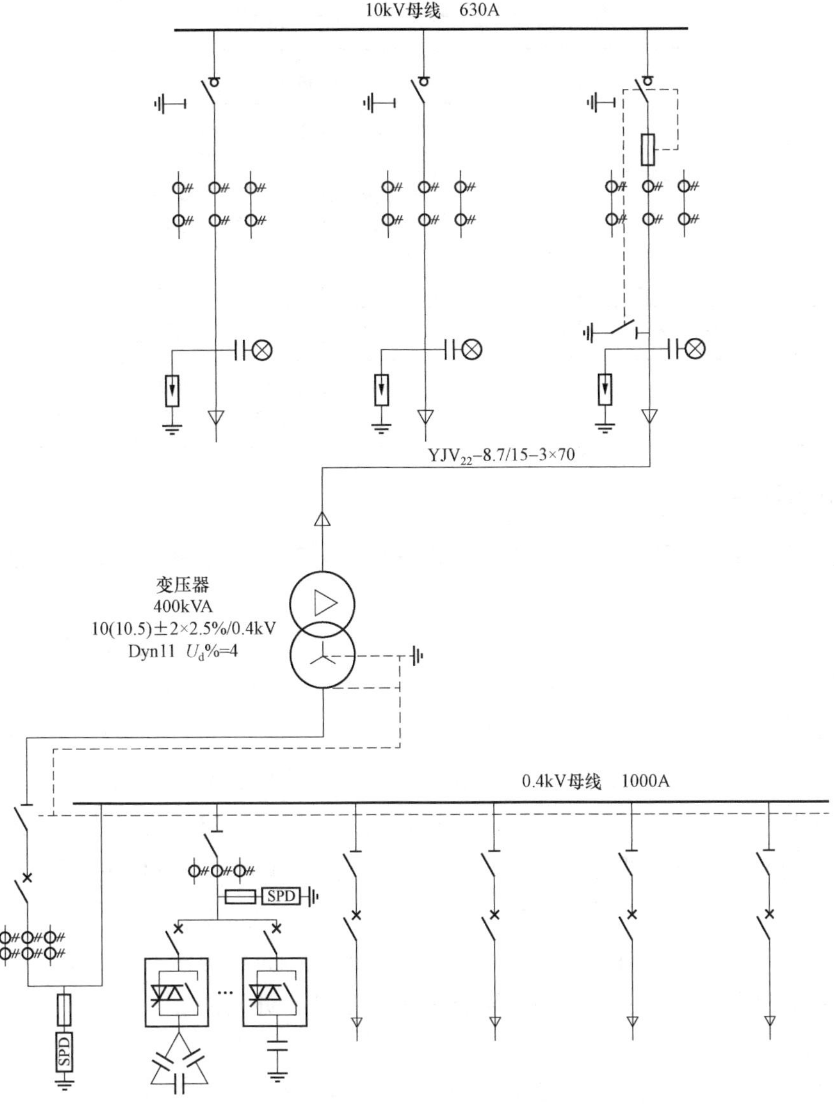

图 2-21-1 样品接线图示例

21.2 绝缘试验—工频电压耐受试验（高压连接线）

21.2.1 试验目的

检查高压连接线绝缘是否存在缺陷。

21.2.2 试验设备

试验设备配置见表 2-21-2。

表 2-21-2 试验设备配置（推荐）

序号	设备名称	设备关键参数和要求
1	工频高压试验装置	试验变压器容量应不低于 15kVA； 输出电压有效值应不低于 150kV； 分压器测量准确度应不低于 3%； 应满足 GB/T 16927.2 中的相关要求
2	峰值电压表	电压测量准确度应不低于 3%
3	空盒气压表	大气压准确度不低于 0.2kPa
4	温湿度计	温度准确度不低于 1℃； 相对湿度准确度不低于 2%

21.2.3 试验方法

对箱式变电站的高压连接线应按 GB/T 16927.1—2011 中的程序计算大气条件修正系数，见第二部分 3.3.3。

当按上述要求进行大气修正因数时，k_1 和 h/δ应满足 GB/T 16927.1—2011 中的要求，不需要考虑实验室海拔的影响。通常认为高压开关设备和控制设备既有内绝缘和外绝缘，为了正确考核高压开关设备和控制设备的内绝缘和外绝缘，可以分别对高压开关设备和控制设备的内绝缘和外绝缘进行绝缘试验，具体方法参见 NB/T 42102—2016。如果对样品的绝缘性能有信心时，当 $k_t<1$ 时，可以使用大气修正因数 $k_t=1$，这时内绝缘被正确考核，但外绝缘承受了比要求值高的电压应力；当 $k_t>1$ 时，可以使用大气修正因数 k_t，这时外绝缘被正确考核，但内绝缘承受了比要求值高的电压应力。

进行试验时，高压连接线通过高压开关设备连接到试验电源。只有串联在电源回路中的开关装置处于合闸位置，所有其他开关装置都处于分闸位置。

绝缘试验期间，电压限制装置应断开。

电流互感器的二次端子应短路并接地。电压互感器一次侧应断开。

当使用大气条件修正因数时，试验电压 $U=k_t\times U_0$。例如，当 U_0=42kV、k_t=1.05 时，试验电压 U=44.1kV。

施加电压时，应将主回路每相的导体依次连接到试验电源的高压端子。主回路和辅助回路的所有其他导体应该连接到框架的接地导体上，并和试验电源的接地端子相连。

进行工频电压试验时，试验变压器的一端应接地并连接到预装式变电站的接地导体上。

为了避免试验时电力变压器磁化饱和，有必要断开或用模型替代电力变压器。

对试品施加电压时，应当从足够低的数值开始，以防止操作瞬变过程引起的过电压的影响；然后应缓慢地升高电压，以便能在仪表上准确读数。但也不能升得太慢，以免造成在接近试验电压 U 时耐压时间过长。若试验电压值从达到 75%U 时以 2%U/s 的速率上升，一般可满足上述要求。试验电压应保持 60s，然后迅速降压，但不得突然切断，以免可能出现瞬变过程而导致故障或造成不正确的试验结果。

如果预装式变电站的外壳是非导电材料制成的，在高压连接线的非接地屏蔽的带电部件与变电站外壳的可触及表面之间的绝缘应耐受规定的试验电压。为了检验这一符合性，应在变电站外壳可触及的一侧覆盖一个接地的圆形或方形的金属箔，金属箔的面积应尽可能大，但不超过 $100cm^2$。金属箔应放在对试验最不利的位置，如果对何处最为不利有怀疑，则试验应在不同的位置上重复进行。

在非接地屏蔽的高压连接线的带电部件与相对的外壳内表面之间应耐受 150%预装式变电站的额定电压。电压施加 1min。为了检查符合这一要求，应在朝向非接地屏蔽连接线的外壳内表面覆一个接地的金属箔。

21.2.4 结果判定

如果试品上无破坏性放电发生，则满足工频电压试验要求。

21.2.5 注意事项

区分局部放电和破坏性放电。

21.2.6 试验实例

21.2.6.1 试验照片

工频电压耐受试验示例见图 2-21-2。

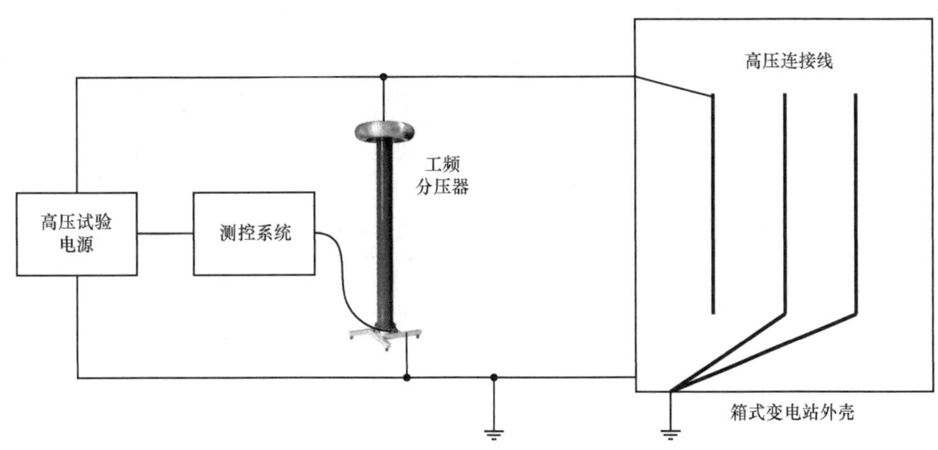

图 2-21-2 工频电压耐受试验示例

21.2.6.2 试验记录

工频电压耐受试验记录见表 2-21-3。

表 2-21-3 工频电压耐受试验记录表（参考示例）

温度：19.0℃ 湿度：60%大气压：100.2kPa 计算大气修正因数： 试验中大气修正因数取值：1

项目	施压部位—接地部位	试验电压（kV）	施压时间（s）	结果
高压连接线	A-B、C、辅助回路、地	42	60	无破坏性放电
	B-A、C、辅助回路、地	42	60	无破坏性放电
	C-A、B、辅助回路、地	42	60	无破坏性放电
适用时做：				
项目	施压部位—接地部位	试验电压（kV）	施压时间（s）	结果
非导电材料的外壳	高压连接线的非接地屏蔽的带电部件—外壳内表面	18	60	无破坏性放电

21.3 绝缘试验—雷电冲击电压试验（高压连接线）

21.3.1 试验目的

检查高压连接线绝缘是否存在缺陷。

21.3.2 试验设备

试验设备配置见表 2-21-4。

表 2-21-4 试验设备配置（推荐）

序号	设备名称	设备关键参数和要求
1	冲击电压发生器成套装置	输出电压峰值应不低于 300kV； 电压峰值测量准确度应不低于 3%； 时间测量不确定度不低于 10%； 测量系统应满足 GB/T 16927.2 中的要求
2	空盒气压表	大气压准确度不低于 0.2kPa
3	温湿度计	温度准确度不低于 1℃； 相对湿度准确度不低于 2%

21.3.3 试验方法

高压连接线绝缘试验的大气条件修正见第二部分 3.3.3。

当按上述要求进行大气修正因数时，k_1 和 h/δ应满足 GB/T 16927.1—2011 的要求，不需要考虑实验室海拔的影响。通常认为高压开关设备和控制设备既有内绝缘和外绝缘，为了正确考核高压开关设备和控制设备的内绝缘和外绝缘，可以分别对高压开关设备和控制设备的内绝缘和外绝缘进行绝缘试验，具体方法参见 NB/T 42102—2016。如果对样品的绝缘性能有信心时，当 k_t<1 时，可以使用大气修正因数 k_t=1，这时内绝缘被正确考核，但外绝缘承受了比要求值高的电压应力；当 k_t>1 时，可以使用大气修正因数 k_t，这时外绝缘被正确考核，但内绝缘承受了比要求值高的电压应力。

进行试验时，高压连接线通过高压开关设备连接到试验电源。只有串联在电源回路中的开关装置处于合闸位置，所有其他开关装置都处于分闸位置。

绝缘试验期间，电压限制装置应断开。

电流互感器的二次端子应短路并接地。电压互感器一次侧应断开。

施加电压时，应将主回路每相的导体依次连接到试验电源的高压端子。主回路和辅助回路的所有其他导体应该连接到框架的接地导体上，并和试验电源的接地端子相连。

为了在试验中得到正确的波形，有必要断开或用模型替代电力变压器。

雷电冲击电压试验期间，冲击发生器的接地端子应与预装式变电站外壳的接地导体相连。

试品只应该在干燥状态下承受雷电冲击电压试验。试验应该按 GB/T 16927.1—2011 用标准雷电冲击波 1.2/50μs 在两种极性的电压下进行。

极性反转时应注意某些绝缘材料在冲击试验后保留有电荷。在这些情况下，可以采用适当的方法使绝缘材料放电，例如在试验前建议施加两次反极性的电压，施加电压值为 60%～80%的额定耐受电压。

21.3.4 结果判定

对于具有自恢复绝缘和非自恢复绝缘的试品，修改采用 GB/T 16927.1—2011 中的程序 B。如果满足下述条件，则试品通过试验：

1）每个试验系列至少 15 次试验；

2）每个完整的试验系列破坏性放电的次数不超过 2 次；

3）非自恢复绝缘上没有出现破坏性放电。这通过最后一次破坏性放电后 5 次连续的冲击耐受来确认。

21.3.5 注意事项

非自恢复绝缘的试品发生破坏性放电后可能造成样品损坏，应注意合理地考核内绝缘和外绝缘。

21.3.6 试验实例

21.3.6.1 试验照片

绝缘试验—雷电冲击电压试验见图 2-21-3。

21.3.6.2 试验记录

雷电冲击电压试验记录见表 2-21-5。

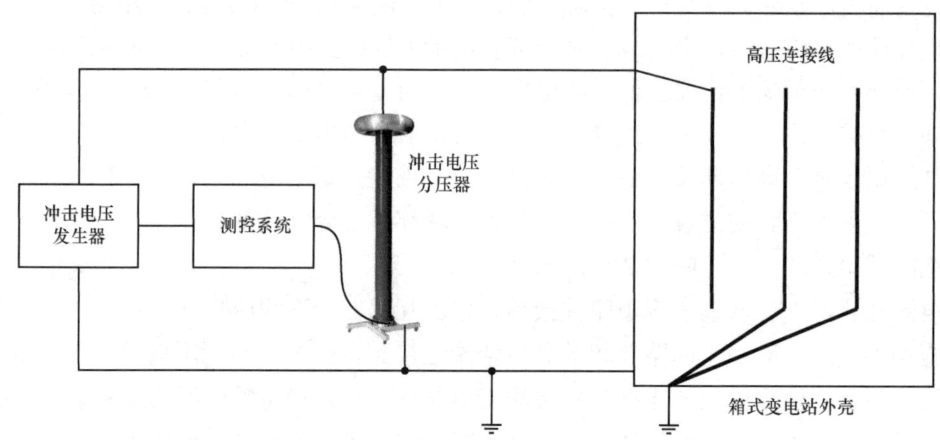

图 2-21-3　绝缘试验—雷电冲击电压试验（高压连接线）

表 2-21-5　雷电冲击电压试验记录表（参考示例）

温度：湿度：大气压：　　　　计算大气修正因数：　　　　试验中大气修正因数取值：1

项目	施压部位—接地部位	峰值电压（kV）	次数	结果
高压连接线	A-B、C、辅助回路、地	75	±15	无破坏性放电
	B-A、C、辅助回路、地	75	±15	无破坏性放电
	C-A、B、辅助回路、地	75	±15	无破坏性放电

21.4　绝缘试验—辅助和控制回路的绝缘试验

21.4.1　试验目的

检查辅助和控制回路的绝缘耐压情况，以及二次回路绝缘是否符合要求。

21.4.2　试验设备

试验设备配置见表 2-21-6。

表 2-21-6　试验设备配置（推荐）

序号	设备名称	设备关键参数和要求
1	耐压测试仪	输出电压有效值：0～5kV；电压测量准确度应不低于 3%； 时间不确定度不低于 1%
2	空盒气压表	大气压准确度不低于 0.2kPa
3	温湿度计	温度准确度不低于 1℃； 相对湿度准确度不低于 2%

21.4.3 试验方法

对箱式变电站的低压连接线、辅助和控制回路的绝缘试验时正常的大气条件为：

温度范围：15～35℃；

气压：86～106kPa；

相对湿度：25%～75%；

绝对湿度：≤22g/m³。

当大气条件在此规定的范围内时，不需要根据温度、湿度和气压对试验电压进行修正；当大气条件不在此规定的范围内时，参见 GB/T 17627—2019 附录 C 提供的有关方法，对试验电压进行修正。

试验期间的实际大气条件应予以记录。

开关设备和控制设备的辅助和控制回路应该承受工频电压试验。试验应在下述部位进行：

1）连接在一起的辅助和控制回路和开关装置底架之间；

2）如果可行，正常运行中可以和其他部分绝缘的辅助和控制回路的每一部分和与底架连接在一起的其他部分之间。

应按照 GB/T 17627.1—2019 进行工频电压试验。试验电压应为 2kV，持续时间 1min。

21.4.4 结果判定

如果试验期间没有出现破坏性放电，则认为开关设备和控制设备的辅助和控制回路通过了试验。

21.4.5 注意事项

如果辅助和控制回路中使用的电动机和其他器件（例如电子设备）已按其相关的规范进行了试验，在这些试验中应将它们隔离。

21.4.6 试验实例

21.4.6.1 试验照片

绝缘试验—辅助和控制回路的绝缘试验见图 2-21-4。

21.4.6.2 试验记录

绝缘试验—辅助和控制回路的绝缘试验记录见表 2-21-7。

表 2-21-7 绝缘试验—辅助和控制回路的绝缘试验记录表（参考示例）

温度：19.8℃ 湿度：66%大气压：100.6kPa 计算大气修正因数：/ 试验中大气修正因数取值：1

项目	施压部位—接地部位	试验电压（kV）	施压时间（s）	结果
辅助和控制回路	辅助和控制回路—地	2	60	合格

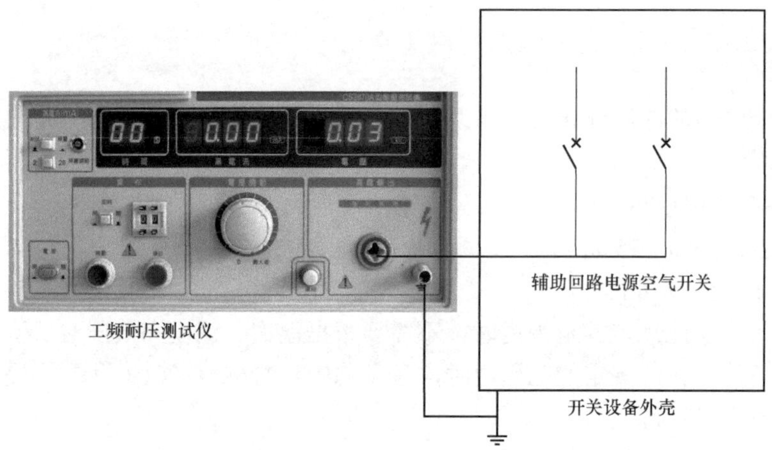

图 2-21-4 绝缘试验—辅助和控制回路的绝缘试验

21.5 绝缘试验—雷电冲击电压试验（低压连接线）

21.5.1 试验目的

检查低压连接线绝缘水平是否存在缺陷。

21.5.2 试验设备

试验设备配置见表 2-21-8。

表 2-21-8 试验设备配置（推荐）

序号	设备名称	设备关键参数和要求
1	冲击电压测试仪	输出电压峰值：0～20kV； 电压峰值测量准确度应不低于 3%； 时间测量不确定度不低于 10%
2	空盒气压表	大气压准确度不低于 0.2kPa
3	温湿度计	温度准确度不低于 1℃； 相对湿度准确度不低于 2%

21.5.3 试验方法

对箱式变电站的低压连接线、辅助和控制回路的绝缘试验时正常的大气条件为：
温度范围：15～35℃；
气压：86～106kPa；
相对湿度：25%～75%；
绝对湿度：≤22g/m^3。

当大气条件在此规定的范围内时，不需要根据温度、湿度和气压对试验电压进行修正。当大气条件不在此规定的范围内时，参见 GB/T 17627—2019 附录 C 提供的有关方法，对试验电压进行修正。

试验期间的实际大气条件应予以记录。

试验时，低压连接线通过低压开关设备连接到试验电源上。只有串联在电源回路中的开关装置处于合闸位置，所有其他的开关装置都处于分闸位置。

低压连接线应进行雷电冲击电压试验。如果额定冲击电压试验按 GB/T 17467—2020 的 5.3 来规定，试验电压为 GB/T 7251.1—2013 附录 G 中对Ⅳ类过电压给出的值。

限制过电压的设施应断开，试验应按 GB/T 17627—2019 进行。

每一极性应施加 1.2/50μs 冲击电压 5 次，最小间隔时间 1s。

施加电压时，应将主回路每相的导体依次连接到试验电源的高压端子。主回路和辅助回路的所有其他导体应该连接到接地导体或框架上，并和试验电源的接地端子相连。

21.5.4 结果判定

若试验中不发生破坏性放电，则认为通过了此项试验。

21.5.5 注意事项

为了在试验中得到正确的波形，有必要断开或用模型替代电力变压器。

21.5.6 试验实例

21.5.6.1 试验示例

绝缘试验—雷电冲击电压试验见图 2-21-5。

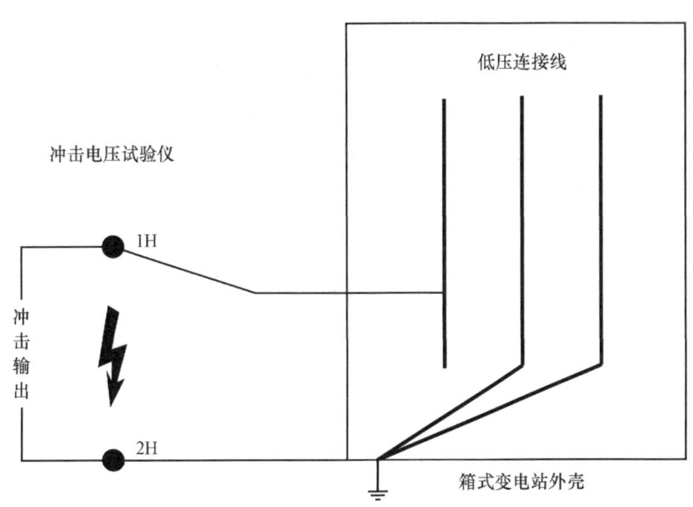

图 2-21-5 绝缘试验—雷电冲击电压试验（低压连接线）

21.5.6.2 试验记录

绝缘试验—雷电冲击电压试验（低压连接线）记录见表 2-21-9。

表 2-21-9 绝缘试验—雷电冲击电压试验（低压连接线）记录表（参考示例）

温度：19.8℃ 湿度：66%大气压：100.6kPa 计算大气修正因数：/ 试验中大气修正因数取值：1

项目	施压部位	峰值电压（kV）	次数	结果
低压连接线	A-B、C、辅助回路、地	7.3	±5	无破坏性放电
	B-A、C、辅助回路、地	7.3	±5	无破坏性放电
	C-A、B、辅助回路、地	7.3	±5	无破坏性放电

21.6 绝缘试验—工频电压耐受试验（低压连接线）

21.6.1 试验目的

检查低压连接线绝缘水平是否存在缺陷。

21.6.2 试验设备

试验设备要求见表 2-21-10。

表 2-21-10 试验设备配置（推荐）

序号	设备名称	设备关键参数和要求
1	耐压测试仪	输出电压有效值：0～5kV；电压测量准确度应不低于 3%；时间不确定度不低于 1%
2	空盒气压表	大气压准确度不低于 0.2kPa
3	温湿度计	温度准确度不低于 1℃； 相对湿度准确度不低于 2%

21.6.3 试验方法

对箱式变电站的低压连接线、辅助和控制回路的绝缘试验时正常的大气条件为：

温度范围：15～35℃；

气压：86～106kPa；

相对湿度：25%～75%；

绝对湿度：≤22g/m^3。

当大气条件在此规定的范围内时，不需要根据温度、湿度和气压对试验电压进行修正。当大气条件不在此规定的范围内时，参见 GB/T 17627—2019 附录 C 提供的有关方法，对试验电压进行修正。

试验期间的实际大气条件应予以记录。

试验时，低压连接线通过低压开关设备连接到试验电源上。只有串联在电源回路中的开关装置处于合闸位置，所有其他的开关装置都处于分闸位置。

低压连接线应进行工频电压耐受试验。如果额定冲击电压试验按 GB/T 17467—2020 的 5.3 来规定，试验电压为 GB/T 7251.1—2013 给出的值。

限制过电压的设施应断开，试验应按 GB/T 17627—2019 进行。

施加的工频试验电压不应超过全试验电压值的 50%，然后将试验电压平稳增加至全试验电压值，并维持 5_{0}^{+2}s 。在试验过程中过流继电器不应动作，且不应发生破坏性放电。

施加电压时，应将主回路每相的导体依次连接到试验电源的高压端子。主回路和辅助回路的所有其他导体应连接到接地导体或框架上，并和试验电源的接地端子相连。

21.6.4 结果判定

如果试品上无破坏性放电发生，则满足工频电压试验要求。

21.6.5 注意事项

试验过程中注意观察是否有异响，电压是否正常。

21.6.6 试验实例

21.6.6.1 试验照片

工频电压耐受试验示例见图 2-21-6。

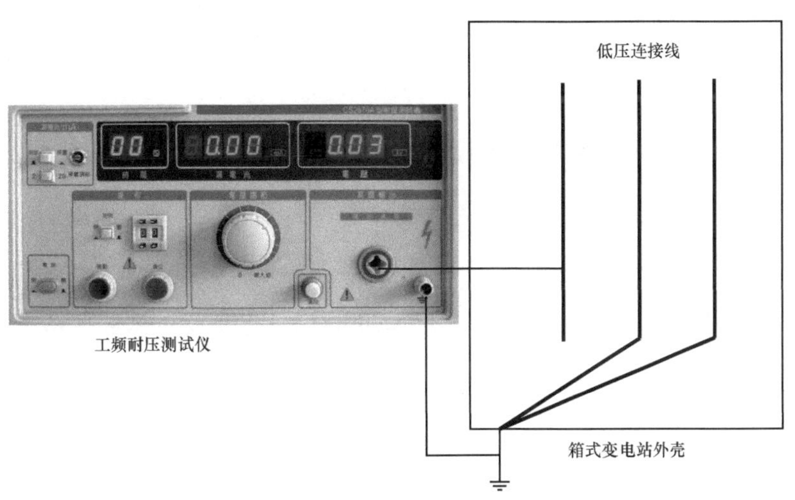

图 2-21-6 工频电压耐受试验（低压连接线）

21.6.6.2 试验记录

低压连接线工频电压耐受试验记录见表 2-21-11。

表 2-21-11 低压连接线工频电压耐受试验记录表（参考示例）

温度：19.8℃ 湿度：66%大气压：100.6kPa 计算大气修正因数：/ 试验中大气修正因数取值：1

项目	施压部位	试验电压（V）	施压时间（s）	结果
低压连接线	A-B、C、辅助回路、地	1890	6	无破坏性放电
	B-A、C、辅助回路、地	1890	6	无破坏性放电
	C-A、B、辅助回路、地	1890	6	无破坏性放电

21.7 绝缘试验—爬电距离的验证（低压连接线）

21.7.1 试验目的

检验不同部位间爬电距离是否满足要求。

21.7.2 试验设备

试验设备配置见表 2-21-12。

表 2-21-12 试验设备配置

设备名称	设备关键参数和要求
游标卡尺	测量范围 0～100mm； 准确度 0.02mm

21.7.3 试验方法

应测量相间、不同电压回路的导体间以及带电的和外露的导电部件间的最短爬电距离。

21.7.4 结果判定

若测得的爬电距离符合 GB/T 16935.1—2008 表 F.4 的要求，则此项试验合格。

21.7.5 注意事项

在任何情况下，爬电距离都不应小于相应的最小电气间隙。

21.7.6 试验实例

21.7.6.1 试验照片

爬电距离测量见图 2-21-7。

图 2-21-7 爬电距离测量

21.7.6.2 试验记录

试验记录见表 2-21-13。

表 2-21-13 爬电距离试验记录表（参考示例）

验证部位	允许值（mm）	测量部位	测量值（mm）
低压连接线相间	＞10	断路器端子	18.8
低压连接线相对地	＞10	断路器端子	18.8

21.8 温 升 试 验

21.8.1 试验目的

检测箱式变电站的温升性能。

21.8.2 试验设备

温升试验设备配置见表 2-21-14。

表 2-21-14 温升试验设备配置（推荐）

序号	设备名称	设备关键参数和要求	适用项目
1	空盒气压表	大气压准确度不低于 0.2kPa	温升试验
2	温湿度计	温度准确度不低于 1℃； 相对湿度准确度不低于 2%	温升试验
3	功率分析仪	3 通道； 功率准确度不低于 0.2%	温升试验（优选方法）

续表

序号	设备名称	设备关键参数和要求	适用项目
4	三相程控恒流源	三相电流输出 0～630A，至少两个回路； 三相电流输出 0～400A，至少四个回路； 三相电流输出 0～250A，至少四个回路； 电流测量准确度不低于 0.2 级	温升试验（优选方法）
5	功率分析仪	1 台 6 通道或 2 台 3 通道； 功率准确度不低于 0.2%	温升试验（替代方法）
6	电流互感器/电流传感器	穿心，0～200A，电流测量准确度不低于 0.2 级，3 只	温升试验（优选方法、替代方法）
7	电流互感器/电流传感器	穿心，0～2000A，电流测量准确度不低于 0.2 级，3 只	温升试验（替代方法）
8	多通道温度测试仪	测量偏差应不大于±1℃； 应能自动记录，记录时间间隔不大于 5min； 测量通道应不少于 40 个； 测量端子耐压不低于 500V（有效值）	温升试验
9	扭矩扳手	0～200Nm	温升试验

21.8.3 试验方法

试验应在 10～40℃的环境温度下进行。

外壳应完整，元件的布置和使用时的一样。门应关上，电缆接口处应按使用条件予以封闭。变压器的容量和损耗应为预装式变电站的额定最大容量对应的值。

变压器、高压连接线、低压连接线和低压开关设备的温升试验应同时进行。

高压开关设备的温升试验不要求。

温升试验在室内进行，房间的大小、隔热或空气情况应保持室内的空气温度在规定的周围空气温度范围之内。

环境应无明显的空气流动，受试设备发出的热量产生的空气流动除外。实际上，如果空气速度小于 0.5m/s，则认为达到了这一条件。

温升试验连接导体的拧紧力矩宜按表 2-21-17 施加。

1. 液浸式变压器温升试验优先方法

该方法要求高压侧和低压侧分别使用不同的电源连接。

（1）按下述规定连接电源。

1）高压侧：变压器和高压开关设备以及其出线（断路器或者具有正确额定值的熔断器）应予以连接，变压器的低压出线端子应予以短路，电源应与高压开关设备的进线端子连接（见图 2-21-8）。

2）低压侧：低压侧的温升试验应按照 GB/T 7251.1—2013 的 10.10 以及下述规定要求进行。

应在尽可能地接近变压器端子处将低压连接线与变压器断开，在靠近变压器端子的一个方便的点上将低压连接线短路。试验电流应通过低压出线端施加到低压开关设备上。

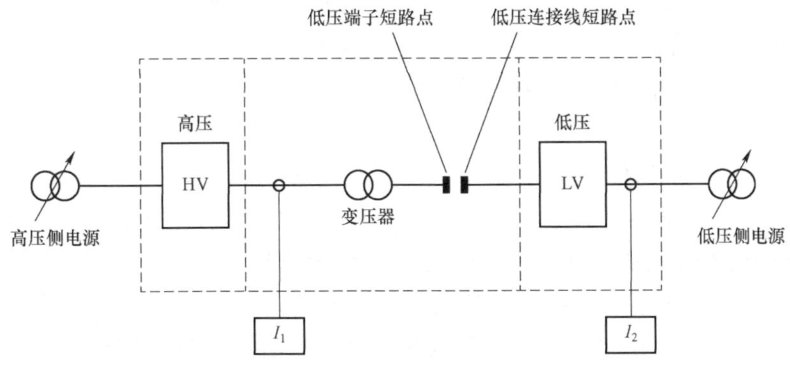

图 2-21-8　优选的温升试验方法接线图

I_1—使液浸式变压器产生额定总损耗的电流或干式变压器的高压侧额定电流；
I_2—变压器的低压侧额定电流

（2）试验电流的施加。

1）高压侧：在其参考温度下，变压器回路应通足够的电流来产生变压器的额定总损耗，可以采用 GB/T 1094.2—2013 中的方法。

该试验要求流过完整回路的电流比变压器高压侧的额定电流稍大，以补偿变压器的空载损耗。

试验期间，电阻可能随着变压器温度的变化而变化，因此，在整个试验期间试验电源的电流应随之变化，使得产生的损耗恒定等于变压器的总损耗。

2）低压侧：低压回路的电流应等于受试变压器低压侧的额定电流。该电源电流在低压出线中的分配应使得在发热方面是最不利的。在出线装配有熔断器的情况下，试验时应与运行时一样配装熔断器。

2. *液浸式变压器温升试验替代方法*

该方法仅要求使用一台三相调压器或程控交流源。

（1）电源的连接：高压开关设备和控制设备、电力变压器以及低压开关设备和控制设备应连接在一起。低压开关设备和控制设备的出线端子应短路。电源应和高压开关设备和控制设备的进线端子连接（见图 2-21-9）。

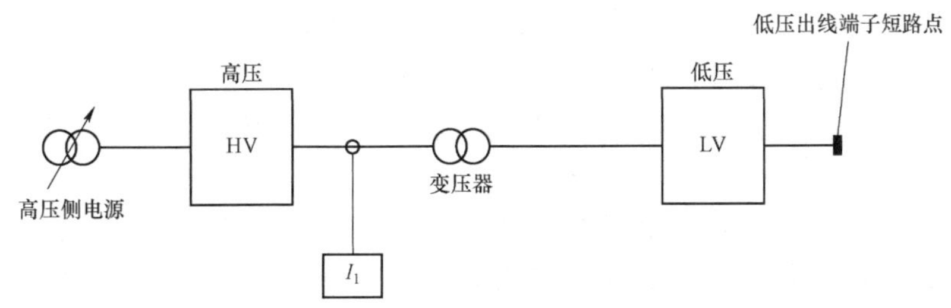

图 2-21-9　替代的温升试验方法接线图

I_1—使液浸式变压器产生额定总损耗的电流或干式变压器的高压侧额定电流

（2）试验电流的施加：应给变电站通以足够的电流，以便通过采用 GB/T 1094.2—2013 中规定的方法来产生液浸式变压器在其参考温度下的额定总损耗。试验时通过测量变压器高压侧端子上的功率 P_1 和变压器低压侧端子上的功率 P_2，计算 P_1–P_2 的差值即为液浸式变压器试验中的损耗功率 P_3，保持 P_3 等于液浸式变压器在其参考温度下的额定总损耗。

3. 干式变压器温升试验方法

对于装配干式变压器的预装式变电站，温升试验的试验方法应采用 GB/T 1094.11—2007 中描述的模拟负载的方法，由两个连续的步骤组成：

步骤 1：在额定频率下通过低压开关设备的一路出线向变压器的低压绕组施加额定的运行电压（三相）。高压绕组连接到高压开关设备上，高压主回路开路（见图 2-21-10）。在绕组和铁芯达到热平衡后，可测量变压器各个绕组的温升。

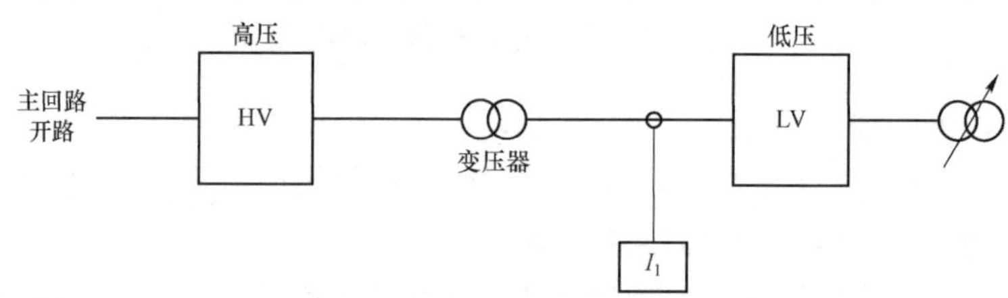

图 2-21-10 温升试验开路试验接线图

I_1—变压器空载电流

步骤 2：按照图 2-21-8 或图 2-21-9 进行电源连接。预装式变电站的高压侧施以电力变压器的高压侧额定电流，预装式变电站的低压侧施以电力变压器的低压侧额定电流。当绕组和铁芯的温度达到稳定状态时，同时测量变压器各绕组、低压开关设备及连接线的温升。

完成上述两步后，可通过 GB/T 1094.11—2007 的 23.2.1 中给出的公式计算绕组温升。

4. 测量

（1）周围空气温度的测量。周围空气温度是预装式变电站周围空气的平均温度（对封闭式变电站，指的是外壳外部的空气温度）。温度应在最后的 1/4 试验周期内，至少用 4 只温度计、热电偶或其他的温度检测装置进行测量。这些测量装置放在载流导体的平均高度上，均匀分布在预装式变电站的四周，距预装式变电站约 1m 处。对于地下变电站，这些装置应布置在通风口的中间高度处。温度计或热电偶应防止空气流动和不适当的热的影响。为了避免温度快速变化引起的指示误差，温度计或热电偶可以放在装有大约 500mL 油的小瓶内。

在最后的 1/4 试验周期内，周围空气温度的变化在 1h 内不应超过 1K。如试验室因不利的温度条件而无法满足，则可用处在相同条件下的一台相同但不通电的预装式变电站的温度来代替周围空气温度。这台附加的预装式变电站不应承受不适当的热量。

（2）变压器。应按照 GB/T 1094.2—2013 测量液浸式变压器的液面温升，按照 GB/T

1094.11—2007 测量干式变压器绕组的平均温升。

（3）低压开关设备。

1）应按照 GB/T 7251.1—2013 的 10.10 测量低压开关设备和控制设备的温升。

2）如果使用类似被试结构的其他结构，没有必要重复温升试验，除非低压侧的损耗高于被试结构，或者另有说明表示新的低压开关设备本身可能不在规定的温度限值内运行。

3）应测量低压连接线及其端子的温度和温升。

4）应测量电子设备（如果装有的话）安装处的空气温度。

（4）高压开关设备。

1）应测量高压连接线及其端子的温度和温升。

2）应测量电子设备（如果装有的话）安装处的空气温度。

21.8.4 结果判定

如果满足以下要求，则认为预装式变电站通过了温升试验：

（1）变压器在外壳内和外壳外的温升均不应超过产品标准所规定的温升限值，即预装式变电站在正常使用条件下可以不降低容量长期运行。变压器在外壳内部的温升与同一变压器在外壳外部的温升值之差，不大于预装式变电站的额定外壳级别规定的数值。

判据：

$$\Delta t=\Delta t_2-\Delta t_1$$

5 级：$\Delta t\leqslant 5$K；20 级：$\Delta t\leqslant 20$K；

10 级：$\Delta t\leqslant 10$K；25 级：$\Delta t\leqslant 25$K；

15 级：$\Delta t\leqslant 15$K；30 级：$\Delta t\leqslant 30$K。

注：只要同时也满足了判据（2）、（3）和（4），温升试验可用来确定外壳级别。

（2）高压连接线及其端子的温升和温度不超过 GB/T 11022 的要求，见表 2-21-15。

表 2-21-15　高压连接线及其端子、外壳的温度和温升极限

部件、材料和绝缘介质的类别	最大值	
	温度（℃）	周围空气温度不超过40℃时的温升（K）
1. 用螺栓的或与其等效的联结		
裸铜、裸铜合金或裸铝合金——在空气中	90	50
镀银或镀镍——在空气中	115	75
镀锡——在空气中	105	65
2. 其他裸金属制成的或其他镀层的触头或联结	（见说明 1）	（见说明 1）
3. 用螺栓或螺钉与外部导体连接的端子		
——裸的	90	50
——镀银、镀镍或镀锡	105	65
——其他镀层	（见说明 1）	（见说明 1）

续表

部件、材料和绝缘介质的类别	最大值	
	温度（℃）	周围空气温度不超过40℃时的温升（K）
4. 绝缘材料以及与下列等级的绝缘材料接触的金属部件		
——Y	90	50
——A	105	65
——E	120	80
——B	130	90
——F	155	115
——瓷漆：油基	100	60
合成	120	80
——H	180	140
——C	（见说明 2）	（见说明 2）
5. 可触及的部件		
——在正常操作中可触及的	70	30
——在正常操作中不需触及的	80	40

注 1. 当使用本表没有给出的材料时，应该考虑它们的性能，以便确定最高的允许温升。
2. 仅以不损害周围的零部件为限。
3. 抽检试验中高压连接线的温升试验不要求对高压电缆进行有破坏性的测量，当对高压连接线的温升性能有怀疑时也可考虑进行有破坏性的测量。

（3）低压连接线和低压开关设备的温升和温度不超过 GB/T 7251.1—2013 中 9.2 的要求，见表 2-21-16。

表 2-21-16　低压开关设备温升限值

成套设备的部件	温升（K）
内装元件	根据各个元件的相关产品标准要求，或根据元件制造商的说明书，考虑成套设备内的温度
用于连接外部绝缘导线的端子	70
母线和导体	受下述条件限制： ——导电材料的机械强度； ——对相邻设备的可能影响； ——与导体接触的绝缘材料的允许温度极限； ——导体温度对与其相连的电器元件的影响； ——对于接插式触点，接触材料的性质和表面的加工处理
操作手柄	
——金属的	15
——绝缘材料的	25

续表

成套设备的部件	温升（K）
可接近的外壳和覆板 ——金属表面 ——绝缘表面	 30 40
分散排列的插头与插座连接	由组成部件的相关设备的那些元件的温升极限而定

注 1. 当超过 105K 温度时，铜很容易产生退火。其他材料应该有不同的最大温升值。

2. 本表中给出的温升限值要求在使用条件下周围空气平均温度不超过 35℃。在验证过程中，允许有不同的环境温度。

3."内装元件"一词指：

——常用开关设备和控制设备；接插件；

——电子部件（例如：整流桥、印制电路）；

——设备的部件（例如：调节器、稳压电源、运算放大器）。

温升极限为 70K 是 GB/T 7251.1 第 10.10 的常规试验而定的数值。在安装条件下使用或试验的成套设备，由于接线、端子类型、种类、布置与试验所用的不尽相同，因此端子的温升会不同，这是允许的。如果内装元件的端子同时也是外部绝缘导线的端子，则可采用较低的温升极限值。温升限值是元件制造商规定的最大温升和 70K 之间的较小值。缺少制造商说明书时，它是内装元件产品标准规定的限值，且不超过 70K。优选设备温升要求降低到 60K。

那些只有在成套设备打开后才能接触到的成套设备内的手动操作机构，例如不经常操作的抽出式手柄，其温升极限允许提高 25K。

除非另有规定，在正常工作情况下可以接近但不需触及的外壳和覆板，允许其温升提高 10K。距离成套设备基座 2m 以上的外表面和部件可认为是不可触及的。

就某些设备（如电子器件）而言，它们的温升限值不同于那些通常的开关设备和控制设备，因此有一定程度的灵活性。

对于按照 GB/T 7251.1 第 10.10 的温升试验，须由初始制造商在考虑元件制造商所采用的任何附加测量点和限值的基础上规定温升极限。

如满足列出的所有判据，裸铜母线和裸铜导体的最大温升应不超过 105K。

（4）预装式变电站外壳的温度和温升不超过 GB/T 11022 中关于在正常运行期间可触及的部件的要求，见表 2-21-15。

液浸式变压器试验结果应符合技术协议的规定，且对于采用绝缘系统温度为 105℃的固体绝缘、绝缘液为矿物油或燃点不大于 300℃的合成液体的油浸式变压器，在正常使用条件下温升限值不应高于以下规定限值：顶层油温升 60K。

干式变压器试验结果应符合技术协议的规定，且按正常运行条件设计的变压器，其每个绕组的温升不应高于：

1）F 级干式变压器的温升限值 100K；

2）H 级干式变压器的温升限值 125K。

21.8.5 注意事项

电源电压波动不宜大，以免影响试验结果。注意温升连接紧固件施加力矩。

表 2-21-17 试验导体连接用螺纹直径和拧紧力矩

螺纹直径（mm）		拧紧力矩（N·m）		
米制标准值	直径范围	Ⅰ	Ⅱ	Ⅲ
1.6	ϕ≤1.6	0.05	0.1	0.1
2.0	1.6＜ϕ≤2.0	0.1	0.2	0.2
2.5	2.0＜ϕ≤2.8	0.2	0.4	0.4
3.0	2.8＜ϕ≤3.0	0.25	0.5	0.5
	3.0＜ϕ≤3.2	0.3	0.6	0.6
3.5	3.2＜ϕ≤3.6	0.4	0.8	0.8
4	3.6＜ϕ≤4.1	0.7	1.2	1.2
4.5	4.1＜ϕ≤4.7	0.8	1.8	1.8
5	4.7＜ϕ≤5.3	0.8	2.0	2.0
6	5.3＜ϕ≤6.0	1.2	2.5	3.0
8	6.0＜ϕ≤8.0	2.5	3.5	6.0
10	8.0＜ϕ≤10.0	—	4.0	10.0
12	10＜ϕ≤12	—	—	14.0
14	12＜ϕ≤15	—	—	19.0
16	15＜ϕ≤20	—	—	25.0
20	20＜ϕ≤24	—	—	36.0
24	24＜ϕ	—	—	50.0

第Ⅰ列：适用于拧紧时不突出空外的无头螺钉和不能用刀口宽度大于螺钉根部直径的螺丝刀拧紧的其他螺钉。
第Ⅱ列：适用于用螺丝刀拧紧的螺钉和螺母。
第Ⅲ列：适用于不可用螺丝刀来拧紧的螺钉和螺母

21.8.6 试验实例

21.8.6.1 试验照片

温升试验示意图见图 2-21-11。

21.8.6.2 试验记录

1. 油浸式变压器试验记录

温升试验采用优选法/替代法。

（1）变压器在箱体外，变压器顶层油温升测量及高低压绕组平均温升计算。温升试验记录见表 2-21-18。

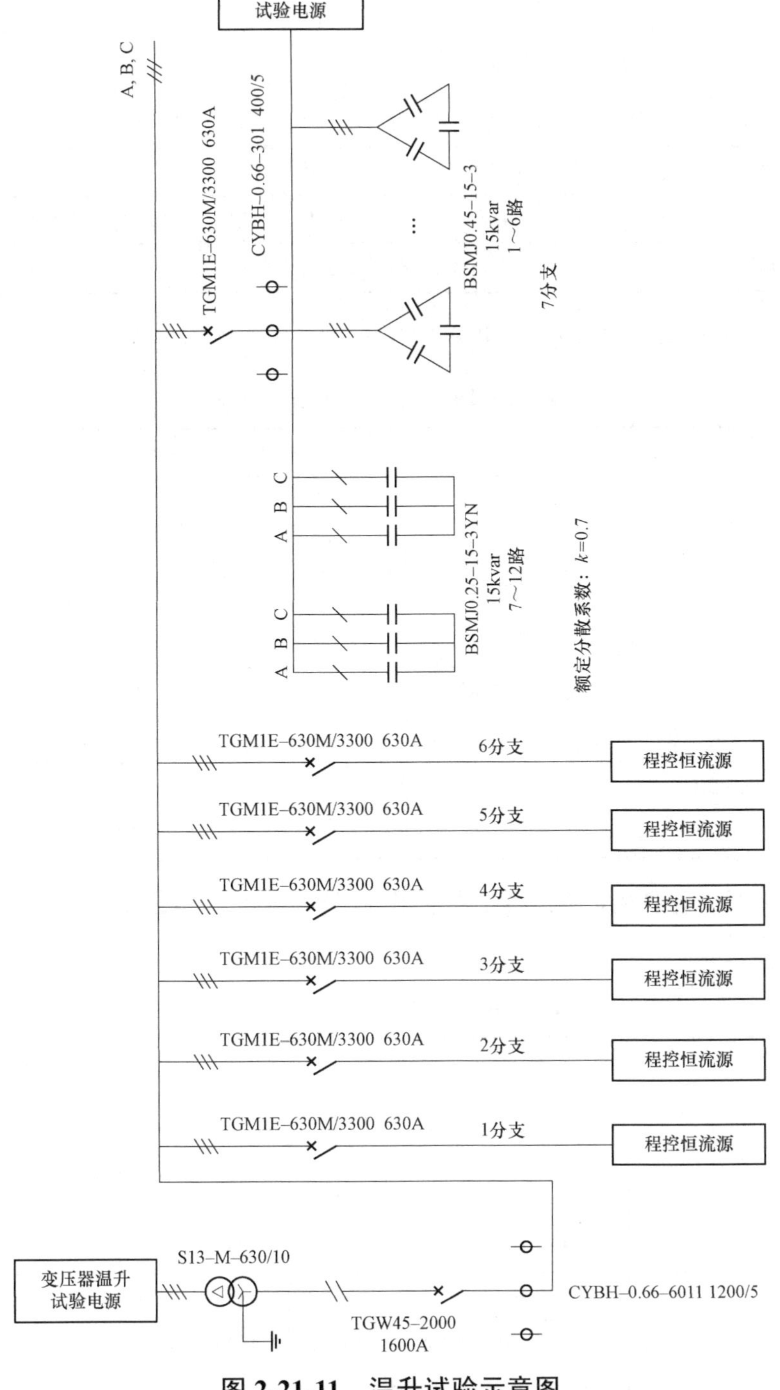

图 2-21-11　温升试验示意图

表 2-21-18 温升试验记录表

冷态电阻	绕组温度（℃）			高压（Ω）				低压（mΩ）			
	26.6			1.2602				2.045			
热态电阻	时间	0′30	1′	1′30	2′	2′30	3′	3′30	4′	4′30	5′
	高压（Ω）	—	1.5019	1.4999	1.4982	1.4965	1.4950	1.4934	1.4920	1.4906	1.4898
	低压（mΩ）	—	2.425	2.421	2.416	2.412	2.409	2.405	2.402	2.399	2.396
	时间	5′30	6′	6′30	7′	7′30	8′	8′30	9′	9′30	10′
	高压（Ω）	1.4892	1.4878	1.4865	1.4853	1.4841	1.4829	1.4817	1.4806	1.4795	1.4784
	R_{ab}（mΩ）	2.394	2.391	2.389	2.387	2.385	2.383	2.381	2.379	2.378	2.376

电源断开后测量绕组电阻，结果见表 2-21-19。

表 2-21-19 试验记录表（一）

测点温度			顶层油温度	底部油温度	环境温度
总损耗下各测点的温度（℃）			72.4	51.8	27.7
额定电流下各测点的温度（℃）	测量高压绕组时	电源断开时	72.4	51.8	—
		电阻测量结束时	71.8	51.2	—
	测量低压绕组时	电源断开时	72.4	51.8	—
		电阻测量结束时	71.8	51.2	—
顶层油温升（K）			44.2		
高压绕组平均温升（K）			48.6		
低压绕组平均温升（K）			47.3		

（2）变压器在箱体内，变压器顶层油温升测量及高低压绕组平均温升计算。试验记录表见表 2-21-20。

表 2-21-20 试验记录表（二）

冷态电阻	绕组温度（℃）			高压（Ω）				低压（mΩ）			
	26.6			1.2602				2.045			
热态电阻	时间	0′30	1′	1′30	2′	2′30	3′	3′30	4′	4′30	5′
	高压（Ω）	—	1.5019	1.4999	1.4982	1.4965	1.4950	1.4934	1.4920	1.4906	1.4898
	低压（mΩ）	—	2.425	2.421	2.416	2.412	2.409	2.405	2.402	2.399	2.396
	时间	5′30	6′	6′30	7′	7′30	8′	8′30	9′	9′30	10′
	高压（Ω）	1.4892	1.4878	1.4865	1.4853	1.4841	1.4829	1.4817	1.4806	1.4795	1.4784
	R_{ab}（mΩ）	2.394	2.391	2.389	2.387	2.385	2.383	2.381	2.379	2.378	2.376

电源断开后测量绕组电阻，温升试验结果见表 2-21-21。

表 2-21-21　试验记录表（三）

<table>
<tr><td colspan="3">测点温度</td><td>顶层油温度</td><td>底部油温度</td><td>环境温度</td></tr>
<tr><td colspan="3">总损耗下各测点的温度（℃）</td><td>72.4</td><td>51.8</td><td>27.7</td></tr>
<tr><td rowspan="4">额定电流下各测点的温度（℃）</td><td rowspan="2">测量高压绕组时</td><td>电源断开时</td><td>72.4</td><td>51.8</td><td>—</td></tr>
<tr><td>电阻测量结束时</td><td>71.8</td><td>51.2</td><td>—</td></tr>
<tr><td rowspan="2">测量低压绕组时</td><td>电源断开时</td><td>72.4</td><td>51.8</td><td>—</td></tr>
<tr><td>电阻测量结束时</td><td>71.8</td><td>51.2</td><td>—</td></tr>
<tr><td colspan="3">顶层油温升（K）</td><td colspan="3">44.2</td></tr>
<tr><td colspan="3">高压绕组平均温升（K）</td><td colspan="3">48.6</td></tr>
<tr><td colspan="3">低压绕组平均温升（K）</td><td colspan="3">47.3</td></tr>
</table>

预装式变电站温升试验结果见表 2-21-22。

表 2-21-22　预装式变电站温升试验结果记录表

测点	温升（K）	测点	温升（K）	测点	温升（K）
1A	38.3	3A	52.9	5A	30.0
1B	39.3	3B	54.7	5B	37.1
1C	40.6	3C	52.9	5C	32.1
2A	51.6	4A	47.1	绝缘手柄	17.5
2B	52.4	4B	46.5	外壳	16.4
2C	52.1	4C	50.8	—	—

环境温度：29.8；电子元件处的周围空气温度：38.7。

表 2-21-22 中，测点 1 为高压连接线端子，测点 2、5 为低压连接线端子，测点 3、4 为低压开关端子。

外壳级别：__/__；

温升试验结果：__/__。

2. 干式变压器试验记录

温升试验采用__优选法/替代法__。

（1）变压器在箱体外，变压器铁芯温升测量及高低压绕组平均温升计算，电源断开后的绕组电阻测量。

温升试验记录见表 2-21-23。

表 2-21-23 试验记录表

冷态电阻	绕组温度（℃）				高压（Ω）				低压（mΩ）		
	28.4				0.15677				0.2154		
空载热态电阻	时间	0′30	1′	1′30	2′	2′30	3′	3′30	4′	4′30	5′
	高压（Ω）	—	0.15914	0.15914	0.15914	0.15914	0.15914	0.15914	0.15914	0.15914	0.15914
	低压（mΩ）	—	0.2283	0.2283	0.2282	0.2282	0.2282	0.2282	0.2282	0.2282	0.2282
	时间	5′30	6′	6′30	7′	7′30	8′	8′30	9′	9′30	10′
	高压（Ω）	0.15914	0.15914	0.15914	0.15914	0.15914	0.15914	0.15914	0.15914	0.15914	0.15914
	低压（mΩ）	0.2282	0.2282	0.2282	0.2282	0.2282	0.2283	0.2283	0.2283	0.2283	0.2283
负载热态电阻	时间	0′30	1′	1′30	2′	2′30	3′	3′30	4′	4′30	5′
	高压（Ω）	—	0.2111	0.2107	0.2105	0.2101	0.2097	0.2094	0.2092	0.2089	0.2086
	低压（mΩ）	—	0.2844	0.2841	0.2836	0.2831	0.2827	0.2823	0.2820	0.2815	0.2810
	时间	5′30	6′	6′30	7′	7′30	8′	8′30	9′	9′30	10′
	高压（Ω）	0.2083	0.2080	0.2077	0.2075	0.2072	0.2069	0.2066	0.2063	0.2061	0.2058
	低压（mΩ）	0.2802	0.2797	0.2792	0.2787	0.2781	0.2774	0.2768	0.2763	0.2759	0.2753

空载/负载条件下最后 2h 试验记录见表 2-21-24。

表 2-21-24 空载/负载条件下最后 2h 试验记录表

空载条件下	加压时程（h）	施加电压（kV）	环境温度（℃）	铁芯温度（℃）	线圈顶部温度（℃）	
					a 相	b 相
	11	0.4000	28.2	83.6	36.4	38.0
	12	0.4001	28.3	83.8	36.5	38.0
负载条件下	加压时程（h）	施加电压（kV）	环境温度（℃）	铁芯温度（℃）	线圈顶部温度（℃）	
					a 相	b 相
	5	142.17	29.2	78.6	127.7	136.0
	6	142.21	30.0	78.7	127.9	136.2

温升试验结果记录表见表 2-21-25。

表 2-21-25 温升试验结果记录表

空载条件下	测试绕组	电源断开瞬间的绕组平均温度 θ_e（℃）	环境温度（℃）	绕组平均温升（K）
	高压绕组	32.38	28.3	4.08
	低压绕组	44.09		15.79
负载条件下	测试绕组	电源断开瞬间的绕组平均温度 θ_c（℃）	环境温度（℃）	绕组平均温升（K）
	高压绕组	120.81	30.0	92.99
	低压绕组	113.79		85.80
绕组总温升			高压绕组平均温升（K）	94.5
			低压绕组平均温升（K）	94.0

（2）变压器在箱体内，变压器铁芯温升测量及高低压绕组平均温升计算，电源断开后的绕组电阻测量。

温升试验记录见表 2-21-26。

表 2-21-26 温升试验记录表

冷态电阻	绕组温度（℃）				高压（Ω）				低压（mΩ）		
	28.4				0.15677				0.2154		
空载热态电阻	时间	0′30	1′	1′30	2′	2′30	3′	3′30	4′	4′30	5′
	高压（Ω）	—	0.15914	0.15914	0.15914	0.15914	0.15914	0.15914	0.15914	0.15914	0.15914
	低压（mΩ）	—	0.2283	0.2283	0.2282	0.2282	0.2282	0.2282	0.2282	0.2282	0.2282
	时间	5′30	6′	6′30	7′	7′30	8′	8′30	9′	9′30	10′
	高压（Ω）	0.15914	0.15914	0.15914	0.15914	0.15914	0.15914	0.15914	0.15914	0.15914	0.15914
	低压（mΩ）	0.2282	0.2282	0.2282	0.2282	0.2282	0.2283	0.2283	0.2283	0.2283	0.2283
负载热态电阻	时间	0′30	1′	1′30	2′	2′30	3′	3′30	4′	4′30	5′
	高压（Ω）	—	0.2111	0.2107	0.2105	0.2101	0.2097	0.2094	0.2092	0.2089	0.2086
	低压（mΩ）	—	0.2844	0.2841	0.2836	0.2831	0.2827	0.2823	0.2820	0.2815	0.2810

续表

冷态电阻	绕组温度（℃）			高压（Ω）				低压（mΩ）		
	28.4			0.15677				0.2154		
负载热态电阻	时间	5′30	6′	6′30	7′	7′30	8′	8′30	9′	9′30	10′
	高压（Ω）	0.2083	0.2080	0.2077	0.2075	0.2072	0.2069	0.2066	0.2063	0.2061	0.2058
	低压（mΩ）	0.2802	0.2797	0.2792	0.2787	0.2781	0.2774	0.2768	0.2763	0.2759	0.2753

空载/负载条件下最后 2h 试验记录见表 2-21-27。

表 2-21-27 空载/负载条件下最后 2h 试验记录表

空载条件下	加压时程（h）	施加电压（kV）	环境温度（℃）	铁芯温度（℃）	线圈顶部温度（℃）	
					a 相	b 相
	11	0.4000	28.2	83.6	36.4	38.0
	12	0.4001	28.3	83.8	36.5	38.0
负载条件下	加压时程（h）	施加电压（kV）	环境温度（℃）	铁芯温度（℃）	线圈顶部温度（℃）	
					a 相	b 相
	5	142.17	29.2	78.6	127.7	136.0
	6	142.21	30.0	78.7	127.9	136.2

温升试验结果见表 2-21-28。

表 2-21-28 温升试验记录表

空载条件下	测试绕组	电源断开瞬间的绕组平均温度 θ_e（℃）	环境温度（℃）	绕组平均温升（K）
	高压绕组	32.38	28.3	4.08
	低压绕组	44.09		15.79
负载条件下	测试绕组	电源断开瞬间的绕组平均温度 θ_c（℃）	环境温度（℃）	绕组平均温升（K）
	高压绕组	120.81	30.0	92.99
	低压绕组	113.79		85.80
绕组总温升			高压绕组平均温升（K）	94.5
			低压绕组平均温升（K）	94.0

预装式变电站温升试验结果各测点温升见表 2-21-29。

表 2-21-29 预装式变电站温升试验记录表

测点	温升（K）	测点	温升（K）	测点	温升（K）
1A	38.3	3A	52.9	5A	30.0
1B	39.3	3B	54.7	5B	37.1
1C	40.6	3C	52.9	5C	32.1
2A	51.6	4A	47.1	绝缘手柄	17.5
2B	52.4	4B	46.5	外壳	16.4
2C	52.1	4C	50.8	—	—

环境温度：__/__；电子元件处的周围空气温度：__/__。

表 2-21-29 中，测点 1 为高压连接线端子，测点 2、5 为低压连接线端子，测点 3、4 为低压开关端子。

外壳级别：__/__；

温升试验结果：__/__。

21.9 短时耐受电流和峰值耐受电流试验

21.9.1 试验目的

检验箱式变电站耐受短路电流的性能。

21.9.2 试验设备

试验设备配置见表 2-21-30。

表 2-21-30 试验设备表（推荐）

序号	设备名称	设备关键参数和要求
1	短路电流试验系统	电流输出范围：10～80kA； 电流输出时间：0～5s
2	数据采集系统	测量范围：10～100kA； 准确度：2%
3	限流电抗器	根据试验电流确定

21.9.3 试验方法

试验可在任意方便的环境温度下进行。

没有进行过型式试验的高压连接线和低压连接线应按照下述程序进行试验：

（1）按照 GB/T 7251.1—2013 的程序，对完整的到变压器的低压连接施加试验电流来进行试验。试验时，支撑此连接的所有部件应按运行条件进行装配。

(2) 按照 GB/T 11022—2011 中 6.6 的程序，对完整的到变压器的高压连接施加试验电流来进行试验。

试验时，支撑此连接的所有部件应按运行条件进行装配。试验时，可以通过高压开关设备对连接线送电，见图 2-21-12。特别是当高压开关设备内部装有保护高压连接线的限流装置时，GB/T 3906—2020 中 7.6.1 a) 项给出的规定适用。对低压连接线的短时耐受电流和峰值耐受电流试验，见图 2-21-13。

预装式变电站的接地导体系统应按照 GB/T 11022—2011 中 6.6 进行试验。主接地回路的元件单独进行过型式试验的不需要重复试验。

试验后，主接地导体和到元件的接地连接线有些变形是允许的，但应保持接地回路的连续性。外观检查通常足以判断是否已经保证了回路的连续性。

通常，如果已经证明设计是充分的，不需要对金属盖板及门到主接地导体的连接进行试验。但是，如有怀疑，则应从该点到主接地点之间通以 30A（直流）电流来验证，电压降应不超过 3V。

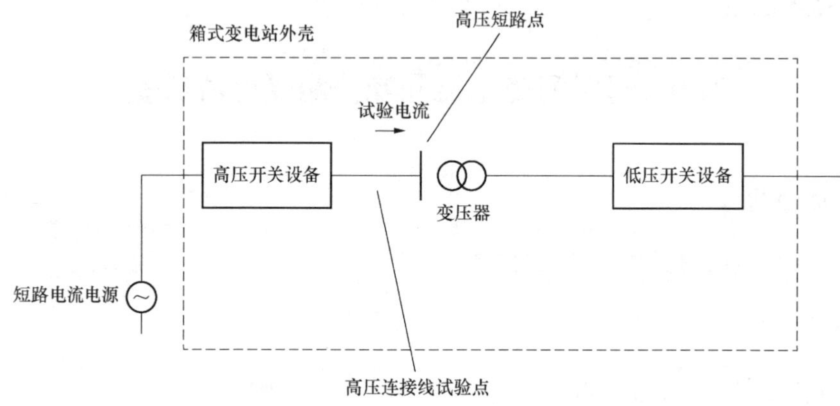

图 2-21-12　高压连接线的短时耐受电流和峰值耐受电流试验接线图

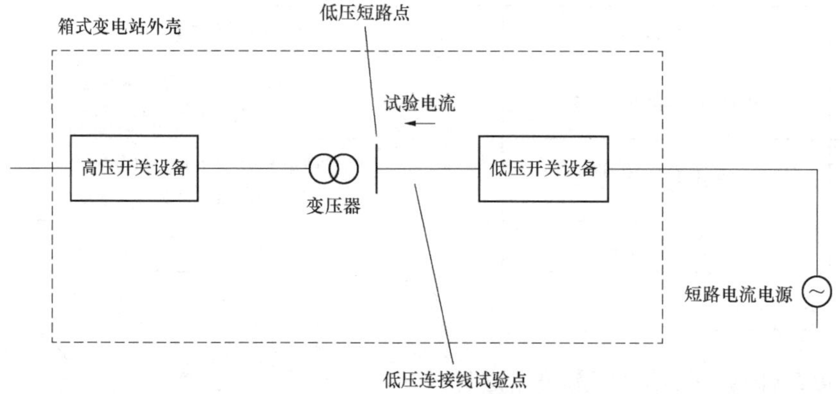

图 2-21-13　低压连接线的短时耐受电流和峰值耐受电流试验接线图

接地回路短时耐受电流和峰值耐受电流试验要求值由委托单位确定，如无特殊要求，可按高压主回路动热稳定电流值选取，接地回路峰值耐受和短时耐受电流能力为高压主回路短时耐受电流和峰值耐受电流试验电流值的100%或86.6%。额定短时耐受电流时间为2s。

接地回路指变压器室的主接地排，包括高压室、低压室的部分。

21.9.4 结果判定

试验结束后，高、低压主回路应无明显变形、机械损伤，接地回路连续性应完好，与接地回路相连的部分接地电阻应≤100mΩ。

21.9.5 注意事项

施加符合标准要求的短路电流。

21.9.6 试验实例

21.9.6.1 试验照片

试验回路布置见图2-21-14、图2-21-15。

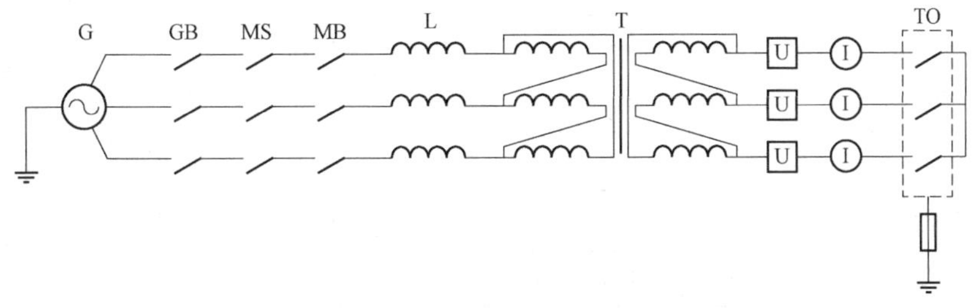

图 2-21-14 主回路试验回路布置

G—短路发电机；L—调节电抗；TO—试品；GB—保护开关；MB—操作开关；U—电压测量；MS—合闸开关；I—电流测量；T—变压器

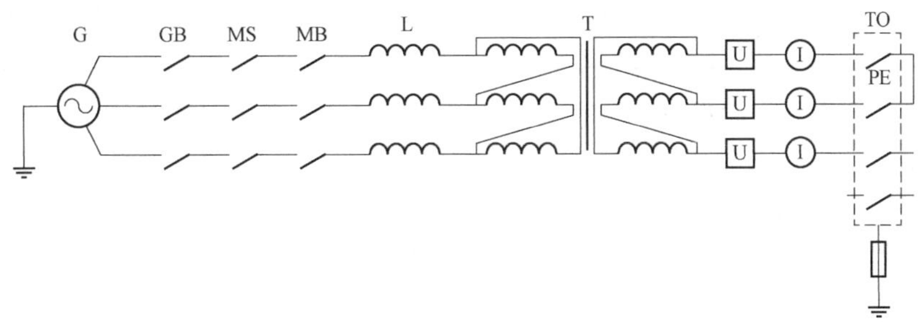

图 2-21-15 接地回路试验回路布置

G—短路发电机；L—调节电抗；TO—试品；GB—保护开关；MB—操作开关；U—电压测量；MS—合闸开关；I—电流测量；T—变压器

21.9.6.2 试验记录

高、低压连接线试验记录、接地回路的试验记录见表2-21-31～表2-21-33。

表 2-21-31　高压连接线试验记录表（参考示例）

检测参数/相别	要求值	A	B	C	波形图号
峰值耐受电流（kA）	50	50.8	42.3	31.7	2023082711
短路电流持续时间（ms）	0.3	0.31			
短时耐受电流有效值（kA）	20	20.3	20.4	20.3	2023082712
短路电流持续时间（s）	1	1.01			
电流焦耳积分值（$kA^2 \cdot s$）	400	3006	3025	3006	
电流平均值（kA）	—	20.3			
试验中和试验后检查内容和要求					检查结果
试验中试品未发生触头分离、部件损坏等异常情况					符合要求
试验结论：合格/不合格					

表 2-21-32　低压连接线试验记录表（参考示例）

检测参数/相别	要求值	A	B	C	波形图号
峰值耐受电流（kA）	63	63.8	54.3	46.7	2023082721
峰值耐受电流持续时间（ms）	＞0.06	1.01			
短时耐受电流有效值（kA）	30	30.6	30.7	30.6	2023082721
短时耐受电流持续时间（s）	1	1.01			
电流焦耳积分值（$kA^2 \cdot s$）	900				
电流平均值（kA）	—	30.6			
试验中和试验后检查内容和要求					检查结果
试验中试品未发生触头分离、部件损坏等异常情况					符合要求
试验结论：合格/不合格					

表 2-21-33　接地回路的试验记录表（参考示例）

接地回路的试验：　　　　　　　　　　　　　　　　试验日期：

检测参数/相别	要求值	A/B/C	波形图号
峰值耐受电流（kA）	50	50.9	2023082705
短路电流持续时间（ms）	0.3	0.30	
短时耐受电流有效值（kA）	20	20.2	2023082706
短路电流持续时间（s）	2	2.01	
电流焦耳积分值（$kA^2 \cdot s$）	800	820	
试验后试品状态			

续表

试验中和试验后检查内容和要求	检查结果
试验中试品未发生接地连接部件断开、损坏等异常情况	符合要求
试验后检查试品的接地电气接地连续性，应符合要求	符合要求
试验结论：合格/不合格	

21.10 IP 代码的验证

IP 代码的验证见第二部分 3.13。

21.11 IK 代码的验证

21.11.1 试验目的

验证箱式变电站机械强度满足要求，保证设备、人员的安全。防护等级（IK 代码）应符合技术规范书和铭牌给出的值。

21.11.2 试验设备

防护等级检验（IK 代码）设备配置见表 2-21-34。

表 2-21-34 防护等级检验（IK 代码）设备配置

设备名称	设备关键参数和要求
机械碰撞试验装置	满足 IK 代码要求（至少满足 IK07～IK10 要求）

21.11.3 试验方法

试验时，被试外壳应按制造厂的说明安装在一刚性支撑座上，对支撑座直接施加一能量相应于被试外壳防护等级的碰撞力，如发生的位移小于或等于 0.1mm，则认为该支撑座具有足够的刚性。试验时，每一暴露面应承受 5 次碰撞，碰撞的部位应均匀地分布于被试品外壳的测试面上。在外壳上同一部位附近所施加的碰撞应不超过 3 次。机械碰撞对于 IK 代码施加的能量见表 2-21-35。

表 2-21-35 IK 代码试验要求

IK 代码	IK07	IK08	IK09	IK10
碰撞能量（J）	2	5	10	20
锤头等效质量（kg）	0.5	1.7	5	5
跌落高度（±1%/mm）	400	300	200	400

21.11.4 结果判定

试验后，外壳应无裂纹及无影响电气性能及门开启的损伤。

21.11.5 注意事项

（1）在试验前应检查柜门的紧闭程度，若出现柜门未锁紧时，应先锁紧柜门再进行试验。

（2）在进行机械碰撞试验时，应注意选用合适的锤头，并调整好跌落高度。

21.11.6 试验实例

21.11.6.1 试验照片

机械碰撞试验示例见图 2-21-16。

图 2-21-16 机械碰撞试验示例图

21.11.6.2 试验记录

防护等级检验（IK 代码）记录见表 2-21-36。

表 2-21-36 防护等级检验（IK 代码）记录

序号	检测方法及要求	测量或观察结果
1	用摆锤撞击外壳薄弱部分 3 次（撞击能量 20J）	20J
2	锤头的等效质量 5kg±0.25kg	5kg
3	锤头的下落的高度 400mm±4mm	400mm
4	撞击部位	外壳面板□ 高压室门□ 低压室门□ 变压器室门□ 变压器室通风口□
5	试验后：外壳应无裂缝及有无影响电气性能及门的开启的损伤	外壳裂缝；影响电气性能及门的开启的损伤
结论	符合/不符合	
说明：撞击的部位均匀地分布于被试外壳的测试面上（在外壳上同一部位附近所施加的撞击应不超过 3 次）		

21.12 检验能满意操作的功能试验

21.12.1 试验目的

对箱式变电站的各项操作功能进行试验，验证预装式变电站能完成所需要的各种功能。

21.12.2 试验设备

无。

21.12.3 试验方法

21.12.3.1 联锁功能检查

如果不同的元件之间有联锁，应该对其联锁功能进行检查；如果不同单元之间有闭锁装置，也应进行相应功能操作程序操作 50 次，非程序操作 50 次。

21.12.3.2 接地回路的检查

检查主接地导体是否能够耐受从预装式变电站的每个部件到外部接地连接的额定短时和峰值耐受电流；检查连接到接地回路的元件是否正确。

21.12.3.3 预装式变电站门的机械操作

门应能向外打开至少 90°，并备有定位装置使它保持在打开位置。门顶部装有横向铰链的情况下，最小打开角度应为 90°。地面下安装的预装式变电站要有一个供进出的舱门，为运行人员和行人提供安全保障。该舱门只应由一个人操作。

当操作人员在预装式变电站内部或者从预装式变电站的外部对设备进行操作时，应有可靠装置锁定舱门，防止其关闭。

21.12.3.4 预装式变电站操作通道的检查

预装式变电站内部操作通道的宽度应适于进行任何操作和维护。该通道的宽度应为 800mm 或更大些。预装式变电站内部的开关设备和控制设备的门应朝操作通道的出口方向关闭或转动，如果是转动的门，不应减小通道的宽度。在任一开启的固定位置的门或开关设备和控制设备突出的机械传动装置不应将通道的宽度减小到 500mm 以下。

21.12.3.5 预装式变电站标牌的检查

警告用和载有制造厂使用说明等的标牌，以及按地方标准和法规应设置的标牌，应该是耐久和清晰易读的。

21.12.3.6 其他应检查项目

1）检查绝缘挡板的定位是否正确；

2）变压器温度和液面的检查是否方便；

3）熔断器的更换是否方便（如果适用）；

4）变压器分接开关的操作是否正确；

5）通风网的清洁是否方便。

21.12.4 结果判定

（1）联锁功能应准确无误。

（2）主接地导体应能够耐受从预装式变电站的每个部件到外部接地连接的额定短时和峰值耐受电流；连接到接地回路的元件应正确。

（3）箱式变电站门应能向外打开至少 90°，并备有定位装置使它保持在打开位置。最小打开角度应为 90°。地面下安装的箱式变电站要有一个供进出的舱门，为运行人员和行人提供安全保障。该舱门只应由一个人操作。当操作人员在箱式变电站内部或者从箱式变电站的外部对设备进行操作时，应有可靠装置锁定舱门，防止其关闭。

（4）箱式变电站内部的操作通道的宽度应适于进行任何操作和维护。该通道的宽度应为 800mm 或更大些。

（5）警告用和载有制造厂使用说明等的标牌，以及按地方标准和法规应设置的标牌，应该是耐久和清晰易读的。

（6）绝缘挡板的定位应正确。

（7）变压器温度和液面应方便检查。

（8）熔断器方便更换。

（9）变压器分接开关可正常操作。

21.12.5 注意事项

试验应在 10～40℃的环境温度下进行，应验证箱式变电站能完成所需要的各种功能。

21.12.6 试验实例

21.12.6.1 试验照片

预装式变电站门的机械操作示例见图 2-21-17。

图 2-21-17 预装式变电站门的机械操作示例

21.12.6.2 试验记录

试验记录见表 2-21-37。

表 2-21-37 试验记录表（参考示例）

检测内容	检测结果
联锁功能检查	正常
接地回路的检查	正常
箱式变电站门的机械操作	正常
箱式变电站操作通道的检查	正常
箱式变电站标牌的检查	正常
检查绝缘挡板的定位是否正确	正常
变压器温度和液面的检查是否方便	正常
熔断器的更换是否方便，如果适用	正常
变压器分接开关的操作	正常
通风网的清洁是否方便	正常

21.13 箱式变电站声级的验证试验

21.13.1 试验目的

检验箱式变电站的噪声水平是否满足要求。

21.13.2 试验设备

试验设备配置见表 2-21-38。

表 2-21-38 试验设备配置（推荐）

设备名称	设备关键参数和要求
声级计	应符合 GB/T 3785.1 和 GB/T 3785.2 的 1 型声级计； 声压级测量范围应不小于 30～80dB

21.13.3 试验方法

试验应按 GB/T 1094.10—2022 进行。

GB/T 1094.10—2022 规定了试验方法和沿变压器周围指定轮廓的 A-加权声级的计算方法。应采用同样的方法来测量箱式变电站的声级，这里外壳是声音发射的边界。除了测量装置的要求外，测量方法应按照 GB/T 1094.10—2022，按照对箱式变电站定义的声级水平，测量装置应安放在离地面 1.5m 处。

对单独变压器的试验和带外壳时的试验，应在相同的环境条件下进行，以便能够采用单一的环境修正值。

基准发射面是指由一条围绕箱式变电站的弦线轮廓线，从箱盖顶部垂直移动到箱底所形成的表面。规定的轮廓线应距基准发射面 0.3m。传声器应位于规定轮廓线上，彼此间距大致相等，间距不应大于 1m。

距基准发射面 30m 内的测量表面积按式（2-21-1）计算：

$$S=(h+x)l_{\mathrm{m}} \tag{2-21-1}$$

式中：

S——测量表面积，m^2；

h——对于油浸式变压器或带保护外壳的干式变压器，指油箱或保护外壳的高度；对于无保护外壳的干式变压器，指铁心及其框架高度，m；

x——距基准发射面的距离，m；

l_{m}——轮廓线周长，m。

试验环境是在一反射面之上的近似的自由场。应在混凝土、树脂、钢和硬砖地面上进行户内测量。反射面应大于规定轮廓线所在的面积。

应采取措施，以确保反射面（支撑表面）不会因振动而影响试验。反射物体应尽可能远离试品。试品不应与反射墙平行放置，并尽可能远离，以减少反射。

在地面上标注轮廓线、在传声器与变压器之间使用标尺，能提高测量质量。

声压测量应使用符合 GB/T 3785.1 和 GB/T 3785.2 的 1 型声级计。

声压级测量采用 A 计权，用 A 计权声压测量确定声功率级数值，应使用仪器的快速响应指示“F”。

应在测量即将开始前和测量刚结束后对声级计进行校准。如果校准值变化超过 0.3dB，则本次测量无效，应重复进行测量。

声级测量应尽量在其器身的温度与试验室环境温度接近时进行，除非用户规定在接近运行温度下进行（通常在温升试验结束时进行）。

应对下述供电状态进行规定并达成一致：

1）变压器空载励磁，冷却设备不运行；

2）变压器空载励磁，冷却设备投入运行；

3）整个声级测量过程中应保持稳定的背景噪声。

在试品声级测量前、后，应测量背景噪声的 A 计权声压级。测量背景噪声时，传声器所处的高度应与测量试品噪声时其所处的高度相同，背景噪声的测量点应在规定的轮廓线上。

当测量点总数超过 10 个时，允许只在试品周围呈均匀分布的 10 个测量点上测量背景噪声。

如果背景噪声的声级明显低于试品和背景噪声的合成声级（即差值大于 10dB），则可仅在一个测量点上进行背景噪声测量，且不需对所测出的试品的声级进行修正。

对于空载下的声级测量，其供电方式与空载电流和空载损耗测量时一致。

对于每一测点上的 A 计权声压级需予以记录。

未修正的平均 A 计权声压级 L_{pA0} 应按式（2-21-2）计算：

$$\overline{L_{pA0}}=10\lg\left(\frac{1}{N}\sum_{1}^{N}10^{0.1L_{pA_i}}\right) \tag{2-21-2}$$

式中：

$\overline{L_{pA0}}$ ——未修正的平均 A 计权声压级，dB（A）；

N——试品供电时测点总数；

L_{pAi} ——试品供电时各测点上测得的 A 计权声压级，dB（A）。

试验前、后背景噪声的平均 A 计权声压级 $\overline{L_{bgA}}$ 应分别按式（2-21-3）计算：

$$\overline{L_{bgA}}=10\lg\left(\frac{1}{M}\sum_{1}^{M}10^{0.1L_{bgAi}}\right) \tag{2-21-3}$$

式中：

$\overline{L_{bgA}}$ ——试验前、后背景噪声的平均 A 计权声压级，dB（A）；

M——背景噪声测点总数；

L_{bgAi} ——试验前、后各测点上测得的背景噪声 A 计权声压级，dB（A）。

如果试验前、后背景的平均声压级之差大于 3dB，且较高者与未修正的 A 计权声压级之差小于 8dB，则本次测量无效，应重新进行试验。但是，当未修正的平均 A 计权声压级小于保证值时除外。此时，应认为试品符合声级保证值的要求。

如果两个背景的平均 A 计权声压级中的较高者，与未修正的 A 计权声压级之差小于 3dB，则本次测量无效，应重新进行试验。但是，当未修正的平均 A 计权声压级小于保证值时除外。此时，应认为试品符合声级保证值的要求。

试验室吸声面积 A 按式（2-21-4）计算：

$$A=\sum_{i}\alpha_i\times S_{Vi} \tag{2-21-4}$$

式中：

A——试验室吸声面积，m^2；

S_V ——试验室（墙壁、天棚和地面）的总面积，m^2；

α ——平均吸声系数，硬地面取 0.1，有不规则形状机器房间的墙壁和天棚，或者没有吸声材料的生产厂房和试验室的墙壁和天棚取 0.2，具有厚度不大于 20cm 的吸声材料的墙壁和天棚取 0.3，具有厚度大于 20cm 的吸声材料的墙壁和天棚取 0.5，开着的门，其后有大房间取 0.5。

环境修正值 K 按式（2-21-5）计算：

$$K=10\lg\left(1+\frac{4}{A/S}\right) \tag{2-21-5}$$

式中：

K——环境修正值，dB。

修正的平均 A 计权声压级 $\overline{L_{pA}}$ 按式（2-21-6）计算。每组试验条件下的已修正的平均 A 计权声压级，应修约到最接近的整数。

$$\overline{L_{pA}}=10\lg(10^{0.1\overline{L_{pA}}}-10^{0.1\overline{L_{bgA}}})-K \qquad (2\text{-}21\text{-}6)$$

式中：

$\overline{L_{pA}}$ ——修正的平均 A 计权声压级，dB（A）；

$\overline{L_{bgA}}$ ——两个计算出的背景噪声平均 A 计权声压级中的较小者，dB（A）。

声级应按 GB/T 1094.10—2022 进行计算。

对于两种设备配置，即单独的变压器和装配完整的箱式变电站，试验报告应包括 GB/T 1094.10—2022 中给出的所有适用的资料。

此外，对装配完整的箱式变电站，还应包括以下资料：

1）外壳、门、面板和通风网栅的主要设计特点，包括使用的材料；

2）外壳内各元件的布置尺寸图，门和通风口以及其他可能显著影响声音传播的部件的位置和尺寸；

3）应给出变压器相对于外壳、门、面板和通风口位置的详细资料。

如果在箱式变电站任一侧测得的声级和在另一侧的测量结果显著不同，试验报告应将所有的数值记录下来，以便用户能够在安装箱式变电站时考虑这些差别。

对所有低压回路进行功能试验，以验证辅助和控制回路的自身功能及与箱式变电站其他元件的功能是否正确。

试验应在规定的电源电压上限值和下限值下分别进行。

21.13.4 结果判定

若满足技术协议要求，则试验合格。

21.13.5 注意事项

（1）测量应在背景噪声值近似恒定时进行。试验推荐在屏蔽房中进行，环境背景噪声建议在 30dB 以下。

（2）在绕组电阻测量或短路承受能力试验后进行声级测量时，应注意剩磁对测量结果的影响。

21.13.6 试验实例

21.13.6.1 试验示例

试验示例见图 2-21-18。

21.13.6.2 试验记录

试验记录如下：

测量条件：额定电压下（变压器分接头置于额定分接）。

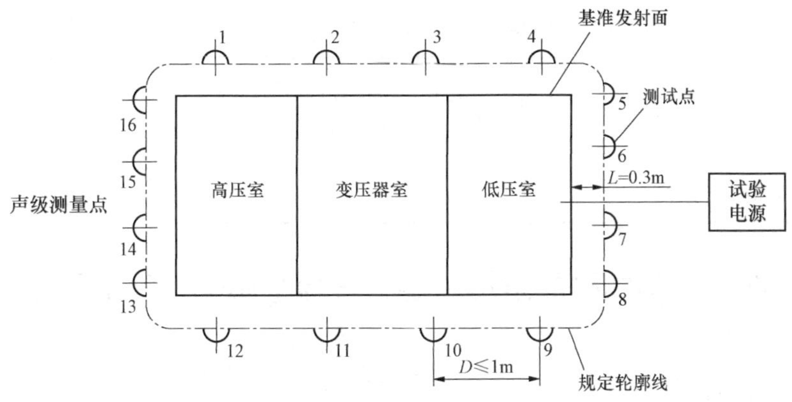

图 2-21-18　声级试验示意图

测点位置：传声器高出地面 1.5m，距样品表面 0.3m。

测量情况：变压器空载、风机不启动。

样品尺寸（长×宽×高）：3800mm×2400mm×2700mm。

测量轮廓线 L_m=14.8m。

测点分布图见图 2-21-19，测量结果见表 2-21-39、表 2-21-40。

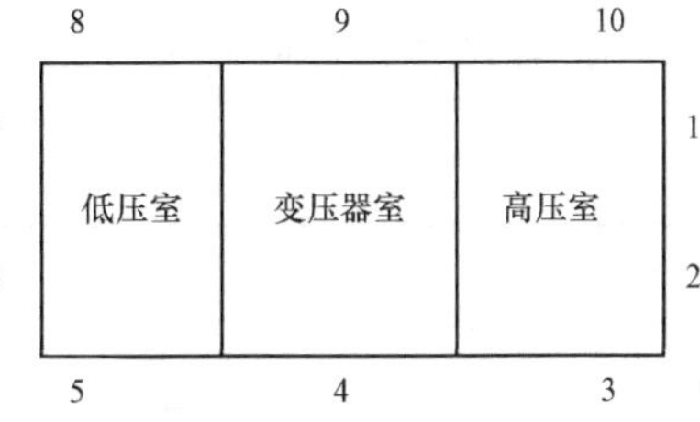

图 2-21-19　测点分布图

表 2-21-39　各点声压级测量值

测点	1	2	3	4	5	6	7	8	9	10
背景噪声声压级（dB）	29.8	30.1	29.8	30.0	30.1	30.2	29.7	29.8	29.9	30.0
样品声压级（dB）	37.2	38.1	42.7	39.0	37.3	40.8	41.6	40.3	40.1	40.0

计算结果：

背景平均声压级（dB）

$$\overline{L_{\text{bgA}}}=10\lg\left(\frac{1}{M}\sum_{i=1}^{M}10^{0.1L_{\text{bgA}i}}\right) \tag{2-21-7}$$

样品平均声压级（dB）

$$\overline{L_{\text{pA0}}}=10\lg\left(\frac{1}{N}\sum_{i=1}^{N}10^{0.1L_{\text{pA}i}}\right) \tag{2-21-8}$$

修正的平均 A 计权声压级（dB）

$$\overline{L_{\text{pA}}}=10\lg(10^{0.1\overline{L_{\text{pA0}}}}-10^{0.1\overline{L_{\text{bgA}}}})-K \tag{2-21-9}$$

表 2-21-40 试验记录表（参考示例）

平均吸声系数α	试验室表面积（m^2）	吸声量 A（m^2）	测量表面积 S（m^2）	环境修正系数 K（dB）	声压级校正值 $\overline{L_{pA}}$［dB（A）］	要求值 $\overline{L_{pA}}$［dB（A）］	评定
0.5	450	225	22.14	0.5	39	48	符合

21.14 辅助和控制回路的附加试验—接地金属部件的电气连续性试验

21.14.1 试验目的

检验箱式变电站的接地回路的电气连续性是否符合标准要求。

21.14.2 试验设备

试验设备配置见表 2-21-41。

表 2-21-41 试验设备配置表

序号	设备名称	设备关键参数和要求
1	空盒气压表	大气压准确度不低于 0.2kPa
2	温湿度计	温度准确度不低于 1℃； 相对湿度准确度不低于 2%
3	接地回路电阻测试仪	30A，0.5%

21.14.3 试验方法

使用接地回路电阻测试仪测量外壳上的金属部件至主接地导体的电阻值，应该施加30A（直流）条件下测量，电压降应小于 3V。

21.14.4 结果判定

接地回路电阻不超过 100mΩ 为合格。

21.14.5 注意事项

注意使用接地回路电阻测试仪时，输出电流应选择 DC30A。

21.14.6 试验实例

21.14.6.1 试验示例

试验示例见图 2-21-20。

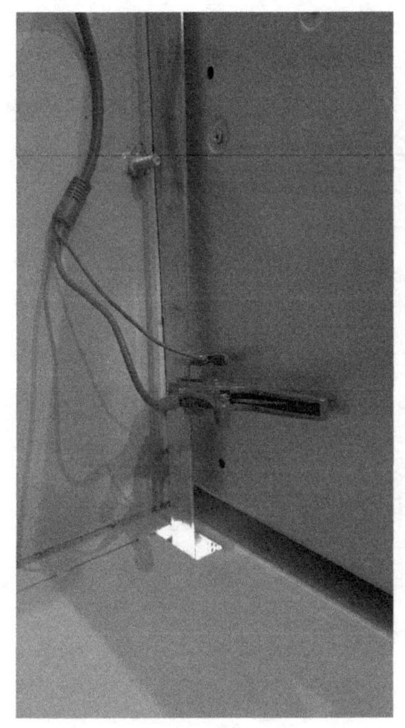

图 2-21-20 接地金属部件的电气连续性试验

21.14.6.2 试验记录

试验记录见表 2-21-42。

表 2-21-42 试验记录表（参考示例）

检验要求		测量或观察结果	
试验电流（DC）：30A		30.15A	
测试部位	电压降（V）	接地电阻测量值（mΩ）	电压降（V）
高压室门—主接地点	≤3	2.31	0.070
变压器室门—主接地点	≤3	1.09	0.033
低压室门—主接地点	≤3	1.78	0.054

22 高压开关设备不确定度评定

22.1 回路电阻不确定度评定

22.1.1 测量回路原理示例

回路电阻测量通常使用回路电阻测试仪测量开关设备的回路电阻，该仪器基于开尔文测试方法，又叫开尔文四线检测，是一种用于测量电阻的方法，能够减小导线电阻对测量结果的影响，提高测量准确度。直流电阻 $R_{dc}=\rho\dfrac{l}{s}$。仪器原理图如图 2-22-1 所示。

测试线路如图 2-22-2 所示，电流输出端子 I_+和 I_-对被试品输出 100A 直流恒定电流，电压输入端子 U_+和 U_-测量主回路每极端子之间的电压降，用欧姆定律计算接地电阻值。回路电阻测试仪为集成化的仪器，直接测量回路电阻值，不需进一步的换算。测量方法：用回路电阻测试仪的 U_+和 U_-端子测量线分别夹住一极的进线端子与出线端子，仪器输出电流值为 100A。直接读取仪器显示的电阻值。

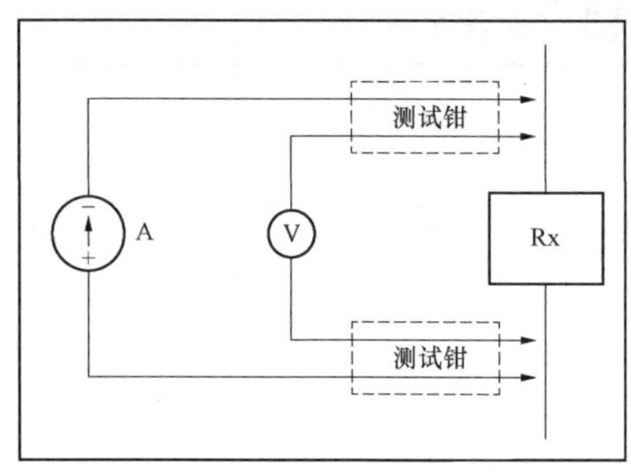

图 2-22-1 仪器原理图

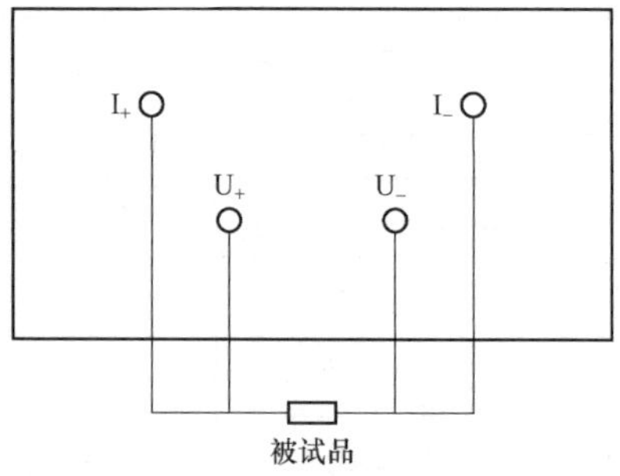

图 2-22-2 测试线路图

22.1.2 不确定度分量来源

根据回路电阻测量的测量原理和过程分析，不确定来源如下：

（1）A 类不确定度分量是重复测量带来的不确定度 u_A。

（2）B 类不确定度分量为：

1）测量仪器最大允许误差引入的不确定度分量 u_{B1}；

2）测量仪器分辨率引入的不确定度分量 u_{B2}；

3）测量仪器输出电流波动引入的不确定度分量u_{B3}。

22.1.3 不确定度分量的计算

22.1.3.1 标准不确定度A类评定（由重复性测量引入的不确定度分量）

使用回路电阻测试仪测量开关设备的回路电阻，以此评定测量结果的A类不确定度分量。A类不确定度分量评定测量结果见表2-22-1。

表2-22-1 A类不确定度分量评定测量结果

测量次数	回路电阻（μΩ）
第1次	54.48
第2次	54.44
第3次	54.43

将上述测量数据代入贝塞尔公式，求出回路电阻X_n的单次测量的标准偏差（即标准不确定度）标准差为：

$$s(X_n)=\sqrt{\sum_{i=1}^{n}(X_{ni}-\bar{X}_n)^2/(n-1)}=0.02646 \quad (2\text{-}22\text{-}1)$$

其标准不确定度$u_A=0.02646\mu\Omega$。3次测量平均值为54.45μΩ。

22.1.3.2 标准不确定度B类评定

（1）由回路电阻测试仪最大允许误差引入的不确定度分量u_{B1}。根据仪器的校准证书，包含因子k=2，扩展不确定度U_{rel}=0.5%，为正态分布，偏差为0.5%×读数值=0.5%×54.45=0.27225μΩ，则标准不确定度为：

$$u_{B1}=0.27225/2=0.136125\ (\mu\Omega)$$

（2）回路电阻测试仪分辨率引入的不确定度分量u_{B2}。由于回路电阻测试仪分辨率为0.01μΩ，因此每一个读数值可能包含的误差应在±0.005μΩ，属于矩形分布，$k=\sqrt{3}$。

$$u_{B2}=0.005/\sqrt{3}=0.00289\ (\mu\Omega)$$

（3）输出电流波动引入的不确定度分量u_{B3}。由于仪器提供的100A稳定电流存在波动，根据仪器的校准证书，包含因子k=2，扩展不确定度U_{rel}=0.6%，为正态分布，相应的引起电阻波动最大偏差为0.6%，则换算成电阻的标准不确定度为：

$$u_{B3}=54.45\times0.6\%/2=0.16335\ (\mu\Omega)$$

22.1.4 合成标准不确定度

回路电阻测量的标准不确定度分量一览表见表2-22-2。

表 2-22-2 回路电阻测量的标准不确定度分量一览表

相对标准不确定度分量	不确定度类别	不确定度来源	测量结果的分布	标准不确定度（μΩ）
u_A	A	测量重复性引起	正态分布	0.02646
u_{B1}	B	最大允许误差引入的	正态分布	0.136125
u_{B2}	B	分辨率引入的	矩形分布	0.00289
u_{B3}	B	输出电流波动引入的	正态分布	0.16335

以上不确定度分量不相关，则合成标准不确定度=0.214μΩ。

22.1.5 扩展不确定度

通常取包含因子 k=2，扩展不确定度 U 的表达式为：

$$U_c = k \times u_c = 0.4\mu\Omega \tag{2-22-2}$$

测量结果可以表示为回路电阻 R_{dc} =（54.4±0.4）μΩ

22.2 温升试验测量不确定度评定

22.2.1 温升试验示例

电流互感器准确度 0.2 级，电流测量使用功率分析仪，电流测量准确度 0.2%，温度测量使用温度记录仪，T 型热电偶。温升稳定时，环境温度 23.1℃，某测点温升为 65.5K。试验接线、温度测量示意图见图 2-22-3、图 2-22-4。

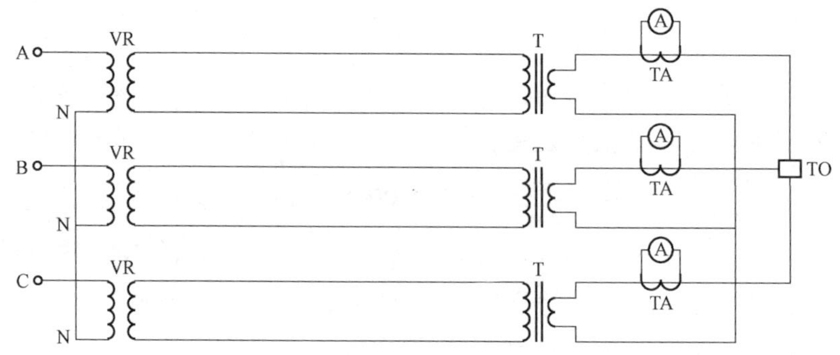

图 2-22-3 温升试验接线

22.2.2 不确定度分量来源

根据温升试验中温升的测量原理和过程分析，不确定度来源如下：

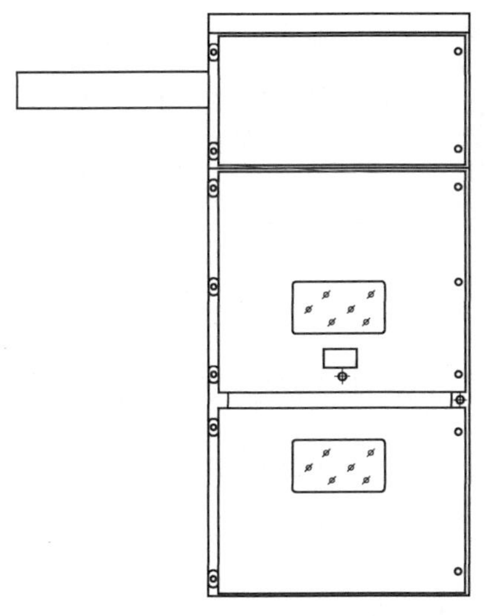
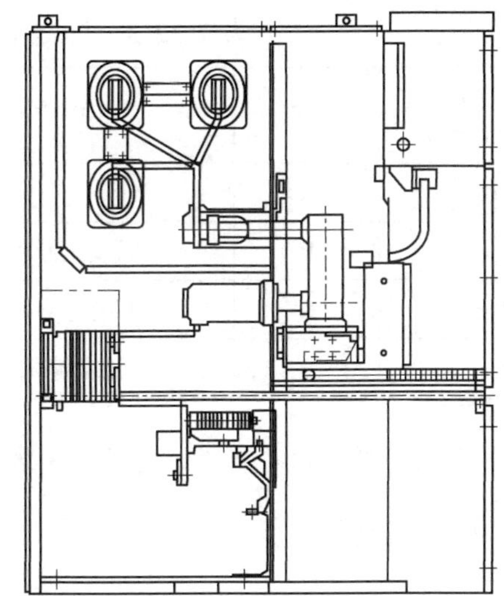

图 2-22-4 温度测量示意图

（1）A 类不确定度分量：不考虑。

（2）B 类不确定度分量：

1）温度记录仪引入的不确定度分量u_{B1}；

2）T 型热电偶引入的不确定度分量u_{B2}；

3）试验电流测量引入的不确定度分量u_{B3}。

22.2.3 不确定度分量的计算

22.2.3.1 标准不确定度 A 类评定（由重复性测量引入的不确定度分量）

仅做单次测量，不考虑。

22.2.3.2 标准不确定度 B 类评定

（1）由温度记录仪引入的不确定度分量u_{B1}。根据温度记录仪的技术手册，其电压—温度转换准确度为 0.05K，估计为矩形分布，$k=\sqrt{3}$。

$$u_{B1}=0.05/\sqrt{3}=0.0289\text{（K）}$$

（2）T 型热电偶引入的不确定度分量u_{B2}。根据 T 型热电偶的技术手册，准确度为±0.5K，估计为矩形分布，$k=\sqrt{3}$。

$$u_{B2}=0.5/\sqrt{3}=0.289\text{（K）}$$

（3）试验电流测量引入的不确定度分量u_{B3}。试验电流测量包括电流互感器的测量误差和功率分析的测量误差，两者不相关。

$$u_{B3}=65.5\times\sqrt{0.2\%^2+0.2\%^2}\times 2=0.3705\text{（K）}$$

22.2.4 合成标准不确定度

标准不确定度分量一览表见表 2-22-3。

表 2-22-3 标准不确定度分量一览表

相对标准不确定度分量	不确定度类别	不确定度来源	测量结果的分布	标准不确定度（K）
u_A	A	—	—	—
u_{B1}	B	温度记录仪引入的	矩形分布	0.0289
u_{B2}	B	T 型热电偶引入的	矩形分布	0.289
u_{B3}	B	试验电流测量引入的	正态分布	0.3705

以上不确定度分量不相关，则合成标准不确定度 u_c=0.47K。

22.2.5 扩展不确定度

通常取包含因子 k=2，扩展不确定度 U 的表达式为：

$$U_c = k \times u_c = 0.9\text{K} \tag{2-22-3}$$

测量结果可以表示为回路电阻 R_{dc} =（65.5±0.9）K

22.3 工频电压试验电压测量不确定度评定

22.3.1 工频电压试验示例

工频电压试验时，电压测量值为 42.1kV。试验接线见图 2-22-5。

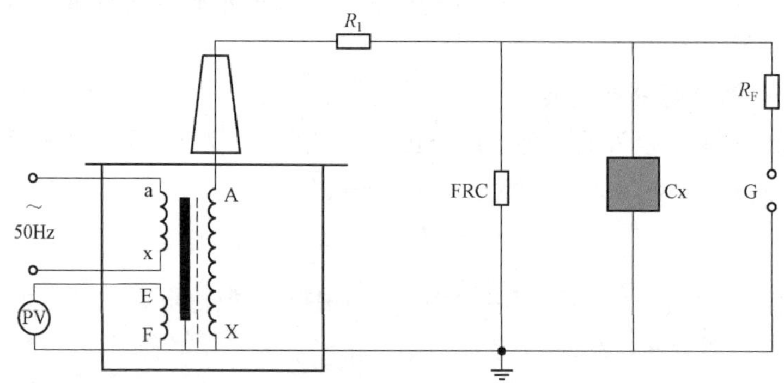

图 2-22-5 试验接线

22.3.2 不确定度分量来源

不确定度来源如下：

（1）A 类不确定度分量：不考虑。

（2）B 类不确定度分量：

1）分压器不准确引入的不确定度分量 u_{B1}；

2）峰值电压表不准确引入的不确定度分量 u_{B2}；

3）分辨率引入的不确定度分量 u_{B3}。

22.3.3 不确定度分量的计算

22.3.3.1 标准不确定度 A 类评定（由重复性测量引入的不确定度分量）

仅做单次测量，不考虑。

22.3.3.2 标准不确定度 B 类评定

（1）分压器不准确引入的不确定度分量 u_{B1}。根据分压器校准证书给出分压比的扩展不确定度 0.4%，其标准不确定度为 0.2%。

$$u_{B1} = 42.1 \times 0.2\% = 0.0842 \text{（kV）}$$

（2）峰值电压表不准确引入的不确定度分量 u_{B2}。根据峰值电压表的技术手册，准确度为 0.5%，估计为矩形分布，$k=\sqrt{3}$。

$$u_{B2} = 42.1 \times 0.5\% / \sqrt{3} = 0.1215 \text{（kV）}$$

（3）分辨率引入的不确定度分量 u_{B3}。由于峰值电压表分辨率为 0.001kV，因此每一个读数值可能包含的误差应在±0.0005kV，属于矩形分布，$k=\sqrt{3}$。

$$u_{B3} = 0.0005 / \sqrt{3} = 0.0000289 \text{（kV）}$$

22.3.4 合成标准不确定度

标准不确定度分量一览表见表 2-22-4。

表 2-22-4 标准不确定度分量一览表

相对标准不确定度分量	不确定度类别	不确定度来源	测量结果的分布	标准不确定度（K）
u_A	A	—	—	—
u_{B1}	B	分压器不准确引入的	正太分布	0.0842
u_{B2}	B	峰值电压表不准确引入的	矩形分布	0.1215
u_{B3}	B	分辨率引入的	矩形分布	0.0000289

以上不确定度分量不相关，则合成标准不确定度 u_c=0.15kV。

22.3.5 扩展不确定度

通常取包含因子 k=2，扩展不确定度 U 的表达式为：

$$U_c = k \times u_c = 0.3\text{kV}$$

测量结果可以表示为回路电阻 R_{dc} =（42.1±0.3）K